普通高等教育高职高专土建类"十二五"规划教材

桥梁施工技术

主　编　贾亚军

副主编　陈五四　王　博　马　莉　侯小强

U0291689

中国水利水电出版社

www.waterpub.com.cn

·北京·

内 容 提 要

本书根据我国高等职业技术教育教学改革精神和专业办学的需要编写,适应高职高专道路桥梁工程技术专业教学的要求,力求结合实践,突出案例教学,内容够用且实用。本书共9章,内容包括:绪论、桥梁施工机械设备、桥梁基础施工技术、桥梁墩台施工、钢筋混凝土简支梁施工、预应力混凝土梁桥施工、拱式桥施工、斜拉桥施工、悬索桥施工技术、桥面系及附属工程施工。

本书适用于高职高专道路桥梁工程技术专业以及其他土建类相关专业的教材使用,也可供工程技术人员参考之用。

图书在版编目(CIP)数据

桥梁施工技术 / 贾亚军主编. -- 北京 : 中国水利
水电出版社,2012.2(2025.1重印).
普通高等教育高职高专土建类"十二五"规划教材
ISBN 978-7-5084-8647-5

Ⅰ. ①桥… Ⅱ. ①贾… Ⅲ. ①桥梁施工-技术-高等
职业教育-教材 Ⅳ. ①U445.4

中国版本图书馆CIP数据核字(2012)第014351号

书　　名	普通高等教育高职高专土建类"十二五"规划教材 **桥梁施工技术**
作　　者	主编 贾亚军　副主编 陈五四 王博 马莉 侯小强
出版发行	中国水利水电出版社 (北京市海淀区玉渊潭南路1号D座　100038) 网址:www.waterpub.com.cn E-mail:sales@mwr.gov.cn 电话:(010)68545888(营销中心)
经　　售	北京科水图书销售有限公司 电话:(010)68545874、63202643 全国各地新华书店和相关出版物销售网点
排　　版	中国水利水电出版社微机排版中心
印　　刷	清淞永业(天津)印刷有限公司
规　　格	184mm×260mm　16开本　18印张　427千字
版　　次	2012年2月第1版　2025年1月第5次印刷
印　　数	11001—12000册
定　　价	**52.00元**

凡购买我社图书,如有缺页、倒页、脱页的,本社营销中心负责调换

序

"十二五"时期，高等职业教育面临新的机遇和挑战，其教学改革必须动态跟进，才能体现职业教育"以服务为宗旨、以就业为导向"的本质特征，其教材建设也要顺应时代变化，根据市场对职业教育的要求，进一步贯彻"任务导向、项目教学"的教改精神，强化实践技能训练、突出现代高职特色。

鉴于此，从培养应用型技术人才的期许出发，中国水利水电出版社于2010年启动了土建类（包括建筑工程、市政工程、工程管理、建筑设备、房地产等专业）以及道路桥梁工程等相关专业高等职业教育的"十二五"规划教材，本套"普通高等教育高职高专土建类'十二五'规划教材"编写上力求结合新知识、新技术、新工艺、新材料、新规范、新案例，内容上力求精简理论、结合就业、突出实践。

随着教改的不断深入，高职院校结合本地实际所展现出的教改成果也各不相同，与之对应的教材也各有特色。本套教材的一个重要组织思想，就是希望突破长久以来习惯以"大一统"设计教材的思维模式。这套教材中，既有以章节为主体的传统教材体例模式，也有以"项目—任务"模式的"任务驱动型"教材，还有基于工作过程的"模块—课题"类教材。不管形式如何，编写目标均是结合课程特点、针对就业实际、突出职业技能，从而符合高职学生学习规律的精品教材。主要特点有以下几方面：

（1）专业针对性强。针对土建类各专业的培养目标、业务规格（包括知识结构和能力结构）和教学大纲的基本要求，充分展示创新思想，突出应用技术。

（2）以培养能力为主。根据高职学生所应具备的相关能力培养体系，构建职业能力训练模块，突出实训、实验内容，加强学生的实践能力与操作技能。

（3）引入校企结合的实践经验。由企业的工程技术人员参与教材的编写，将实际工作中所需的技能与知识引入教材，使最新的知识与最新的应用充实到教学过程中。

（4）多渠道完善。充分利用多媒体介质，完善传统纸质介质中所欠缺的表达方式和内容，将课件的基本功能有效体现，提高教师的教学效果；将光盘的容量充分发挥，满足学生有效应用的愿望。

本套教材适用于高职高专院校土建类相关专业学生使用，亦可为工程技术人员参考借鉴，也可作为成人、函授、网络教育、自学考试等参考用书。本套丛书的出版对于"十二五"期间高职高专的教材建设是一次有益的探索，也是一次积累、沉淀、迸发的过程，其丛书的框架构建、编写模式还可进一步探讨，书中不妥之处，恳请广大读者和业内专家、教师批评指正，提出宝贵建议。

编委会
2011 年 12 月

前言

高等职业技术教育培养面向施工技术、工程管理一线需要的高素质技能型专门人才的目标定位；在行业标准指导下，以施工（工作）过程为导向，构建能满足就业岗位需要并使学生具备一定的可持续发展能力，既相互独立又相互联系的理论知识培养系统和实践能力培养系统；理论性课程采用课堂授课的教学组织形式，兼有理论和实践教学要求的课程采用多种形式的理—实一体化教学组织形式，培养实践动手能力的课程采用校内试验、实训和校外实习相结合的教学组织形式。

本书根据以上高等职业技术教育专业人才培养方案提出的最新人才培养模式，系统介绍了常见的四大类桥梁结构与构造的施工方法和施工技术，突出实用性和科学性的特点，引入了行业最新标准，在吸取了大量施工一线的专家意见的基础上编写而成，可作为道路桥梁工程技术专业、市政工程技术专业通用教材，内容包括：绪论、桥梁施工机械设备、桥梁基础施工技术、桥梁墩台施工、钢筋混凝土简支梁施工、预应力混凝土梁桥施工、拱式桥施工、斜拉桥施工、悬索桥施工技术、桥面系及附属工程施工。

本书由甘肃林业职业技术学院贾亚军担任主编，重庆建筑工程职业学院陈五四、甘肃交通职业技术学院王博、甘肃林业职业技术学院马莉、甘肃建筑职业技术学院侯小强担任副主编。具体分工如下：绪论、第1章第1.1节、第3章、第5章、第6章、第7章部分内容、第8章、第9章由甘肃林业职业技术学院贾亚军编写；第1章、第4章、第6章由重庆建筑工程职业学院陈五四编写；第2章由甘肃林业职业技术学院马莉编写；第7章、第9章部分内容由甘肃交通职业技术学院王博编写，第3章第3.1节、第2章第2.3节由甘肃建筑职业技术学院侯小强编写。全书由甘肃林业职业技术学院贾亚军统稿。

在编写过程中得到了中国水利水电出版社的大力支持和帮助；并参阅了大量的文献资料，在此一并深表谢意。

由于编写水平有限，书中难免有疏漏之处，恳切希望读者批评指正，以便再版时修改。

编　者

2011 年 6 月 17 日

目　　录

绪 论

0.1 桥 梁 基 本 知 识

0.1.1 桥梁发展概况

0.1.1.1 桥梁在交通建设中的地位

桥梁是一种具有承载能力的架空建筑物，它的主要作用是供铁路、公路、渠道、管线和人群等跨越江河、山谷或其他障碍，它是交通线的重要组成部分。由于桥梁修建的艰巨性，它往往是交通工程中的关键工程。

由于科学技术的进步，桥梁设计理论和建造技术的不断发展，人们建造了许多高大的立交桥、城市高架桥、跨越江、河和海湾（或海峡）的大桥，这些巨大的实体工程常常使人们产生美的感受，激发人们的自豪感，成为人们生活环境中使人印象深刻的标志性建筑物。因此，桥梁建筑也常作为一种空间艺术结构存在于社会中。

在国防上，桥梁还是交通运输的咽喉，在需要高度快速、机动的现代战争中，它具有非常重要的地位。桥梁不仅是一个国家文化的象征，更是生产发展和科学进步的写照。改革开放以来，我国社会主义现代化建设和各项事业获得了世人瞩目的成就，公路交通的大发展和西部地区的大开发为公路桥梁建设带来了良好的机遇。近年来，我国大跨径桥梁的建设进入了一个最辉煌的时期，在中华大地上建设了一大批结构新颖、技术复杂、设计和施工难度大、科技含量高的大跨径斜拉桥、悬索桥、拱桥和 PC 连续刚构桥，积累了丰富的桥梁设计和施工经验，我国公路桥梁建设水平已跻身于国际先进行列。

在公路建筑中，桥涵是路线的重要组成部分。就其数量来说，即使地形不复杂的地段，每公里路线上一般也有 2～3 座桥涵。到 2002 年年底，全国公路桥梁的数量已达 29.9 万座，总长度 1161.2 万延米。就其造价来说，桥梁一般要占公路全部造价的 10％～20％。同时，桥涵施工也比较复杂。因此，正确、合理地进行桥涵设计和施工，对于节约材料，加快施工进度，降低工程费用，保证工程质量和公路的正常营运，都有着极其重要的意义。

0.1.1.2 我国桥梁建设概况

我国的桥梁建筑在历史上是辉煌的，古代的桥梁不但数量惊人，类型也丰富多彩，几乎包括了所有近代桥梁中的主要形式。所用的材料多是一些天然材料，例如土、石、木、砖等。

根据史料记载，在三千年前的周文王时期，我国就在渭河上架设过大型浮桥。据考证，在秦汉时代我国就开始大量建造石桥。隋唐时期，是我国古代桥梁的兴盛年代，其间在桥梁形式、结构构造方面有很多创新。宋代之后，建桥数量大增，桥梁的跨越能力、造型和功能都有所提高，充分表现了我国古代工匠的智慧和艺术水平。举世闻名的河北省赵县的赵州桥（又称安济桥），就是我国古代石拱桥的杰出代表（见图0-1）。该桥在隋大业初年（公元605年左右）由李春父子所建，是一座空腹式的圆弧形石拱桥，全桥长50.82m，净跨37.02m，宽9m，拱矢高度7.23m。赵州桥在拱圈两肩各设有两个跨度不等的腹拱，这样既能减轻桥身自重、节省材料，又便于排洪、增加美观。赵州桥采用纵向并列砌筑，将主拱圈分为28圈，每圈由43块拱石组成，每块拱石重1t左右，用石灰浆砌筑。赵州桥至今仍保存完好。

图0-1　赵州桥

我国是最早有吊桥的国家，迄今已有三千年的历史。据记载，到唐朝中期，我国就从藤索、竹索发展到用铁链建造吊桥，而西方在16世纪才开始建造铁链桥，比我国晚了近千年。至今尚保留下来的古代吊桥有四川泸定县的大渡河的泸定铁索桥（1706年）以及灌县的安澜竹索桥（1803年）等。泸定铁索桥跨长约100m，宽约2.8m，由13条锚固于两岸的铁链组成，1935年中国工农红军长征途中曾强渡此桥，由此更加闻名（见图0-2）。

图0-2　泸定铁索桥

在秦汉时期我国已广泛修建石梁桥。世界上现存最长、工程最艰巨的石梁桥，就是我国于 1053～1059 年在福建泉州建造的万安桥，又称洛阳桥（见图 0-3）。此桥长达 800 多 m，共 47 孔，位于"波涛汹涌，水深不可址"的海口江面上。此桥以磐石遍铺桥位江底，是近代筏形基础的开端，并且独具匠心地用养殖海生牡蛎的方法胶固桥基使成整体。万安桥的石梁共 300 余根，每根重 20～30t，这样重的梁在当时采用"激浪以涨舟，悬机以弦牵"的方法架设。据分析就是利用潮汐的涨落控制船只的高低位置，这也是现代浮运架桥的雏形。

图 0-3　泉州万安桥

新中国成立后，我国的公路建设事业突飞猛进，桥梁建设取得很大成就。1957 年，第一座长江大桥——武汉长江大桥的胜利建成，结束了我国万里长江无桥的状况，标志我国建造大跨度钢桥的现代化桥梁技术水平提高到新的起点。大桥的正桥为三联 3×128m 的连续钢桁梁，下层双线铁路，上层公路桥面宽 18m，两侧各设 2.25m 宽的人行道，包括引桥在内全桥总长 1670.4m。1969 年我国又胜利建成了举世瞩目的南京长江大桥，这是我国自行设计、制造、施工，并使用国产高强度钢材的现代化大型桥梁（见图 0-4）。该桥上层为公路桥，下层为双线铁路，包括引桥在内，铁路桥梁全长 6772m，公路桥梁全长为 4589m。桥址处水深流急，河床地质极为复杂，大桥桥墩基础的施工非常困难。南京长江大桥的建成，标志着我国的建桥技术已达到世界先进水平，也是我国桥梁史上又一个重要标志。

钢筋混凝土与预应力混凝土的梁式桥，在我国也获得了很大的发展（见图 0-5）。对于中小跨径的梁桥（跨径为 5～25m），已广泛采用配置低合金钢筋的装配式钢筋混凝土板式或肋板式梁式的标准式设计，它不但经济适用，并且施工方便，能加快建桥速度。我国装配式预应力混凝土简支梁桥的标准化设计，跨径达 40m。1976 年建成了洛阳黄河公路大桥，跨径为 50m，全长达 3.4km。1997 年建成的主跨为 270m 的虎门大桥辅航道桥是中国跨度最大的预应力混凝土梁桥，其跨度世界排名第三位。

图 0-4　南京长江大桥

图 0-5　梁式桥

　　斜拉桥，由于其结构合理，跨度能力大，用材指标低和外形美观等优点发展迅速，目前我国主跨超过 600m 的斜拉桥有 4 座（见图 0-6）。已建成的南京长江二桥，为主跨

图 0-6　斜拉桥

628m 的钢箱梁；武汉白沙洲长江大桥，为主跨 618m 的混合梁；福建青州闽江大桥，其主跨为 605m；1993 年建成的上海杨浦大桥，主跨为 602m，闽江大桥和杨浦大桥均为钢筋混凝土组合梁。这 4 座斜拉桥的跨度目前在世界上分别列在第 4、第 5、第 6 和第 7 位（以上排位暂未计入已建成的苏通大桥和昂船洲大桥）。

悬索桥的跨越能力在各类桥型中是最大的。我国于 1999 年 9 月建成通车的江阴长江大桥，主跨 1385m，是中国第一座跨度超过千米的钢箱悬索桥，世界排名第四。该桥在沉井、地下连接墙、锚碇、挂索等工程施工中创造的经验，将会推动我国悬索桥施工技术的进一步发展。我国香港的青马大桥，全长 2160m，主跨 1377m，为公铁两用双层悬索桥，是香港 21 世纪标志性建筑（见图 0-7）。它把传统的造桥技术升华至极高的水平，宏伟的结构令世人赞叹，在世界 171 项工程大赛中荣获"建筑业奥斯卡奖"。

图 0-7　香港青马大桥

21 世纪初，我国的交通事业和桥梁建设出现了一个全新的时期，突出体现在高速公路建设和国道系统的畅通以及桥梁技术、桥型、跨越能力和施工管理水平的升华。截至 2004 年底，高速公路里程达 3.42 万 km，每百平方公里密度达到 21.67km。如今，一个干支衔接、布局合理、四通八达的公路网已经形成，公路交通对国民经济发展的"瓶颈"制约状况得到有效缓解。所以，我们应该不断努力，不断吸取国内外桥梁建设的先进技术和有益经验，为我国的桥梁建设做出更大的贡献。

0.1.1.3　国外桥梁建设概况

纵观世界桥梁建筑发展的历史，桥梁建设的发展与社会生产力的发展，工业水平的提高，施工技术的进步，数学、力学理论的进展，计算技术的改革关系最为密切。

17 世纪中期以前，建筑材料基本上只限于土、石、砖、木等材料，采用的结构也较简单。17 世纪 70 年代开始使用生铁，19 世纪初开始使用熟铁建造桥梁与房屋，由于这些材料的本身缺陷，使土木工程的发展仍然受到限制。19 世纪中期，钢材的出现使得钢结构得到了蓬勃发展，开始了土木工程的第一次飞跃。20 世纪初，钢筋混凝土的广泛应用，以及随后预应力混凝土的诞生，实现了土木工程的第二次飞跃。

从以上可以看出，资本主义时代，工业革命促使生产力大幅度提高，从而促进了桥梁建筑技术空前的发展。

下面是世界各国的典型桥例，从中可看出其现状和发展概况。

1998 年 4 月竣工的日本明石海峡大桥是日本神户和獭户内海中大岛淡路岛之间的明

图0-8 塞纳河西岱岛附近的桥梁群

石海峡上的一座大跨径悬索桥，主跨径为1991m，为当前世界同类桥梁之首，其桥塔高度也为世界之冠（见图0-9）。两桥塔矗立于海面以上约300m。桥塔下基岩为花岗岩，但埋置深度，均距海平面150m以下。

图0-9 日本明石海峡大桥

加拿大的安纳西斯桥，是世界上较大的斜拉桥，于1986年建成，主跨465m，桥宽32m。桥塔采用钢筋混凝土结构，塔高154.3m，主梁采用混凝土桥面板与钢筋组合结构。日本多多罗桥于1998年竣工，该桥位于日本的本州岛与四国岛联络线上，是目前世界跨径第二大的斜拉桥，主跨为890m（见图0-10）。

图 0-10　日本多多罗桥

图 0-11　奥地利阿尔姆桥

　　1977 年建成的奥地利里的阿尔姆桥，主跨为 76m，是世界上最大的预应力混凝土简支桥梁。

　　加拿大的魁北克桥属于世界著名的跨度最长的悬臂桁架梁桥，桥的主跨为 548.6m，桥全长为 853.6m。

　　世界上最长的拱、梁组合钢桥首推美国的弗莱蒙特桥。这是三跨连续加劲拱桥，主跨

382.6m，双层桥面。该桥主跨中央275.2m的结构部分重约6000t，采用一次提升架设。

前南斯拉夫克罗地区的克尔克1号桥，桥跨390m，是世界上除万县长江大桥外的跨度第二大的钢筋混凝土拱桥，见图0-12，拱肋为单箱三室断面，采用悬臂拼装法施工，中室先行拼装合拢，再拼装两侧边室。该桥于1980年建成，充分利用了当地的地理条件，与周围环境协调自然。

图0-12　克尔克1号桥

世界最高、最长大桥法国米约大桥于2004年12月正式投入使用。法国人希望这座像是用一连串惊叹号建成的恢宏建筑能够成为另一座"埃菲尔铁塔"，让世界叹为观止。这座有史以来最高的桥梁也是一条连接法国巴黎、郎格多克以及西班牙巴塞罗那的高速公路的重要组成部分。米约桥就像三座斜拉桥，由7根巨型柱紧紧连接起来，在两个高原上绵延曲折2.4km（见图0-13）。

图0-13　法国米约大桥

纵观大跨度桥梁的发展趋势，可以看到世界桥梁建设必将迎来更大规模的建设高潮，

同时对桥梁技术的发展提出了更新的要求。

0.1.1.4　现代桥梁发展趋势

（1）大跨度桥梁向更长、更大、更柔的方向发展。研究大跨度桥梁在气动、地震和行车动力作用下结构的安全和稳定性，将截面做成适应气动要求的各种流线型加劲梁，增大特大跨度桥梁的刚度；采用以斜揽为主的空间网状承重体系；采用悬索桥加斜拉的混合体系；采用轻型而刚度大的复合材料做加劲梁，采用自重轻、强度高的碳纤维材料做主揽。

（2）新材料的开发和应用。新材料应具有高强、高弹模、轻质的特点，研究超高强硅烟和聚合物混凝土、高强双相钢丝钢纤维增强混凝土、纤维塑料等一系列材料取代目前桥梁用的钢和混凝土。

（3）在设计阶段采用高度发展的计算机辅助手段，进行有效的快速优化和仿真分析，运用智能制造系统在工厂生产部件，利用 GPS 和遥控技术控制桥梁施工。

（4）大型深水基础工程。目前世界桥梁基础尚未有超过 100m 深海基础工程，下一步需进行 100～300m 深海基础的实践。

（5）桥梁建成交付使用后，将通过自动监测和管理系统保证桥梁的安全和正常运行，一旦发生故障或损伤，将自动报告损伤部位和养护对策。

（6）重视桥梁美学及环境保护。桥梁是人类最杰出的建筑之一，闻名遐迩的有美国旧金山金门大桥、澳大利亚悉尼港桥、日本明石海峡大桥、中国上海杨浦大桥、南京长江二桥、香港青马大桥，这些著名大桥都是一件件宝贵的空间艺术品，成为陆地、江河、海洋和天空的景观，成为城市标志性建筑（图 0-14、图 0-15）。宏伟壮观的澳大利亚悉尼港桥与现代化别具一格的悉尼歌剧院融为一体，成为今日悉尼的象征。因此，21 世纪的桥梁结构必将更加重视桥梁美学和景观设计，重视环境保护，达到人文景观同环境景观的完美结合。

图 0-14　亚历山大三世桥

图 0 - 15　中承式拱桥

0.1.2　桥梁的组成和分类

0.1.2.1　桥梁的组成

　　如图 0 - 16 所示分别表示公路上所用的梁式桥、拱桥、斜拉桥及悬索桥的结构图式。从图中可见，一般桥梁通常是由上部结构、下部结构、支座和附属设施四个基本部分组成的。

图 0 - 16　各类桥梁的结构形式

上部结构，又称为桥跨结构，包括承重结构和桥面系，是路线遇到障碍（如河流、山谷等）而中断时跨越障碍的建筑物。它的作用是承受车辆荷载，并通过支座传给墩台。

桥墩和桥台是支承桥跨结构并将结构重力和车辆等荷载作用传至地基土层的建筑物，如图 0-17 所示。通常设置在桥两端的称为桥台，它除了上述作用外，还与路堤相衔接，以抵御路堤土侧压力，防止路堤填土的滑坡和坍落。桥墩和桥台为下部结构。桥墩和桥台中使全部作用效应传至地基的底部奠基部分，通常称为基础。它是确保桥梁能安全使用的关键。由于基础往往深埋于土层之中，并且需在水下施工，故也是桥梁建设中施工比较困难的部分。

图 0-17　桥梁的组成

梁桥中在桥跨结构与桥墩或桥台的支承处所设置的传力装置，称为支座，它不仅要传递很大的作用效应，并且要保证桥跨结构能产生一定的定位。

在桥跨结构上面设桥面结构；在路堤与桥台衔接处，一般还在桥台两侧设置砌筑的锥形护坡，以保证路堤迎水部分路堤边坡的稳定（见图 0-17）。

在桥梁建筑工程，除了上述基本结构外，根据需要常常修筑护岸、导流结构物等附属工程。

0.1.2.2　桥梁的主要尺寸和术语名称

河流中的水位是变动的，在枯水季节的最低水位称为低水位；洪峰季节河流的最高水位称为高水位。桥梁设计中按规定的设计洪水频率计算所得的高水位，称为设计洪水位。对于通航河道，尚需确定通航水位（设计通航水位）。通航水位包括设计最高通航水位和设计最低通航水位，是各级航道代表性船舶对正常运行的航道维护管理的有关工程建筑物的水位设计的依据。桥孔净高应满足《内河通航标准》（GB50139）和《通航海轮桥梁通航标准》（JTJ311）。

下面介绍一些与桥梁布置和结构有关的主要尺寸和术语名称，见图 0-17。

（1）净跨径：对于梁式桥是设计洪水位上相邻两个桥墩（或桥台）之间的净距，用 l_0 表示；对于拱式桥是每孔拱跨两个拱脚截面最低点之间的水平距离。

（2）计算跨径：对于具有支座的梁桥，是指桥跨结构相邻两个支座中心之间的距离，用 L_0 表示。对于拱式桥，是两相邻脚截面形心点之间的水平距离。因为拱圈（或拱肋）各截面形心点的连线称为拱轴线，故也就是拱轴线两端点之间的水平距离。桥跨结构的力

学计算是以 L_0 为基准的。

（3）标准跨径 L_K：梁式桥、板式桥以两桥墩中线之间桥中心线长度或桥墩中线与桥台背前缘线之间桥中心线长度为准；拱桥和涵桥以净跨径为准。根据《公路桥涵设计通用规范》（JTG D60—2004）规定，当标准设计或新建桥涵的跨径在 50m 及以下时，宜采用标准化跨径。桥涵标准化跨径为 0.75m、1.0m、1.25m、1.5m、2.0m、2.5m、3.0m、4.0m、5.0m、6.0m、8.0m、10.0m、13.0m、16.0m、20.0m、25.0m、30.0m、35.0m、40.0m、45.0m、50.0m。

（4）总跨径：是多孔桥梁中各孔净跨径的总和，也称桥梁孔径（$\sum l_0$），它反映了桥下泄洪的能力。

（5）桥长：桥梁全长简称桥长，有桥台的桥梁为两岸桥台侧墙或八字墙尾端间的距离，以 L_q 表示。对于无桥台的桥梁为桥面系行车道全长。在一条线路中，桥梁和涵洞总长的比重反映它们在整段线路建设中的重要程序。

（6）桥高：梁桥高度简称桥高，是指桥面与低水位之间的高差，或为桥面与桥下线路路面之间的距离。桥高在某种程度上反映了桥梁施工的难易性。

（7）桥下净空高度：是设计洪水位或设计通航水位至桥跨结构最下缘之间垂直距离，以 H_0 表示，它应保证能安全排泄洪水并不得小于对该河流通航所规定的净空高度。

（8）建筑高度：是桥上行车路面（或轨顶）高程至桥跨结构最下缘之间垂直距离，以 H_0 表示，它应保证能安全排泄洪水，并不得小于对该河流通航所规定的净空高度。

建筑高度是桥上行车路面（或轨顶）高程至桥跨结构最下缘之间的距离。容许建筑高度指公路（或铁路）定线中所确定的桥面（或轨顶）高程，对通航净空顶部高程之差。

（9）拱桥矢高和矢跨比：从拱顶截面下缘至起拱线的水平线间的垂直距离，称为净矢高（f_0）；从拱顶截面形心至过拱脚截面形心的水平线间的垂直距离，称为计算矢高（f），计算矢高与计算跨径之比（f/l_0），称为拱圈的矢跨比（或称拱矢度）。

0.1.2.3　桥梁的分类

1. 桥梁的基本体系

桥梁结构的体系包括梁式、拱式、悬吊式、刚架与组合体系等（包括斜拉桥）。

（1）梁式体系。是一种在竖向荷载作用下无水平反力的结构，梁作为承重结构是以它的抗弯能力来承受荷载的，主梁以受弯为主，不产生支承水平反力。梁分简支梁、悬臂梁、固端梁和连续梁等，简支梁桥受力如图 0-18 所示。

（2）拱式体系。拱式体系的主要承重结构是拱肋（或拱圈），在竖向荷载作用下，拱圈主要承受压力，但也承受弯矩，可采用抗压能力强的圬工材料来修建。墩台除受竖向压力和弯矩外，还承受水平推力。

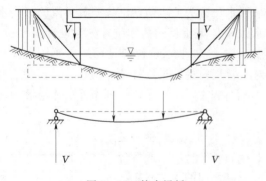

图 0-18　简支梁桥

（3）刚架桥。刚架桥是介于梁与拱之间的一种结构体系，它是由受弯的上部结构（梁或板）与承压的下部（桩柱或墩）结合在一起的整体结构。由于梁与柱的刚性连接，梁因柱的抗弯刚度而得到卸载作用，整个体系是压弯结构，也是推力结构，受力较为合理。刚架分直腿刚架与斜腿刚架。

刚架的桥下净空比拱桥大，在同样净空要求下可修建较小的跨径，如图 0-19 所示。

图 0-19　刚架桥示例

（4）悬索桥。传统的悬索桥均用悬挂在两边塔架上的强大缆索作为主要承重结构，见图 0-20。在竖向荷载作用下，通过吊杆使悬索承受很大的拉力，通常都需要在两岸桥台的后方修筑非常巨大的锚碇结构，以稳定悬索。悬索桥也是具有水平反力（拉力）的结构。悬索桥的跨越能力在各类桥型中是最大的，但结构的刚度差，整个悬索桥的发展历史也是争取刚度的历史。

图 0-20　悬索桥示例

（5）组合体系。

1）梁、拱组合体系。这类体系有系杆拱、木衔架拱、多跨拱梁结构等，它们是利用梁的受弯与拱的承压特点组成联合结构。其中梁和拱都是主要承重物，两者相互配合共同受力，如图 0-21、图 0-22 所示。

图 0-21　法国阿克其桥

图 0-22　兰州黄河第一桥

2）斜拉桥。这也是一种主梁与斜缆相结合的组合体系（见图 0-23）。悬挂在塔柱上的被张紧的斜缆将主梁吊住，使主梁像多弹性支承的连续梁一样工作，这样既发挥了高强材料的作用，又显著减小了主梁截面，使结构减轻，可以跨越很大的跨径。

图 0-23　爪哇—巴厘桥

2. 桥梁的其他分类方法

（1）按用途分为公路桥、铁路桥、公路铁路两用桥、农桥、人行桥、运水桥（渡槽桥），及其他专用桥梁（如通过各种管线等）（图0-24）。

图0-24　渡槽桥和人行桥

（2）按桥梁全长和跨径不同分为特大桥、大桥、中桥、小桥和涵洞。《公路工程技术标准》（JTG B01—2003）规定的划分标准如表1-1。

其中特大桥的划分标准可参照国际特大桥梁分类标准（依据美国及欧洲规范，见表1-2）。

表1-1	桥 涵 分 类	
桥涵分类	多孔跨径总长 $L(m)$	单孔跨径 $L_K(m)$
特大桥	$L>1000$	$L_K>150$
大桥	$100{\leqslant}L{\leqslant}1000$	$40{\leqslant}L_K{\leqslant}150$
中桥	$30<L<100$	$20{\leqslant}L_K<40$
小桥	$8{\leqslant}L{\leqslant}30$	$5{\leqslant}L_K<20$
涵洞	—	$L_K<5$

表1-2	特大桥的分类
桥 型	跨径 $I_o(m)$
悬索桥	>1000
斜拉桥	>500
钢拱桥	>500
混凝土拱桥	>300

（3）按上部结构所用的材料可分为木桥、钢筋混凝土桥、预应力混凝土桥、圬工桥（包括砖、石、混凝土桥）和钢桥（图 0-25）。

图 0-25　英国的铸铁拱桥

（4）按跨越障碍的性质可分为跨河桥、跨线桥（立体交叉）、高架桥和栈桥，如图 0-26 所示。

图 0-26　北京三元立交桥

（5）按上部结构的行车道位置分为上承式桥、下承式桥和中承式桥。桥面布置在主要承重结构之上者称为上承式桥，桥面布置在主要承重结构中部的为中承式桥，如图 0-27 所示。

（6）按特殊使用条件分为开启桥、浮桥、漫水桥等，如图 0-28 所示。

图 0 - 27　甘肃天水迎宾桥

图 0 - 28　伦敦塔桥（开启式）

0.2　桥 梁 施 工 方 法

0.2.1　桥梁施工技术术语

随着我国国民经济的快速发展，公路桥梁建设事业突飞猛进，桥梁施工技术不断创新，各种桥型更加丰富，有些桥型已处于世界领先水平，由于新技术、新工艺、新结构、新材料、新设备的广泛应用，使得桥梁施工技术中又出现了许多新名词和术语。

桥梁施工中常用的技术术语分述如下。

（1）控制测量。为建立测量的控制网而进行的测量工作，包括平面控制测量、高程控制测量和三维控制测量。

（2）跨河水准测量。指视线长度超过规定，跨越江河（或湖塘、宽沟、洼地、山谷等）的水准测量。

（3）围堰。用于水下施工的临时性挡水设施。

（4）围幕法排水。用以隔断水源，减少渗流水量，防止流沙、突涌、管涌、潜蚀等，在基坑边线外设置的一圈隔水幕。

（5）沉入桩。钢、木、钢筋混凝土等材料的柱状构件，经锤击、振动、射水、静压等方式沉入或埋入地基而成的桩。

（6）灌注桩。在地基中以人工或机械成孔，在孔中灌注混凝土而成的桩。

（7）大直径桩。直径大于或等于2.5m的钻孔灌注桩。

（8）摩擦桩。主要靠桩表面与地基之间的摩擦力支承荷载的桩。

（9）支承桩。主要靠桩的下端反力支承荷载的桩。

（10）PHP泥浆。丙烯酰胺泥浆即PHP泥浆，以膨润土、碳酸钠、聚丙烯酰胺的水解物和锯木屑、稻草、水泥或有机纤维复合物按一定比例配置的不分散、低固相、高黏度泥浆。

（11）钢筋闪光对焊。将两根钢筋安放成对接形式，利用电阻热使接触点金属熔化，产生强烈的飞溅，形成闪光，迅速加顶锻力完成的一种压焊方法。

（12）钢筋电渣压力焊。将钢筋安放成竖向对接形式，利用焊接电流通过两钢筋端面间隙，在焊剂层下形成电弧过程和电渣过程，产生电弧热和电阻热，熔化钢筋，加压完成的一种压焊方式。

（13）挤压套筒接头。通过挤压力使连接用钢套筒塑性变形与带肋钢筋紧密咬合形成的接头。

（14）锥螺纹套筒接头。通过钢筋接头特制的锥形螺纹和锥纹套管咬合形成的接头。

（15）大体积混凝土。现场浇筑的最小边长尺寸为1～3m，且必须采取措施以避免水化热引起的温差超过25℃的混凝土。

（16）先张法。先在张拉台座上张拉预应力钢筋，然后浇筑水泥混凝土，以形成预应力混凝土构件的施工方法。

（17）后张法。先浇筑水泥混凝土，待混凝土达到规定的强度后再张拉预应力钢筋，以形成预应力混凝土构件的施工方法。

（18）片石。符合工程要求的岩石，经开采选择所得的形状不规则、边长一般不小于15cm的石块。

（19）块石。符合工程要求的岩石，经开采并加工而成的形状大致方正的石块。

（20）料石。按规定要求经凿琢加工而成的形状规则的石块。

（21）结构物的表面系数。指结构物冷却面积（m^2）与结构体积（m^3）的比值。

（22）移动支架逐孔施工法。采用可在桥墩上纵向移动的支架与模板，在其上逐孔拼装混凝土梁体预制件或现浇梁体混凝土，并逐孔施加预应力的施工方法。

（23）悬臂浇筑法。在桥墩两侧设置工作平台，平衡地逐段向跨中悬臂浇筑水泥混凝土梁体，并逐段施加预应力的施工方法。

（24）挂篮。用悬臂浇筑法浇筑斜拉、T构、连续梁等水泥混凝土梁时，用于承受施工荷载及梁体自重，能逐段向前移动经特殊设计的工艺设备。主要组成部分由承重系统、提升系统、锚固系统、行走系统、模板与支架系统。

（25）伸缩缝。为减轻材料膨胀对建筑物的影响而在建筑物中预先设置的间隙。

（26）沉降缝。为减轻地基不均匀变形对建筑物的影响而在建筑物中预先设置的间隙。

（27）施工缝。当混凝土施工时，由于技术上或施工组织上的原因，不能一次连续浇筑时，而在结构的规定位置留置的搭接面或后浇间隔槽。

（28）悬臂拼装法（图0-29）。在桥墩两侧设置吊架，平衡地逐段向跨中悬臂拼装水泥混凝土梁体预制块件，并逐段施加预应力的施工方法。

图0-29 悬臂施工法

（29）托架。墩顶梁段及附近梁段施工，为浇筑悬出部分时利用墩身预埋件与型钢或万能杆件拼制联结而成的支架。

（30）膺架。悬臂浇筑施工墩顶梁段及附近梁段，根据墩身高度、承台形式和地形情况用分别支承在墩身、承台上的型钢或万能杆件拼制的支架。

（31）箱梁基准块。指悬臂拼装施工过程中作为控制桥轴线和高程标准的首块梁块，预制时在该梁块顶面埋置轴线和高程控制标志，预制尺寸精度要求高，悬拼时安放在墩侧。

（32）顶推法。梁体在桥头逐段浇筑或拼装，在梁前端安装导梁，用千斤顶纵向顶推，使梁体通过各墩顶的临时滑动支座就位的施工方法。

（33）滑板。在顶推施工的顶进过程中，在主梁与墩、台上的滑道或导向装置之间随顶进而填加进滑道内的临时块件，由钢板夹橡胶等粘贴聚四氟乙烯组成。

（34）预拱度。为抵消梁、拱、桁架等结构在荷载作用下产生的位移（挠度），而在施工或制造时所预留的与位移方向相反的校正量。

（35）分环（层）分段浇筑法。在拱架上浇筑打跨径拱圈（拱肋）时，为减轻拱架负荷，沿拱圈纵向分成若干条幅或上下分层浇筑。分为条幅时中间条幅先行浇筑合龙，再横向对称，分次浇筑其他条幅，其浇筑顺序应通过计算确定。

（36）风缆系统。为实现拱肋无支架吊装，确保拱肋横向稳定而专门设计的包括风缆及其附属设施的固定拱肋的临时设施。

（37）缆索吊装法。利用支承柱在索塔上缆索运输及安装桥梁构件的施工方法。

（38）转体施工法。利用河岸地形预制两个半孔桥跨结构，在岸墩或桥台上旋转就位跨中合龙的施工方法。

（39）锚碇。一般指主缆索的锚碇系统。包括锚块、鞍部及其他附属构造的锚体和基础的总称。

（40）索塔。悬索桥或斜拉桥支承主索的塔形构造物。

（41）施工锚道。因悬索桥架设、紧缆，索夹安装、吊索架设、加劲梁架设、缠丝等的施工需要而架设的施工便道。

（42）索鞍。在悬索桥索塔顶部设置的鞍状支承装置。

（43）索夹。将悬索桥吊索与主缆连接的夹箍式构件。

（44）吊索。为悬索桥主缆与主梁相联系的受拉构件。可将主梁承受的恒荷载及活荷载传递给主缆。

（45）加劲钢架梁。支承桥面，与桥面结合成一体并将恒荷载及活荷载通过吊、拉索传递给索塔或通过梁底支座传递给墩台的钢制箱形构件。

（46）拉索。承受拉力并作为主梁主要支承的结构构件

（47）初拉力。安装拉索时，给拉索施加的一定拉力。

（48）拉索调整力。为改善主梁及索塔的截面内力及变形面而调整拉索的拉力。

（49）顶进法。利用顶进法设备将预制的箱形或圆管形构造物逐渐顶入路基，以构成立体交叉通道或涵洞的施工方法。

0.2.2　桥梁下部结构施工

0.2.2.1　基础的施工

在桥梁工程中，通常采用的基础形式有扩大基础、桩基础、沉井基础等。

1. 扩大基础

所谓扩大基础，是将墩台及上部结构传来的荷载由其直接传递至较浅的支承地基的一种基础形式，一般采用明挖基坑的方法进行施工，故又称为明挖扩大基础或浅基础。其主要特点是：

（1）由于能在现场用眼睛确认支承地基的情况下进行施工，因而其施工质量可靠。

（2）施工时的噪声、振动和对地下污染等建筑公害较小。

（3）与其他类型的基础相比，施工所需的操作空间较小。

（4）在多数情况下，比其他类型的基础相比，造价省、工期短。

（5）易受冻胀和冲刷产生的恶劣后果的影响。

扩大基础的施工顺序是：开挖基坑，对地基进行处理（当地基承载力不满足要求时需对地基进行加固），砌筑圬工或立模、绑扎钢筋、浇筑混凝土。其中，开挖基坑是基础施工中的一项主要工作，而且在开挖过程中，必须解决好支挡与排水的问题。

扩大基础施工的难易程度与地下水处理的难易有关。当地下水位高于基础的底面高程时，施工时应采取止水措施，如打钢板桩或考虑采用集水坑用水泵集中排水、深井排水及井点法等，使地下水位降至开挖面以下。还可采用化学灌浆法及围幕法进行止水或排水。但扩大基础的各种施工方法都有各自特有的制约条件，因此在选择时应特别注意。

2. 桩基础

桩是深入土层的柱形构件，其作用是将来自桩顶的荷载传递到土体中的较深处。根据不同情况，桩可以有不同的分类方法。这里按成桩方法对桩进行分类如下：

（1）沉入桩。沉入桩是将预制桩用锤击打或振动法沉入地层，使土被压挤密实一般有如下特点：

1）由于桩是在预制场制作，故桩身质量易于控制。

2）沉入时的施工工序简单，工效高，能保证质量。

3）易于在水上施工。

4）多数情况下施工噪声和振动大，污染环境。

5）沉入长桩时受运输和起吊设备限制，且存在现场接桩，接头工艺复杂。

6）穿越较坚硬的土层时需要较多的辅助施工措施。

（2）灌注桩。灌注桩时在现场采用钻孔机械（或人工）将地层钻挖成设计孔径和深度的孔后，将预制成一定形状的钢筋骨架吊入孔内，然后往孔内灌入流动的混凝土而形成的桩基。由于钻孔深度较大时孔内往往有水，故多采用水下混凝土灌注法，灌注桩的特点包括：

1）与沉入桩的锤击法和振动法相比，施工噪声和振动要小得多。

2）能修建比预制直径大得多的桩。

3）与地基的土质无关，在各种地基上均可使用。

4）施工时应特别注意钻孔时的孔壁坍塌、桩尖处地基的流沙及孔底沉淀等情况的处理。

5）因混凝土是在水中浇筑的，故混凝土质量较难控制。

（3）大直径桩。一般认为直径 2.5m 以上的桩称为大直径桩，目前，桩基础的最大直径已达 6m。近年来，大直径桩在桥梁基础中得到了广泛应用，结构形式也越来越多样化，除实心桩外，还发展了空心桩；施工方法上不仅有钻孔灌注法，还有预制桩壳钻孔埋置法等。根据桩的受力特点，大直径桩多做成变截面的形式。大直径桩与普通桩在施工方法上的区别主要反映在钻机选型、钻孔泥浆及施工工艺等方面。

3. 沉井基础

沉井基础是一种断面和刚度均比桩基础大得多的简状结构，施工时在现场重复交替进行构筑和开挖井内土方，使之沉落到预定支承的地基上。

在岸滩或浅水中建筑沉井时，可采用"筑岛法"施工。在深水中修建，则可采用浮式沉井，先将沉井基础浮运到预定位置，再进行下沉施工。按材料、形状和用途不同，可将沉井分成许多类型，但沉井基础有如下共同特点：

（1）沉井基础的适宜下沉深度一般为 10～40m。

（2）与其他形式的基础相比，沉井基础的抗水平推力作用的能力、竖向支承力均较大。

（3）由于沉井基础的刚度大，故其变形较小。

沉井基础的施工难点在于沉井的下沉。沉井的下沉主要是通过从井孔内挖除土，清除刃脚正面阻力及沉井内壁摩阻力后，依靠其自重下沉。沉井下沉的方法可分为排水开挖下沉和不排水开挖下沉，但其基本施工方法应为不排水开挖下沉，只有在稳定的土层中，而且渗水量不大时，才采用排水开挖法下沉，另外还要压重、高压射水、炮振（必要时）、降低井内水位减小浮力、采用泥浆润滑套或空气幕等一些沉井下沉的辅助施工方法。

4. 地下连续墙

地下连续墙是用膨润土泥浆进行护壁，在防止开挖壁面坍塌的同时在设计位置开挖出一条狭长端圆的深槽，然后将钢筋骨架放入槽内，并灌注水下混凝土，从而在地下形成连续墙体的一种基础形式。

目前，我国多用于临时支挡工程，国外已有作为永久基础的实例。地下连续墙有墙式和排柱式之分，但一般多用墙式。地下连续墙的特点有：

（1）施工时的噪声、振动小。

（2）墙体刚度大且截水性能优异，对周边地基无扰动。

（3）所获得的支承力大，可用做刚性基础，对墙体进行适当的组合后可以代替桩基础和沉井基础。

（4）可用于逆筑法施工，并适用于多种地基条件。

（5）在挖槽时采用泥浆护壁，如管理不当，容易出现槽壁坍塌的问题。

0.2.2.2　承台的施工

位于旱地、浅水河中采用土石筑岛法施工桩基的桥梁，其承台的施工方法与扩大基础的施工方法相类似，可采用明挖基坑、简易板桩围堰后开挖基坑等方法进行施工。

对深水中的承台，可供选择的方法有：钢板桩围堰、钢管桩围堰、双壁钢围堰及套箱围堰等。不论何种围堰，其目的都是为了止水，以实现承台在无水环境中施工。钢板桩围堰和钢管桩围堰实际上是一种形式的围堰，只不过所用材料不同而已。双壁钢围堰通常是将桩基和承台的施工一并考虑，即先在围堰预设置钻孔平台，待桩基施工结束后拆除平台，再在围堰内进行承台的施工；套箱围堰多采用钢材制作，分为有底和无底两种类型，根据受力情况不同又可设计成单壁或双壁套箱。

0.2.2.3　墩（台）身的施工

墩（台）身的施工方法根据其结构形式的不同而不同。对结构形式较简单，高度不大的中、小桥的墩（台）身，通常采用传统的方法，一次砌筑或立模（一次或多次）现浇施工，但对高度较高的墩台及斜拉桥、悬索桥的索塔，则有较多的施工方法可供选择。施工方法的多样化主要反映在模板结构形式的不同上。近年来，滑升模板、爬升模板和翻升模板等在高墩及索塔上应用较多，其共同的特点是：将墩身分成若干个节段，从上至下逐段进行施工。

采用滑升模板（简称滑模）施工，对结构物外形尺寸的控制较准确，施工进度平稳、安全，机械化程度较高，但因多采用液压装置实现滑升，故成本较高，所需的机械设备种类也较多；爬升模板（简称爬模）一般要在模板外侧设置爬升架，因此这种模板相对而言需耗用较多的材料，体积也较庞大，但不需设另外的提升设备；翻升模板（简称翻模）结构较简单，施工也较方便，不过需要设专门用于提升的起吊设备。

高墩的施工，应根据现场的实际情况，进行综合比较后来选择适宜的施工方案。中、小桥的墩（台）中，当设计为石砌墩（台）身时，施工工艺虽然简单，但必须严格控制砌

石工程质量。

0.2.3 桥梁上部结构施工

桥梁上部结构的形式是多种多样的，其施工方法的种类也较多，但除一些比较特殊的施工方法外，大致可分为预制安装和现浇两大类。

0.2.3.1 预制安装法

预制安装可分为预制梁安装和预制节段式块件拼装两种类型。前者主要指装配式的简支梁桥：如空心板、T形梁、工字形梁及小跨径箱梁等的安装，然后连接施工桥面板而使之成为桥梁整体；后者则将梁体（一般为箱梁）沿桥轴线分段预制成节段式块件，运至现场进行拼装，其拼装方法一般多采用悬臂法。连续梁、T构、钢构和斜拉桥都可以应用这种方法进行施工。

下面简要介绍几种常用的预制安装施工方法的特点及适用场合。

1. 自行式吊车吊装法

这种吊装法多采用汽车吊、履带吊和轮胎吊等机械，有单吊和双吊之分。此法一般适用于跨径在 30m 以内的简支梁桥的安装作业。在现场应有足够安置吊车的场地，同时要保证运梁道路的畅通，吊车的选用应充分考虑梁体的重量和作业半径后方可决定。

2. 跨墩龙门安装法

在墩台两侧沿桥向设置轨道，在其上安置跨墩的龙门吊，将梁体在起吊状态下运至架设地点，然后安置在预定位置。此法一般可将梁的预制场地安排在桥头引道上，以缩短运梁距离。其优点是：施工作业简单、迅速，可快速施工，容易保证施工安全。但要求架设的地形要平坦，且桥墩不能太高。因设备的费用较大，架设安装的孔数不能太少。

3. 架桥机安装法

这是预制梁典型的安装方法。在孔跨内设置安装导梁，以此作为支承体来架设梁体，这种作为支承梁的安装梁结构称为架桥机。目前架桥机的种类甚多，按形式的不同可分为单导梁、双导梁、斜拉式和悬吊式等。悬臂拼装和逐跨拼装的节段式桥梁也经常采用专业的架桥机进行施工。其特点是：不受架设孔跨桥墩高度的影响，也不受桥下地形条件的影响；架设速度快，作业安全度高；对于孔数较多的桥梁更具有优越性。

4. 浮吊架设法

这种方法一般适用于河口、海上桥梁的安装，包括整孔架设和节段式块件的悬臂拼装。采用此法工期较短，但梁体的补强、趸船的补强及趸船、大型吊具、架设用的卡具等设备均较大型化，浮吊所需费用较高，且易受气象、海洋和地理条件等影响。梁体安装就位时浮力的减小会引起浮吊和趸船的移动，伴随而来的是梁体的摇动，因此应充分考虑其倾覆问题。

5. 浮运整孔架设法

这是将梁体用趸船运至架设地点后进行安装的方法，可采用两种方式：一种方式是用两套卷扬机（或液压千斤顶装置）组合提升吊装就位；另一种方式是利用趸船的吃水落差将整孔梁体安装就位。

6. 逐孔拼装法

逐孔拼装法一般适用于节段式预应力混凝土连续梁的施工。在施工的孔跨内搭设落地式支架或采用悬吊式支架，将节段预制块件按顺序吊放在支架上，然后在预留孔道内穿入预应力钢筋，对梁施加预应力使其成为整体，这种方法形象的称为"串糖葫芦"。

7. 悬臂拼装法

悬臂拼装法多用于预应力混凝土梁体的施工，其他类型的桥梁也可选用。这是一种将梁体分节段预制，墩顶附近的块件用其他架设机械安装或现浇，然后以桥墩为对称点，将预制块件沿桥跨方向对称起吊、安装就位后，张拉预应力筋，使悬臂不断接长，直至合拢的施工方法。悬臂拼装法施工速度快，预制块件质量易控制，但预制场地较大，且拼装精度要求高。这种施工方法可不用或少用支架，施工时不影响通航或桥下交通，宜在跨深水、山谷或海上进行施工并适用于变截面预应力混凝土梁体。

0.2.3.2　现浇法

1. 固定支架法

这是桥跨间设置支架、安装模板、绑扎钢筋、现场浇筑混凝土的施工方法（图 0-30），特别适用于旱地上的钢筋混凝土和预应力混凝土中小跨径桥梁的施工。支架按其结构的不同分为满布式、柱式、梁式、梁柱式等，所用材料有门式支架、扣件式支架、贝雷桁片、万能杆件及各种型组合构件等。对支架的要求有：①必须有足够的强度和刚度，保证就地浇筑的顺利进行，支架的基础要可靠，构件结合紧密并加入纵、横向连接杆件，使支架成为整体；②在河道中施工的支架要充分考虑洪水和漂浮物的影响，除对支架的结构构造有所要求外，在安排施工进度时尽量避免在高水位情况下施工；③支架在受荷后有变形和挠度，在安装前要有充分的估计和计算，并在安装支架时设置预拱度，使就地浇筑的主梁线型符合设计要求；④支架的卸落设备有木楔、砂筒和千斤顶等数种，卸架时要对称、均匀，不应使主梁发生局部受力的状态。

 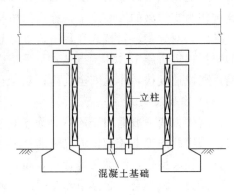

图 0-30　固定支架

固定支架的施工特点是：梁的整体性好，施工平稳、可靠，不需大型起重设备；施工中无体系转换的问题；需要大量施工支架，并需要有较大的施工现场。

2. 逐孔现浇法

逐孔现浇法分为在支架上逐孔现浇和移动模架逐孔现浇，目前较多采用后者。移动模架逐孔现浇施工方法自20世纪50年代末开始使用以来，得到了较广泛的应用，特别是多跨长桥如高架桥、海湾桥，使用十分方便，施工快速、安全，机械化程度高，减小劳动强度，少占场地，不会受桥下条件影响（图0-31）。但因模板拼装于拆卸均较复杂，所以一般适用于跨径 20～50m 的预应力混凝土连续梁体施工，且桥长在 500m 以上。

图0-31 移动模架逐孔现浇

逐孔现浇法的特点是完全不需设置地面支架，施工不受河流、道路、桥下净空和地基等条件的影响；机械化程度高，劳动力少，质量好，施工速度快，而且安全可靠；只要下部结构稍提前施工，之后上下部结构可同时平行施工，可缩短工期；施工从一端推进，梁一建成就可用作运输便道；模板支架周转率高，工程规模愈大经济效益愈好。

3. 悬臂浇筑法

这种方法最常用的是采用挂篮悬臂施工，在桥墩两侧对称逐段就地浇筑混凝土，待混凝土达到一定强度后张拉预应力筋，移动挂篮继续施工，使悬臂继续接长，直至合龙（图0-32）。挂篮的构造形式很多，通常有承重梁、悬吊模板、锚固装置、行走系统和工作平台等组成。挂篮的功能是：支承梁段模板、调整位置、吊运材料机具、浇筑混凝土、拆模或张拉预应力钢筋等。

悬臂浇筑法施工不需在跨间设置支架，使用少量机具设备便可以很方便的跨越深谷和河流使用于大跨径连续梁桥的施工。同时根据施工受力特点，悬臂施工一般宜在变截面梁中使用。

4. 顶推法

顶推施工是在桥台的后方设置施工场地，分节段浇筑梁体，并用纵向预应力钢筋将浇筑节段于已完成的梁体连成整体，在梁体前端安装长度为顶推跨径 0.7 倍左右的钢导梁，然后通过水平千斤顶施力，将梁体向前方推出施工现场，重复这些工序即可完成全部梁体的施工（图0-33）。

图 0-32　挂篮悬臂施工

图 0-33　顶推施工

顶推法的施工特点是：由于作业场地所限定在一定范围内，可设置顶棚，不受天气影响，能全天候施工。连续梁的顶推跨径以 30～50m 最为经济，若跨径大于此值，则需要有临时墩等辅助手段。逐段顶推施工宜在等截面预应力混凝土连续梁中使用，也可在结合梁和斜拉桥的主梁中使用。

0.2.3.3 转体施工法

转体施工法多用于拱桥的施工，也可用于斜拉桥和钢构桥的施工。这种施工法是在岸边立支架（或利用地形）预制半跨桥梁上部结构，然后借助上下转轴偏心值产生的分力使两岸半跨桥梁上部结构向桥跨转动，用风缆控制其转速，最后就位合龙（图 0-34）。该法适用于峡谷、水流湍急、通航河道和跨线桥等特殊地形的桥梁，具有工艺简单、操作安全、所用设备少、施工速度快等特点。

0.2.4 桥梁施工方法的选择原则

在实际桥梁施工中不太可能仅采用施工方法分类中的某一种施工方法，多数情况下是将几种方法组合起来应用。另外，桥梁的施工方法很多，本书不可能将所用的施工方法全部包罗，即使是同一种方法应用中也有不同情况，所需的机具、劳力、施工的步骤和施工期限等也不一样，因此，在选择桥梁施工方法时应根据桥梁的设计要求、施工现场环境、人员设备、施工经验等因素综合考虑，选择最佳的施工方法。一般遵循以下原则进行选择：

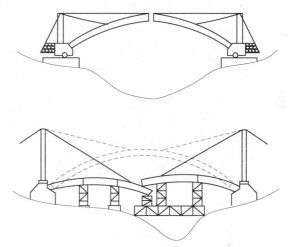

图 0-34 转体施工

（1）桥梁的结构形式和规模。

（2）桥位处的地形、自然条件和社会环境。

（3）施工机械和施工管理的制约。

（4）以往的施工经验。

（5）安全性和经济性等。

复 习 思 考 题

1. 桥梁在交通建设中的地位如何？

2. 桥梁是由哪几部分组成的？

3. 与桥梁总体布置有关的主要尺寸有哪些？名称叫什么？量测起始点和终点分别是什么？

4. 桥梁基本体系有哪几类？常用的是哪两类？

5. 桥涵是如何按跨径大小划分的？

6. 什么叫控制测量？什么叫跨河水准测量？

7. 什么叫桥梁的总跨径及桥梁的标准跨径？

8. 桥梁基础主要有哪几种？各种基础的使用条件是什么？

9. 悬臂浇筑法施工的主要机具是什么？各起什么作用？

10. 桥梁上部结构的施工方法主要有哪几种？

11. 桥梁施工方法的选择原则有哪些？

12. 什么叫转体施工法？

13. 桥梁的净跨径与标准跨径是不是一回事？有何不同？

第1章 桥梁施工机械设备

1.1 概　述

随着我国经济社会的发展，公路交通建设任务日趋繁重，大量的公路桥梁工程陆续动工，且建设规模逐年扩大，发展速度加快，同时工程技术标准和质量要求不断提高，促使桥梁施工技术和桥梁施工设备也得到长足的发展。近十年来，在我国大量新建与改建工程中，先进机械设备的广泛应用和机械化施工的推广，使得施工工期大大缩短，也取得了一系列处于世界领先水平的丰硕成果。

对于目前的桥梁工程施工，施工设备和机具的优劣往往决定施工技术的先进与否。特别是一些具有高难度、大跨径和深水基础的桥梁，在确定施工工艺时，与之相配套的机械设备通常是主要考虑因素之一。因此，桥梁结构体系及施工技术的发展，也要求各种机械设备和机具的不断更新与改造，以适应其发展的需要。

桥梁施工机械设备种类繁多，按功能和使用目的的不同可分为以下几类：

（1）混凝土施工设备：混凝土拌和机、混凝土拌和站（楼）、混凝土的运输设备、混凝土的振动设备。

（2）预应力混凝土施工设备：预应力张拉锚固设备、预应力用液压千斤顶。

（3）桥梁施工主要起重设备：起重机械主要零件、各类起重机具。

（4）桥梁施工常用机具及部件：常用结构部件、钢筋加工机械、水泵、空气压缩机。

1.2　混凝土施工设备

混凝土工程是混凝土结构工程的一个重要组成部分，其质量的好坏直接关系到结构的承载能力和使用寿命，而混凝土施工设备对混凝土质量的好坏起着重要的作用。混凝土机械主要包括：混凝土搅拌机、混凝土搅拌站（楼）、混凝土搅拌输送车、混凝土输送泵及泵车和振动机械等。

1.2.1　混凝土搅拌机

混凝土搅拌机按照搅拌原理，可分为自落式和强制式两类。自落式多用于搅拌塑性混凝土和低流动性混凝土，具有机具磨损小、易于清理、移动方便等优点，但动力消耗大、效率低、适用于施工现场；强制式搅拌机主要用于搅拌干硬性混凝土和轻骨料混凝土，也可搅拌低流动性混凝土，具有搅拌质量好、生产率高、操作简便、安全等优点，但机具磨损大，适用于预制厂使用。

1.2.1.1　混凝土搅拌机安装

（1）搅拌机必须安装在坚实、平整的地面上，以保证拌和作用的正常进行。搅拌机的撑脚要调整到轮胎不受力。

（2）使用前，按清洁、紧固、润滑、调整、防腐的作业法检查各系统，注意各结合机件是否松动，离合器和制动是否灵活可靠，钢丝绳是否损坏，传送带松紧是否合适等。

（3）钢丝绳的表面要保持有一层润滑油膜，绳头卡结必须牢固，当钢丝绳断丝过多时应更换。

（4）安装强制式搅拌机须在料斗上的最低点设置地坑，上料轨道要伸入坑内，斗口与地面相平。

（5）强制式搅拌机的缺料门应保持轻快开启，并保证封闭严密。

1.2.1.2　混凝土搅拌机的生产率计算

周期式混凝土搅拌机生产率计算公式：

$$Q = 3600(V/t_1 + t_2 + t_3)k_1$$

式中　Q——生产率，m^3/h；

　　　V——搅拌机的额定出料容量，m^3；

　　　t_1——每次上料时间，s，使用上料斗进料时，一般为8～15s；通过漏斗或链斗提升机装料时，可取15～26s；

　　　t_2——每次搅拌时间，s，随混凝土搅拌机容量大小而不同，可根据实测确定或参考表1-1所列数据；

　　　t_3——每次出料时间，s，倾翻出料时间10～15s；非倾翻出料时间为40～50s；

　　　k_1——时间利用系数，一般为0.9。

混凝土在不同类型搅拌机中的每次搅拌时间和最短时间如表1-1所示。搅拌机型号的表示方法如表1-2所示。

表1-1　　　　　　拌和物在自落式搅拌机中连续的每次搅拌和最短时间

出料容量（m³）	坍落度<60mm（s）	坍落度>60mm（s）
<0.25	60	45
0.75	120	90
1.5	150	120

表1-2　　　　　　　　　　　搅拌机型号的表示方法

机类	机型	特性	代号	代号含义	主参数
混凝土搅拌机 J（搅）	强制式 Q（强）	强制式搅拌机	JQ	强制式搅拌机	出料容量（L）
		单卧轴式（D）	JD	单卧轴强制式搅拌机	
		单卧轴液压式（Y）	JDY	单卧轴液压上料强制式搅拌机	
		双卧轴式（S）	JS	双卧轴强制式搅拌机	
		立轴蜗浆式（W）	JW	立轴蜗浆强制式搅拌机	
		立轴行星式（X）	JX	立轴行星强制式搅拌机	

续表

机类	机型	特性	代号	代号含义	主参数
混凝土搅拌机 J（搅）	锥形反转出料式 Z（锥）		JZ	锥形反转出料式搅拌机	出料容量（L）
		齿圈（C）	JZC	齿圈锥形反转出料式搅拌机	
		摩擦（M）	JZM	摩擦锥形反转出料式搅拌机	
	锥形倾翻出料式 F（翻）		JF	倾翻出料式锥形搅拌机	
		齿圈（C）	JFC	齿圈锥形倾翻出料式搅拌机	
		摩擦（M）	JFM	摩擦锥形倾翻出料式搅拌机	

如图1-1所示，为JZC200型搅拌机的结构图。

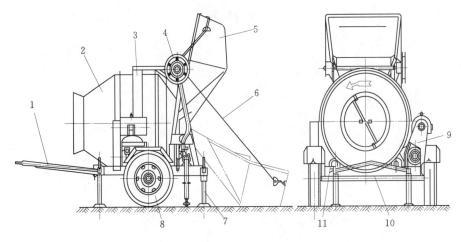

图1-1 JZC200型混凝土搅拌机

1—牵引杆；2—搅拌筒；3—大齿圈；4—吊论；5—料斗；6—钢丝绳；

7—支腿；8—行走轮；9—动力与传动机构；10—底盘；11—拖轮

1.2.2 混凝土拌和站（楼）

拌和站（楼）其特点是制备混凝土的全过程是机械化或自动化，生产量大，搅拌效率高、质量稳定、成本低，劳动强度减轻。

拌和站与拌和楼的区别：拌和站的生产能力较小，易拆装，便于转移，适用于施工现场；拌和楼体积大，生产效率高，只能作为固定式的搅拌装置，适用于产量大的商品混凝土供应。

拌和站主要由物料供给系统、称量系统、拌和主机和控制系统等四大部分组成。如图1-2所示，为某混凝土拌合站。

（1）物料供给系统。指组合成混凝土的砂、石、水泥和水等几种物料的堆积和提升

图1-2 搅拌站现场图片

系统。砂和石料的提升，一般是以悬臂拉铲为主，另有少部分采用装载机上料，配以皮带输送机输送的方式。水泥则以压缩空气吹入散装的水泥筒仓，辅之以螺旋机和水泥秤供料。拌和用水一般用水泵实现压力供水。

（2）称量系统。砂石一般采用累积计量，水泥单独称量，拌和用水一般采用定量水表计量。

（3）控制系统。一般有两种方式：一是开关电路，继电器程序控制；另一种是采用运算放大器电路，增加了配比设定，落实调整容量变换等功能。近年来，微机控制技术开始用于控制系统，从而提高了控制系统的可靠性。

（4）主机系统。拌和主机的选择，决定了拌和站的生产率。常见的主机有锥形反转出料式、主轴涡桨式和双卧轴强制式等形式。

如图1-3所示为混凝土搅拌站工艺流程示意图，图1-4为现场图片。

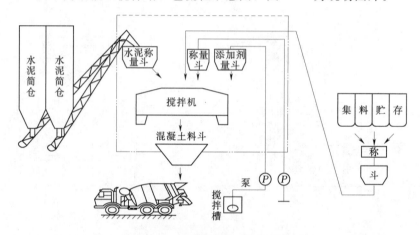

图1-3　混凝土搅拌站工艺流程

图1-4　现场工作图

1.2.3　混凝土运输设备

混凝土的运输设备应根据结构物的特点、混凝土浇筑量、运距、现场道路情况以及现有的机具设备等条件进行选择。混凝土的水平运距，短距离多用手推车、机动翻斗车、轻轨翻斗车；长距离则用自卸汽车、混凝土搅拌运输车等。垂直运输可用各种升降机、卷扬机及塔式起重机等。此外，混凝土泵（车）是能同时完成水平运输和垂直运输的机械。本节对混凝土搅拌运输车、混凝土泵（车）作一简要的介绍。

1.2.3.1　混凝土搅拌运输车

混凝土搅拌运输车（图1-5），是专门用于进行长距离输送混凝土拌和物的车辆。它是将运输的搅拌筒安装在汽车底盘上，把在预拌混凝土搅拌站生产的混凝土成品或经称量的原料装入搅拌筒内，然后运至施工现场，在整个运输过程中，混凝土的搅拌筒始终在作慢速转动，从而使混凝土在长途运输后，仍不会出现离析现象，以保证混凝土的质量。

图1-5　混凝土搅拌运输车实例

混凝土搅拌运输车一般有两种输送工艺：集中搅拌相配合的搅拌输送工艺和集中配料相配合的搅拌输送工艺。前者搅拌运输车接受的是搅拌好了的预拌混凝土，在运往现场的途中，搅拌筒不断地低速（1～3r/min）旋转，对混凝土拌和物进行搅拌，以防止混凝土拌和物发生离析和初凝。后者则是将经中心配料站称量的水泥、砂、石和水等原料装入搅拌运输车的搅拌筒内，然后在搅拌运输车驶向现场的途中，搅拌筒以6～10 r/min的转速进行搅拌；当浇筑现场距中心配料站较远时，可在驶近现场时再注入搅拌。如图1-6所示，为混凝土运输车、运输图片。

图1-6　运输车现场图

混凝土搅拌运输车可按底盘形式、驱动形式、多功能、搅拌筒布置等多种分类标准进行分类，图 1-7 所示为混凝土搅拌运输车示意图。

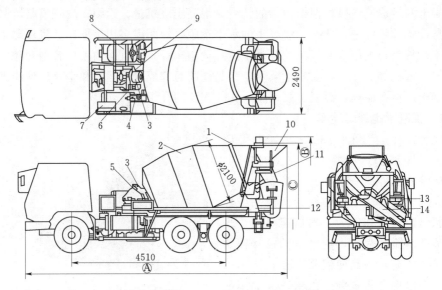

图 1-7　混凝土搅拌运输车（单位：mm）

1—滚道；2—搅拌筒；3—轴承座；4—油箱；5—减速器；6—液压马达；
7—散热器；8—水箱；9—油泵；10—漏斗；11—卸料槽；
12—支架；13—托滚；14—滑槽

1.2.3.2　混凝土泵（车）

混凝土泵（车）是利用压力沿管道将混凝土拌和物连续输送到浇筑地点的设备。它能同时完成水平输送和垂直输送，比起重机加吊罐等传统的浇筑设备效率高、劳动力省、费用低、质量好。混凝土泵的采用对保证混凝土拌和物的质量起到了检验作用，因为不可泵送的混凝土拌和物大部分也是不符合质量要求的。

混凝土泵经过铺设管道输送混凝土拌和物，在管道末端有易弯曲的软管便于布料。但在中小型工地经常铺设和拆除输送管道很麻烦，为此发展了臂架式混凝土泵车。臂架式混凝土泵车（图 1-8）是将混凝土泵和布料装置（布料装置由折叠式臂架和装在其上的输送管道，以及回转装置组成的）装在汽车底盘上，因此具有机动性强、布料灵活等优点。但是臂架式混凝土泵车结构复杂、价格昂贵，臂架长度受汽车底盘的限制，泵送距离和高度较小。

臂架式混凝土泵车适宜于大体积基础、零星分散工程以及泵送距离和高度较小的场合；而混凝土泵适宜于在固定地点长时间作业及泵送距离和高度较大的场合。混凝土泵还可与独立布料杆配合作用，以减轻繁重的体力劳动和充分发挥混凝土泵的效率。如图 1-9 所示为混凝土输送现场工作图片。图 1-10 为 HBT60 型混凝土泵的构造图。

1.2.4　混凝土的振动设备

混凝土拌和物浇筑之后，须经密实成型，才能填满模板、密实包裹钢筋、排除拌和物中的气体，使混凝土制品或结构具有一定的外形和内部结构，提高混凝土制品或结构的强

图 1-8　臂架式混凝土泵车　　　　　图 1-9　地泵输送混凝土实例

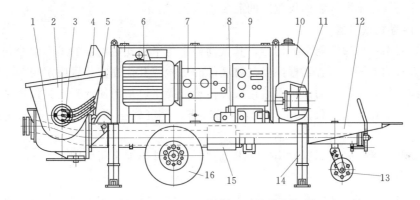

图 1-10　HBT60 混凝土泵的基本构造

1—分配阀；2—料斗；3—搅拌机构；4—料斗罩；5—润滑系统；6—电机；7—液压泵；

8—换向阀；9—电气系统；10—液压油箱；11—冷却系统；12—牵引架；

13—支地轮；14—支腿；15—推送系统；16—托运桥

度和耐久性。混凝土振捣器正是这样的使混凝土密实成型的设备，它借助动力通过一定装置作为振源产生频繁的振动，并将这种振动传给混凝土，以振动捣固混凝土。合理选择和正确使用混凝土振捣器，不但可以提高混凝土浇筑速度和质量，而且可以降低工程成本，改善劳动条件，是人工振捣无法达到的。

混凝土振捣器按其作用方式可分成两大类：内部振捣器和外部振捣器。内部振捣器即是插入式振捣器；外部振捣器包括平板式振捣器、附着式振捣器和振动台等（图 1-11）。

1.2.4.1　插入式振捣器

插入式振捣器主要由振动棒、软轴和电动机三部分组成。振动棒工作部分长约500mm，直径 35～50mm，内部装有偏心振子，电机开动后，由于偏心振子的作用使整个棒体产生高频微幅的振动。振动棒和混凝土接触时，便将振动传给混凝土，很快使其密实成型。插入式振捣器主要用于振动各种垂直方向尺寸较大的混凝土体，如桥梁墩台、基

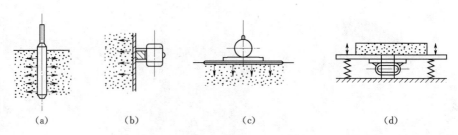

图1-11　混凝土振动器示意

（a）插入式振动器；（b）附着式振动器；（c）平板式振动器；（d）振动台

础、柱、梁、坝体、桩及预制构件等。插入式振捣器可按工作原理分为偏心式和行星式两种类型，常见的型号有 ZX50、ZX70 等。

1.2.4.2　平板式振捣器

平板式振捣器属外部振捣器，它是直接放在混凝土表面上移动进行振捣工作，适用于坍落度不太大的塑性、半塑性、干硬性、半干硬性的混凝土，或如水泥混凝土路面、平板、拱面等浇筑层不厚、表面较宽敞的混凝土捣固。

1.2.4.3　附着式振捣器

附着式振捣器也属于外部振捣器，其振动构造与平板式振捣器的工作部分相同。由于振动作业方式的不同，附着式振捣器是靠底部的螺栓或其他锁紧装置固定安装在模板外部（或滑槽料斗等），振捣器的能量是通过模板传给混凝土，从而使混凝土被振捣密实。附着式振捣器作用半径不大，仅适用于振捣钢筋较密、厚度较小等不宜使用插入式振捣器的结构。

各种类型的附着式振捣器的构造基本相同，仅在外形上有所区别。

1.2.4.4　振动台

振动台为一个支承在弹性支座的工作平台，平台下设有振动机构。混凝土振动台是由电动机、同步器、振动平台、固定框架、支取弹簧及偏振子等组成。其工作时，振动机构作上下方向的定向振动。振动台具有生产效率高、振捣效果好的优点，主要用于混凝土制品厂预制件的振捣。

1.3　预应力混凝土施工设备

20 世纪 50 年代，我国预应力混凝土施工技术开始起步，随着各类预应力混凝土建筑的迅速发展，预应力张拉成套设备也得到了广泛的普及，在公路桥梁建筑方面的应用也日趋成熟。预应力张拉设备主要包括预应力张拉千斤顶、预应力锚夹具、油泵车等。

在预应力混凝土桥梁施工中，预应力张拉工艺可分为先张法、后张法和电热法 3 种。

先张法即先张拉预应力钢筋，后浇筑混凝土。其工序简单，关键是解决高强预应力钢材的张拉与锚固问题，不同钢材形式和性能，所需选取的张拉机具、锚固机具、放张方法的种类不同。

后张法即为先浇筑混凝土，后张拉预应力钢筋。此法是利用构件自身作为加力台座进行预应力筋的张拉，并用锚夹具将张拉完毕的预应力筋锚固在构件的两端；再在预应力筋的管道内压水泥浆，使预应力筋与混凝土黏结成整体。后张法主要是靠锚夹具来传递和保持预加应力的。

电热法是利用热胀冷缩的原理，在预应力钢筋中通过强大的电流，短时间内将钢筋加热，使钢筋随着加热温度的升高而伸长。当钢筋伸长到要求长度后，切断电源，锚固钢筋。随着温度的下降，钢筋逐渐冷却回缩。由于钢筋的两端已经锚固，不能自由冷缩，故这种冷缩在钢筋中产生拉应力；钢筋的冷缩力压紧构件的两端，使构件混凝土产生预压应力，从而达到预加应力的目的。

各种预应力的张拉工艺对应着多种张拉设备，而各种张拉设备又有多种形式。锚具、夹具和张拉机械的选用，应根据钢筋种类以及结构要求、产品技术性能和张拉工艺等选择，张拉机械则应与锚具配套使用。

1.3.1　预应力张拉锚固设备

我国的预应力锚具起始于 20 世纪 50 年代，到目前为止，已经相继研制出多种形式，如交通部公路规划设计院研制的 YM 型锚具，中国建筑科学院研制的 OM、XM 型锚具，同济大学和柳州建筑机械厂研制的 OVM 新型锚具，性能都达到国际预应力混凝土协会（FIP）的标准，并且我国的预应力锚具也正向着大吨位、系列化、多品种方向发展。

一般来说，先张法中锚固预应力钢筋用的工具称为夹具，后张法中锚固预应力钢筋用的工具称为锚具。锚具按结构形式可分为：支承式、夹片式、锥塞式、握裹式。我国采用最多的锚具是支承式和夹片式。

1. 支承式锚具

（1）螺母锚具。螺母锚具由螺丝端杆、螺母和垫板三部分组成。其适用于直径 18～36mm 的预应力钢筋。锚具长度一般为 320mm，当为一端张拉或预应力筋的长度较长时，螺杆的长度应增加 30～50mm。

（2）镦头锚具。用于单根粗钢筋的镦头号锚具一般直接在预应力筋端部热镦、冷镦或锻打成型。镦头锚具也适用于锚固多根数钢丝束。钢丝束镦头锚具分 A 型和 B 型。其 A 型由锚环与螺母组成，可用于张拉端；B 型为锚板，用于固定端。镦头锚具的构造如图 1-12 和图 1-13 所示。镦头锚具的优点是操作简便迅速，不会出现锥形锚易发生的"滑

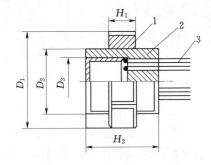

图 1-12　DMA 型张拉端锚具
1—螺母；2—锚杯；3—钢丝

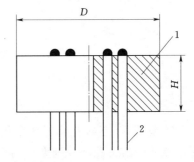

图 1-13　DMB 型锚具
1—锚板；2—钢丝

丝"现象，故不发生相应的预应力损失。这种锚具的缺点是下料长度要求很精确，否则，在张拉时会因各钢丝受力不均匀而发生断丝现象。镦头锚具用 YC－60 千斤顶（穿心式千斤顶）或拉杆式千斤顶张拉。如图 1-14 所示为镦头锚具工程实例图。

图 1-14 墩头锚具工程实例图

2. 夹片式锚具

（1）JM 型锚具。JM 弄锚具为单孔夹片式锚具。JM12 型锚具可用于锚固 4～6 束直径为 12mm 的钢绞线。JM15 型锚具则可锚固直径为 15mm 的钢筋或钢绞线。JM 型锚具由锚环和夹片组成，其构造如图 1-15 所示。JM 锚具的工程实例如图 1-16 所示。JM 型锚具性能好，锚固进钢筋束或钢绞线束被单根夹紧，不受直径误差的影响，且预应力筋是在呈直线状态下被张拉和锚固，受力性能好。为此，为适应小吨位高强钢丝束的锚固，近年来还发展了锚固 6～7 根 $\phi5$ 碳素钢丝的 JM5—6 型和 JM5—7 型锚具，其原理完全相同。

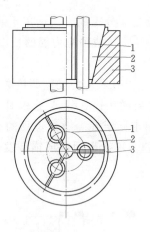

图 1-15 JM 锚具
1—预应力筋；2—夹片；3—锚具

图 1-16 JM 锚具工程实例

（2）XM 型锚具。XM 型锚具属多孔夹片锚具，是一种新型锚具。这是在一块多孔的锚板上，利用每个锥形孔装一副夹片夹持一根钢绞线的一种楔紧式锚具。这种锚具的优点是任何一根钢绞线锚固失效，都不会引起整束锚固失效，并且每束钢绞线的根数不受限制。XM 型锚具由锚板与三片夹片组成。它既适用于锚固钢绞线束，又适用于锚固钢丝束；既可锚固单根预应力筋，又可锚固多根预应力筋。XM 型锚具具有通用性强、性能可靠、施工方便、便于高空作业的特点。

(3) QM 及 OVM 型锚具。QM 型锚具也属于多孔夹片锚具，它适用于钢绞线束。该锚具由锚板与夹片组成。QM 型锚固体系配有专门的工具锚，以保证每次张拉后退楔方便，并减少安装工具锚所花费的时间。OVM 型锚具是在 QM 型锚具的基础上，将夹片改为二片式，并在夹片背部上部锯有一条弹性槽，以提高锚固性能。

(4) 扁锚。20 世纪 80 年代末，根据桥梁施工的需要，开发了一种新型的夹片式扁型锚具，简称扁锚。扁锚是由扁锚头、垫板、扁形喇叭管及扁形管道等组成，如图 1-17 所示。扁锚的有优点：张拉槽口扁小，可减少混凝土板厚，可以单根分束张拉，施工方便。因此，这种锚具特别适用于后张预应力简支 T 梁、空心板、城市低高箱梁等薄壁结构以及桥面横向预应力张拉。如图 1-18 所示，为扁锚工程实例。

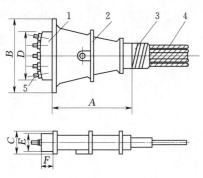

图 1-17　扁锚

1—锚板；2—扁形垫板和喇叭管；3—扁形
波纹管；4—钢绞线；5—楔片

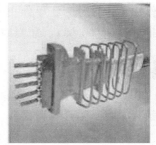

图 1-18　扁锚工程实例

(5) 楔片式锚具。也称为群锚，由多孔锚板与楔片组成，如图 1-19 所示。在每个锥形孔内装一副（2 片或 3 片）楔片，夹持一根钢绞线。每束钢绞线的根数不受限制；任何一根钢绞线锚固失效，都不会引起整束锚固失效。

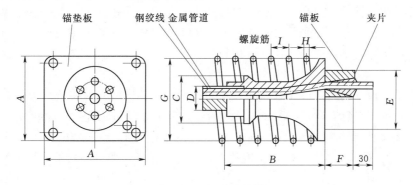

图 1-19　楔片式锚具

(6) 锥形锚具。是用于锚固直径 5mm 钢丝的一种楔紧式锚具。由钢锚圈和锥形锚塞组成，构造简单，价格低廉，如图 1-20 所示。

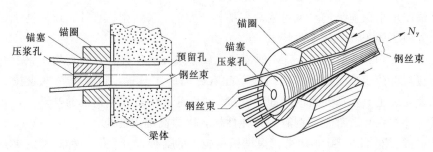

图 1-20 锥形锚具

1.3.2 预应力用液压千斤顶

在预应力混凝土结构施工中，用来对预应力钢筋施加张拉力的主要设备，分为机械式、液压式和电热式 3 种。常用的是液压式，它由千斤顶、高压油泵及其输油管等部分组成。预应力千斤顶按其作用形式可分为：单作用（拉伸）、双作用（张拉、顶锚、退楔）；按结构特点又可分为：拉杆式（YL 型）、穿心式（YC 型）、锥锚式（YZ 型）和台座式（YT 型）4 种。

1.3.2.1 液压千斤顶的类型

1. 拉杆式千斤顶

拉杆式千斤顶用于螺母锚具、锥形螺杆锚具、钢丝镦头号锚具等。它由主油缸、主缸活塞、回油缸、回油活塞、连接器、传力架、活塞拉杆等组成。张拉前，先将连接器旋在预应力的螺丝端杆上，相互连接牢固。千斤顶由传力架支承在构件端部的钢板上。张拉时，高压油进入主油缸、推动主缸活塞及拉杆，通过连接器和螺丝端杆，预应力筋被拉伸。千斤顶拉力的大小可由油泵压力表的读数直接显示。当张拉力达到规定值，拧紧螺丝端杆上的螺母，此时张拉完成的预应力筋被锚固在构件的端部。锚固后回油缸进油，推动回油活塞工作，千斤顶脱离构件，主缸活塞、拉杆和连接器回到原始位置。最后将连接器从螺丝杆上卸掉，卸下千斤顶张拉结束。

目前常用的一种千斤顶是 YL—60 型拉杆式千斤顶。另外，还有 YL—400 型和 YL—500 型千斤顶，其张拉力分别为 4000kN 和 5000kN，主要用于张拉力较大的钢筋张拉。拉杆式千斤顶构造简单，操作方便，应用较广。

2. 穿心式千斤顶

穿心式千斤顶中利用双液压缸张拉预应力筋和顶压锚具的双作用千斤顶。穿心式千斤顶适用于张拉带 JM 型锚具、XM 型锚具的钢筋，配上撑脚与拉杆后，也可作为拉杆式千斤顶张拉带螺母锚具和镦头锚具的预应力筋。系列产品有 YC—20D 型、YC—60 型和 YC—120 型千斤顶。大跨度结构、长钢丝束等引申量大者，用穿心式千斤顶为宜。

3. 锥锚式千斤顶

锥锚式千斤顶是具有张拉、顶锚和退楔功能三作用的千斤顶，用于张拉带锥形锚具的钢丝束。系列产品有 YZ—38 型、YZ—60 型和 YZ—85 型千斤顶。

锥锚式千斤顶由张拉油缸、顶压油缸、退楔装置、楔形卡环、退楔翼片等组成。其工作原理是当张拉油缸进油时，张拉缸被压移，使固定在其上的钢筋被张拉。钢筋张拉后，改由顶压油缸进油，随即由副缸活塞将锚塞顶入锚圈中。张拉缸、顶压缸同时回油，则在弹簧力的作用下复位。

4. 台座式千斤顶

台座式千斤顶，即普通液压千斤顶。先张法施工中常常会进行多根钢筋的同步张拉，当用钢台模以机组流水法或传送法生产构件多进行多根张拉，可用普通液压千斤顶进行张拉。张拉时要求钢丝的长度基本相等，以保证张拉后各钢筋的预应力相同，为此，事先应调整钢筋的初应力。

1.3.2.2 液压千斤顶的校验

采用千斤顶张拉预应力筋时，预应力筋的张拉力由高压油泵上的压力表读数反映，压力表的读数表示千斤顶油缸活塞单位面积上的油压力，理论上等于张拉力除以活塞面积。但是由于活塞与油缸之间存在摩擦力，使得实际张拉力比理论计算的张拉力要小。为了准确地获得实际张拉力值，应采用标定方法直接测定千斤顶的实际张拉力与压力表读数之间的关系，绘出张拉力 N 与压力表读数 P 的关系曲线，供施工时使用。检校方法可在试验机上进行。

千斤顶要和工程中使用的油压表、油管一起进行配套标定。标定应在下列情况下进行：

（1）新千斤顶初次使用前。

（2）压力表受到碰撞或出现失灵现象，油压表指针不能退回零点。

（3）千斤顶、油压表和油管进行更换或维修后。

（4）张拉 $100\sim200$ 次或连续张拉 1、2 月后。

（5）停放三个月不用后，重新使用前。

（6）张拉过程中，预应力筋突然发生成束破坏。

1.4 桥梁施工主要起重设备

1.4.1 起重机械主要零件

1.4.1.1 钢丝绳

钢丝绳具有耐磨、抗拉力强、挠性好、弹性大、能承受冲击荷载、运行时无噪声、破断前有预兆、便于检查、防潮性能较好、寿命较长等优点，因此可以作为桥梁的主要抗拉构件，同时并广泛用于起重吊装作业。

1. 钢丝绳的构造

钢丝绳一般是由几股钢丝子绳和一根绳芯拧成。绳芯用防腐、防锈润滑油浸透过的有机纤维芯或软钢丝芯组成，而每股钢丝子绳是由许多根直径为 $0.4\sim3.0\text{mm}$，强度为 $1.4\sim2.0\text{GPa}$ 的高强度钢丝组成。

2. 钢丝绳的分类

（1）按钢丝绳的性能和钢丝的表面情况分为特号、1 号光面钢丝或镀锌钢丝。

（2）按绳与股的捻拧方向分为右交互捻、左交互捻、右同向捻和左同向捻四种。

（3）按股内各钢丝接触方式不同可分为点接触和线接钢丝绳。

（4）按钢丝周围表面形状可分为普通结构钢丝绳和封闭式结构钢丝绳。

1.4.1.2 吊具

吊具有吊索、吊钩和卡环三种类型。

1. 吊索

吊索又称千斤顶，或绳套，或拴绑绳，主要用于物件捆绑，并连接于起重吊钩或吊环上，或用于固定滑车、绞车等，吊索根据用法可分为封闭式和开口式两种。

2. 吊钩

吊钩可用碳素钢锻造而成和钢板铆接而成（或称极钩），按其形式可分为单吊钩和双吊钩。

3. 卡环

卡环称为卸扣或开口销环，是由环圈和销轴组成，主要用于钢丝绳与吊钩之间的联结，以及用千斤顶捆绑物件固定绳套。

1.4.1.3 滑车

滑车又称滑轮或葫芦。按使用方式可分为定滑车、动滑车和导向滑车。滑车组由定滑车和动滑车组成，它既能省力又可改变力的方向，如图 1-21 和图 1-22 所示。

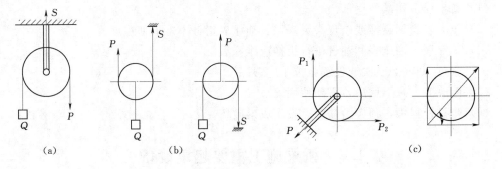

图 1-21 滑车

（a）定滑车；（b）动滑车；（c）导向滑车

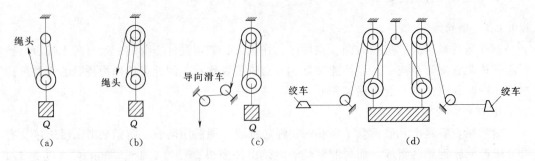

图 1-22 滑车组

（a）跑头从动滑车引出；（b）跑头从定滑车引出；（c）有导向滑车的滑车组；（d）双联滑车组

1.4.1.4 链滑车

链滑车又称手拉葫芦或神仙葫芦（图 1-23）。当提升重物时，可顺时针方向牵引链轮，牵引升上时，由于制动装置作用，所提升的重物不会自动下落；当下落重物时，可逆时针方向牵引链轮。使用链滑车时，应注意以下几点：

（1）使用前必须检查链滑车各部分有无损伤，吊挂绳索及支架横梁应绝对稳固，提升时的质量不得超过容许起重质量。

（2）起重时，须慢慢将其拉紧，待链滑车完全吃力后，经检查后方可继续工作。

（3）使用时，应将细链反拉，让粗链松弛，以便有最大的提升余位，且应以短距离的起重、移位、拉紧构件为限。

（4）使用链滑车所需拉链人数，应按起重质量大小配置。

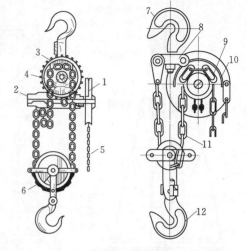

图 1-23　链滑车

1—动链轮；2—蜗杆；3—蜗轮；4—蜗轮轴；

5—手拉链条；6—动滑车；7—挂钩；

8—横梁；9—起重星轮；10—保险簧；

11—起重链；12—吊钩

1.4.2　起重机具

1.4.2.1　扒杆

扒杆是一种简单的起重吊装工具，一般都由施工单位根据工程的需要自行设计和加工制作的。扒杆可以用来升降重物，移动和架设等。常用的扒杆种类有独脚扒杆、人字扒杆、摇臂扒杆和悬臂扒杆。

1.4.2.2　龙门架（龙门扒杆、龙门吊机）

龙门架是一种最常用的垂直起吊设备。在龙门架顶横梁上设行车时，可横向运输重物、构件；在龙门架两腿下缘设有滚轮并置于铁轨上时，可在轨道上纵向运输；如在两腿下设能转向的滚轮时，可进行任何方向的水平运输。龙门架通常设于构件预制声吊移构件；或设在桥墩顶、墩旁安装大梁构件。常用的龙门架种类有钢木混合构造龙门架、拐脚龙门架和装配式钢桥桁节（贝雷）拼制的龙门架。图 1-24 是利用公路装配式钢桥桁节（贝雷）拼制的龙门架示例。

1.4.2.3　浮吊

在通航河流上建桥，浮吊船是重要的工作船。常用的浮吊有铁驳轮船浮吊和用木船、型钢及人字扒杆等拼成的简易浮吊。我国目前使用的最大泡吊船的起重量已达 500t。通常简易浮吊可以利用两只民用木船组拼成门船，用木料加固底舱，舱面上安装型钢组成的底板构架，上铺木板，其上安装人字扒杆制成。起重动力可使用双筒电动卷扬机一台，安装在门船后部中线上。制作人字扒杆的材料可用钢管或圆木，并用两根钢丝绳分别固定在民船尾端两舷旁钢构件上。吊物平面位置的变动由门船移动来调节，另外还需配备电动卷扬机绞车、钢丝绳、锚链、铁锚作为移动及固定船位用。

1.4.2.4　缆索起重机

缆索起重机适用于高差较大的垂直吊装和架空纵向运输，吊运量从几吨至几十吨，纵向运距从几十米至几百米。

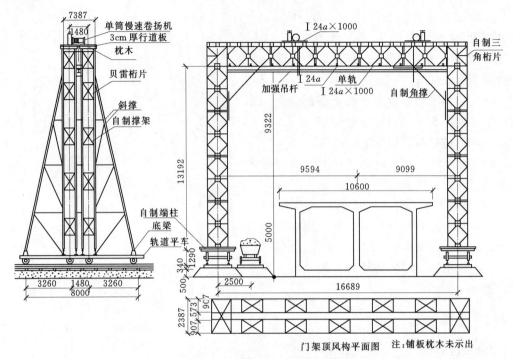

图1-24 用公路装配式钢桥桁节（贝雷）拼装的龙门架

　　缆索起重机是由主索、天线滑车、起重索、牵引索、起重及牵引绞车、主索地锚、塔架、风缆、主索平衡滑轮、电动卷扬机、手摇绞车、链滑车及各种滑轮等部件组成。在吊装拱桥时，缆索吊装系统除了上述各部件外，还有扣索、扣索排架、扣索地锚、扣索绞车等部件。其布置可参见图1-25。

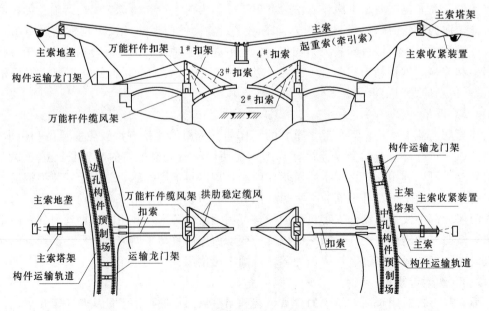

图1-25 缆索吊装拱桥布置示例

（1）主索。亦称为承重索或运输天线。它横跨桥墩，支承在两侧塔架的索鞍上，两端锚固于地锚。吊运构件的行车支承于主索上。主索的断面根据吊运的构件重量、垂度、计算跨度等因素进行计算。

（2）起重索。它主要用于控制吊物的升降（即垂直运输），一端与卷扬机滚筒相连，另一端固定于对岸的地锚上。这样，当行车在主索上沿桥跨往复运行时，可保持行车与吊钩间的起索长度不随行车的移动而改变，如图1-26所示。

（3）牵引索。为拉动行车沿桥跨方向在主索上移动（即水平运输），故需一对牵引索，既可分别连接在两台卷扬机上，也可合栓在一台双滚筒卷扬机上，便于操作（图1-27）。

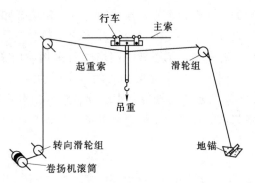

图1-26　起重索构造

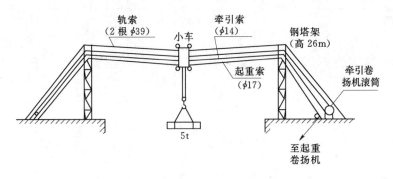

图1-27　缆索起重机吊装构件

（4）结索。用于悬挂分索器，使主索、起重索、牵引索不致相互干扰。它仅承受分索器重力及自重。

（5）扣索。当拱箱（肋）分段吊装时，为了暂时固定分段拱箱（肋）所用的钢丝索称为扣索。扣索的一端系在拱箱（肋）接头附近的扣环上，另一端通过扣索排架或过河天扣缆索固定于地锚上。为了便于调整扣索的长度，可设置手摇绞车及张紧索，如图1-28所示。

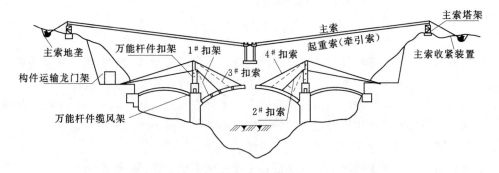

图1-28　扣索、缆风索示意图

（6）缆风索。缆风索亦称浪风索，用来保证塔架的纵横向稳定及拱肋安装就位后的横向稳定。

（7）塔架及索鞍。塔架是用来提高主索的临空高度及支承各种受力钢索的结构物。塔架的形式多种多样，按材料可分为木塔架和钢塔架两类。木塔架的构造简单，制作、架设均很方便，但用木料数量较多。一般当高度在 20m 以下时可以采用。当塔架高度在 20m 以上时多采用钢塔架。钢塔架可采用龙门架式、独脚扒杆式或万能杆件拼装成的各种型式。图 1-29 为高度 40m 的万能杆件拼装成的钢塔架示意图。塔架顶上设置索鞍，如图 1-30 所示，为放置主索、起重索、扣索等用。索鞍可以减少钢丝绳与塔架的摩阻力，使塔架承受较小的水平力，并减少钢丝绳的磨损。

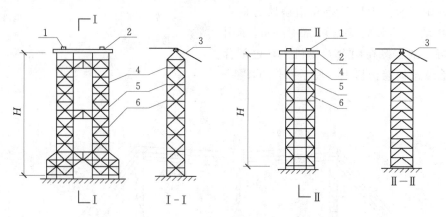

图 1-29　用万能杆件组拼的塔架

1—索鞍；2—帽梁；3—主索；4—立柱；5—水平撑；6—斜撑

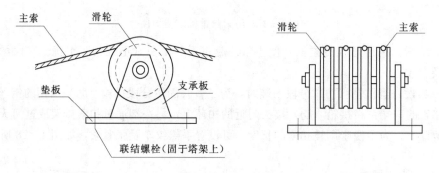

图 1-30　索鞍构造

（8）地锚。亦称地垄或锚碇，用于锚固主索、扣索、起重索及绞车等。地锚的可靠性对缆索吊装的安全有决定性影响，设计与施工都必须高度重视。按照承载能力的大小及地形、地质条件的不同，地锚的形式和构造可以是多种多样的。还可以利用桥梁墩、台做锚碇，这就能节约材料，否则需设置专门的地锚。图 1-31 是一个临时性的木地垄装置，由杂木或钢轨捆扎，埋入地下而组成。

（9）电动卷扬机及手摇绞车。这些设备主要用做牵引、起吊等的动力装置。电动卷扬机速度快，但不易控制，一般多用于起重索和牵引索。对于要求精细调整钢束的部位，多

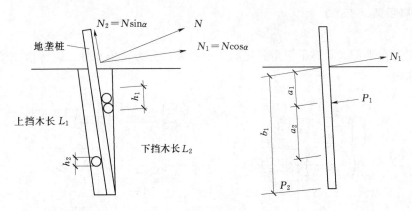

图 1-31　立垄计算示意图

采用手摇绞车，以便于操纵。

（10）其他附属设备。其他附属设备有在主索上行驶的行车（俗称跑马滑车）、起重滑车组、各种倒链葫芦、法兰螺栓、钢丝卡子（钢丝轧头）、千斤绳、横移索等。

1.5　桥梁施工常用机具及部件

1.5.1　常用结构部件

桥梁施工中常用结构部件主要有钢板桩、脚手架、万能杆件、贝雷梁、组合钢模板等。

1.5.1.1　钢板桩

在开挖深基坑和在水中进行桥梁墩台的基础施工时，为了抵御坑壁的土压力和水压力，常采用钢板桩，有时须做成钢板桩围堰。

如图 1-32 所示，为钢板桩示意图，钢板桩的常用规格、型号，以及使用情况详见相关手册。

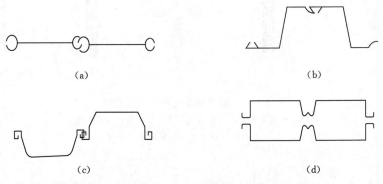

　　　　（a）　　　　　　　　　　　　　　　　　　（b）

　　　　（c）　　　　　　　　　　　　　　　　　　（d）

图 1-32　钢板桩示意图
（a）平直型；（b）Z 型；（c）槽型；（d）箱型

1.5.1.2 脚手架（支架）

1. 扣件式

扣件式钢管架是木质脚手架金属化的发展结果，分为直角扣件、旋转扣件和对接扣件三种形式（图1-33）。

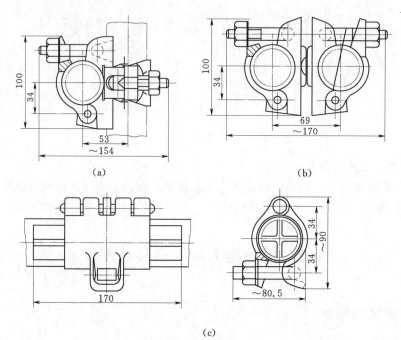

图1-33 扣件式脚手架示意图（单位：mm）

(a) 直角扣件；(b) 旋转扣件；(c) 对接扣件

钢管架除了上述主要连接件之外，还有一些配件，主要为顶托和底托（图1-34）。

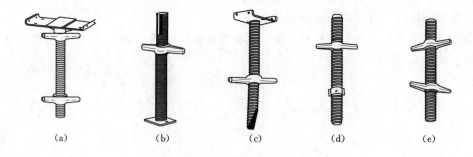

图1-34 脚手架顶托和底托示意图

(a) 双向可调顶托；(b) 可调底座；(c) 双向可调顶托；

(d) 高低调节螺杆；(e) 双向调节螺杆

2. 碗扣式

碗扣式脚手架主要杆件是 ϕ48mm 钢管。但是钢管的连接点采用"碗扣"。"碗扣"分为上碗扣和下碗扣，其中上碗扣套在立管上，利用上端螺旋形"锁销"别住楔紧而连接；下碗扣焊接在立管上（图1-35）。

1.5.1.3 万能杆件

万能杆件是由角钢和连接板组成,用螺栓连接成间距为 2m×2m 桁架杆件。因其通用性强,弦杆、腹杆及连接板等均为标准件,具有拆卸方便、运输方便、利用率高等特点,可以拼装成桁架、墩架、塔架、龙门架等形式,还可以作为墩台、索塔施工脚手架等。

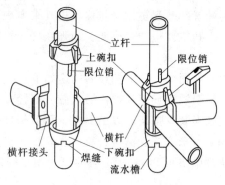

图 1-35 碗口式脚手架示意图

1. 万能杆件的分类

万能杆件的构件一般分为杆件、连接板和缀板三大类:

(1) 杆件:拼装时组成桁架的弦杆、腹杆、斜撑。

(2) 连接板:有各种规格,可将弦杆、腹杆、斜撑等连接成需要的各种形状。

(3) 缀板:可在各种弦杆、腹杆等节间中点做一个加强连接点,使组合断面的整体性更好。

万能杆件拼装桁架时,其高度应按 2m、4m、6m 的模数组拼。其腹杆的形式:当高度为 2m 时,为三角形;当高度为 4m 时,为菱形;当高度为 6m 时,为多斜杆形。如图 1-36 所示,为万能杆件组拼桁架示意图。

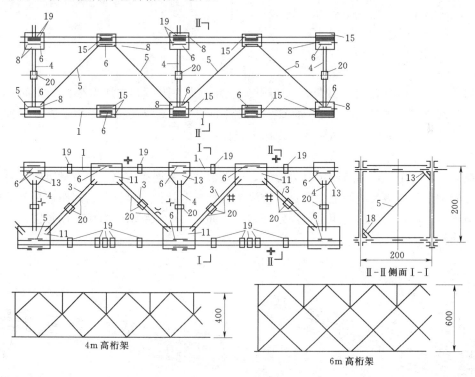

图 1-36 万能杆件组拼桁架示意图

1.5.1.4 贝雷梁

贝雷梁是一种由桁架拼装而成的钢桁架结构。贝雷梁常拼成导梁作为承载移动支架,再配置部分起重设置与移动机具来实现架梁。

其主要构件有桁架、加强弦杆、横梁、桁架销、螺栓、支撑构件等。

1. 桁架

如图 1-37 中各孔的用途如下：弦杆螺栓孔 1 用在拼装双层或加强梁上，在拼装时，将桁架螺栓或弦杆螺栓插入弦杆螺栓孔内，使双层桁架与加强弦杆连接起来；支撑孔架 2 用来安装支撑架，以加固上、下节桁架；风构孔 7 用来连接抗拉杆；端头竖杆上的支撑架孔 2 用来安装支撑架、斜撑和联板；横梁夹具孔 6 用来安装横梁夹具。在下弦杆上设有 4 块横梁垫板 8，垫板上有栓钉，用来固定横梁位置。其实例如图 1-38 所示。

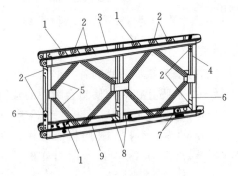

图 1-37　桁架
1—弦杆螺栓孔；2—支撑架孔；3—上弦杆；
4—竖杆；5—斜撑；6—横梁夹具孔；7—风
构孔；8—横梁垫板；9—下弦杆

图 1-38　桁架工程实例图

2. 加强弦杆

加强弦杆质量为 80kg，弦杆一头为阳头，另一头为阴头。在加强弦杆的中间设有支撑架孔 1 和弦杆螺栓双孔 2。设置加强弦杆的目的在于提高梁的抗弯能力，充分发挥桁架腹杆的抗剪作用。如图 1-39 所示，为加强弦杆示意图。

3. 横梁

横梁中间 4 个卡子用来固定纵梁位置，两端短柱用来连接斜撑。安装横梁时，将栓钉孔套入桁架下弦杆横梁垫板上的栓钉，使横梁在桁架上就位。栓钉孔的间距与桁架间距相同，横梁就位后，桁架的间距也就固定下来了。如图 1-40 所示，为横梁示意图。

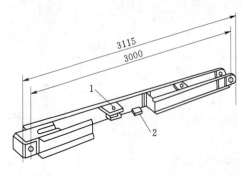

图 1-39　加强弦杆（单位：mm）
1—支撑架孔；2—弦杆螺栓孔

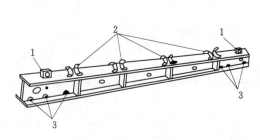

图 1-40　横梁
1—短柱；2—卡子；3—栓钉孔

4. 销子

销子用来连接桁架，在销子的一端有一个小圆孔，安装时插入保险插销，防止销子脱落。如图1-41所示，为销子和保险插销。

5. 支撑架

支撑架质量21kg，用撑架螺栓连接于第一排与第二排桁架之间，使之连成整体。如图1-42所示。

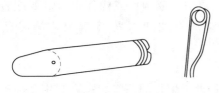

图1-41 销子和保险插销

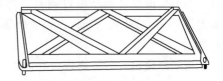

图1-42 支撑架

6. 桁架螺栓和弦杆螺栓

桁架螺栓质量3kg，用来连接上、下层桁架使用时，将螺栓自下而上插入双层桁架的螺栓孔内，然后用螺帽拧紧。弦杆螺栓质量2kg，用来连接桁架与加强弦杆，其形状与桁架螺栓完全相同，仅长度短7cm。如图1-43所示。

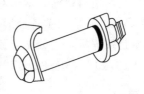

图1-43 桁架螺栓和弦杆螺栓

为了加强单片贝雷梁桁架的强度，主桁架可由数排并列或双层叠加。桥梁工程中习惯于先"排"后"层"称呼。贝雷架常拼成导梁作为承载移动支架，再配置部分起重设备与移动机具来实现架梁。如图1-44所示。

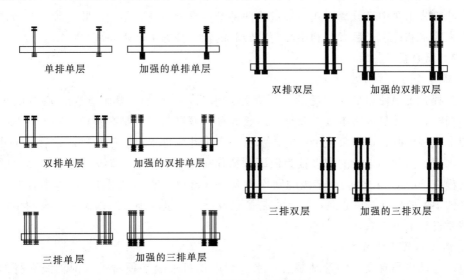

图1-44 贝雷桁架组合示意

1.5.2 钢筋加工机械

常用钢筋加工机械有以下几种：

（1）钢筋调直机。它用于将成盘的细钢筋和经冷拔的低碳钢丝调直，亦称为甩直机械。目前，常用的定型调直机有 GT4/8 型和 GT4/14 型以及数控钢筋调直机。

（2）钢筋切断机。它是把钢筋原材料和已矫直的钢筋切断成所需要的长度的专用机械。切断机有机械式和液压传动两种，多以电动机驱动。目前普遍使用的机械式有 GQ40 型钢筋切断机主要用于切断 6～40mm 的普通钢筋（A3），每分钟可切断 32 次。常用液压式型号有 DYJ—32 型钢筋切断机。

（3）钢筋弯曲机。钢筋经过调直、切断后，须加工成构件或构件中所需要配置的形状，如端部弯钩、梁内弓筋、起弯钢筋等。钢筋弯曲机又称冷弯机，常用型号有 GW40 型。

（4）钢筋焊接机：分为对焊机和电弧焊机。

1）对焊机。对焊是将两根钢筋的端部加热到近于熔化的高温状态，利用其高塑性加实行顶锻而达到连接的一种工艺操作。对焊不仅可以提高工效、节约钢材，而且能确保焊接质量，大量利用短料钢筋。常用对焊机是 UN1 型系列。

2）电弧焊机。它适用于各种形状钢材的焊接，是金属焊接中使用较广的工艺，电弧焊的主要设备是弧焊机，它分交流弧焊机和直流弧焊机。工地上常用的交流弧焊机型号有 BX3—120—1、BX3—300—2、BX3—500—2 和 BX2—1000 型几种。

1.5.3　水泵

在桥涵施工中，水泵主要用以排除基坑中的积水。水泵的类型很多，根据其对转变能量的方法来分主要有叶轮式（旋转式）和活塞（往复）式两大类。

1.5.3.1　叶轮式水泵

在叶轮式水泵中又分离心式与轴流式两种基本类型。前者是利用叶轮旋转时所产生的离心力来吸水和压水，后者是利用叶轮旋转时的轴向推力来吸水与压水。

1.5.3.2　离心泵

1. 离心泵的分类

在工程施工中使用最为广泛的多属离心式水泵，一般通称离心泵。离心泵的种类很多、根据叶轮的数目分为单级、双级与多级 3 种。双级与多级是在一根泵轴上同时并列地装有两个或多个叶轮，水泵在工作时，水从一个个叶轮进水口顺序转过，最后一个叶轮才排入出水管。因此，单级的大多数为低压（扬程在 20m 以下），双级（也有单级）的为中压（扬程在 20～60m 之间），多级的则均为高压（扬程在 60m 以上）。工程中普遍使用的单级吸式 BA 型悬臂式离心泵，其特点是扬程较高，流量较小、结构简单、泵的出水口可根据需要进行上下左右调整。

2. 离心水泵的使用要点

（1）电动机须有良好的接地装置。水泵和电动机轴线必须对正（两轴线平行即可）。如轴线不正，将会引起皮带向外，或向内跑偏，乃至脱落。

（2）离心泵启动前应先加水（引水），加水时须关闭出水阀，待灌满引水后，再关闭好放气阀。泵启动后，待启动后，待水泵达到全速运转时，逐渐开启出水阀，水即会从排水管流出。

（3）水泵运转中，如发现水泵漏水、漏气、出水不正常、水泵声响异常等情况，应立即停机检查，排除故障后方可继续使用。

（4）水泵使用过程中，操作人员应注意水位变化情况，当水面降到规定的最低水位时，应该停泵，以防吸水龙头内的阀门被污泥杂质所堵塞。

（5）为保证基坑正常挖掘、基坑混凝土的顺利浇筑，确保基坑疏干，必须有备用泵，特别雨季尤为重要。

1.5.4 空气压缩机

空气压缩机是一种压缩空气，使其压力增高，从而具有一定能量的动力机械。在公路、桥隧等工程施工中，整个开挖所使用的凿岩机、破碎面、潜孔钻机等都是以压缩空气驱动的。此外，混凝土的凿毛工作面的吹洗等，也离不开压缩空气，又如金属结构的铆接、喷涂、轮胎充气以及机械操作和制动控制等，都需要压缩空气作为动力。由于风动机具有安全可靠、使用方便的优点，因此，得到了广泛应用。

1.5.4.1 空气压缩机分类

空气压缩机有低压、中压、高压、超高压等区别。其压力范围分别为：①低压压缩机：$0.196\text{MPa} < P \leqslant 0.98\text{MPa}$；②中压压缩机：$0.98\text{MPa} < P \leqslant 9.8\text{MPa}$；③高压压缩机：$9.8\text{MPa} < P \leqslant 98\text{MPa}$；④超高压压缩机：$P > 98\text{MPa}$。

空气压缩机的种类很多，可按下列形式分别分类：

（1）按移动方式分：移动式、半移动式和固定式。

（2）按驱动方式分：电力驱动和内燃机驱动等。

（3）按排量分：大型（$60\text{m}^3/\text{min}$）、中型（$40\text{m}^3/\text{min}$）、小型（$10\text{m}^3/\text{min}$）。

（4）按工作缸数分：单缸式、多缸式等。

（5）按冷却方式分：风冷却、水冷式等。

（6）按气缸排列形式分直角形、V形、W形、立式、卧式等。

1.5.4.2 活塞式空气压缩机

1. 型号表示方法

例：3L—10/8 型空气压缩机，表示为 L 系列中第三基本产品，气缸为 L 形排列，排气量为 103k/min，排气压力 0.8MPa 的活塞式空气压缩机。

2. 使用时的注意要点

（1）空气压缩机气缸中的润滑多为激溅式，所以开机前应检查润滑是否加到规定的油面线处，然后用手转动皮带轮，视空压机的转动有无故障，经检查一切正常后，方可开机。

（2）空压机进入全负荷运载后，要检查机器是否漏油、漏气、温升及压力变化情况，并检查安全阀及调压阀，一切正常后方可使用。

（3）每班作业完毕，要放出末级排气管内的压给空气，关闭冷却进水阀门，放掉气缸套和各项冷却器，液气分离器、储气罐中的存水。冬季使用空压机时，停机后，必须放净冷却水。

复习思考题

1. 万能杆件的作用是什么？
2. 描述贝雷梁的结构构造。
3. 支架有哪些类型？由哪些构造组成？适用条件是什么？
4. 链滑车有哪些类型？在桥梁工程施工中有什么作用？
5. 卷扬机有几种类型？各适合在什么条件下使用？
6. 千斤顶有几种类型？怎样使用千斤顶达到起重的目的？

第 2 章 桥梁基础施工技术

2.1 概 述

常见的桥梁基础可分为浅基础和深基础两大类。所谓浅基础和深基础在深度上没有严格的界限，但施工方法却有明显的差异。浅基础往往采用敞坑开挖的方式施工，因而也称为明挖基础。为了提高地基承载力，一般将浅基础分层设置，逐层扩大，因而也称为扩大基础。深基础施工，往往需要特殊的施工方法和专用的机具设备，如需要打桩或钻孔设备等。沉井基础，即是一种采用沉井作为施工时的挡土、防水围堰结构等一整套施工方法的基础形式。

2.2 明 挖 基 础 施 工

2.2.1 基坑开挖的一般规定

（1）基坑顶面应设置防止地面水流入基坑的设施，基坑顶有动荷载时，坑顶边与动荷载间应留有不小于1m宽的护道，如动荷载过大宜增宽护道。如工程地质和水文地质不良，应采取加固措施。

（2）基坑坑壁坡度不易稳定并有地下水影响，或放坡开挖场地受到限制，或放坡开挖工程量大，应根据设计要求进行支护。设计无要求时，施工单位应结合实际情况选择适宜的支护方案。

2.2.2 基坑开挖方法

2.2.2.1 不支护加固基坑坑壁的施工要求

（1）基坑尺寸应满足施工要求。当基坑为渗水的土质基底，坑底尺寸应根据排水要求（包括排水沟、集水沟、排水网等）和基础模板设计所需基坑大小而定。一般基底应比基础的平面尺寸增宽 0.5~1.0m。当不设模板时，可按基础底的尺寸开挖基坑，如图 2-1 所示。

（2）基坑坑壁坡度应按地质条件、基坑深度、施工方法等情况确定。当为无水基坑且土层构造均匀时，基坑坑壁坡度可按相关比例确定。如表 2-1 所示为不同类型土在不同荷载作用下的坡度。

（3）如土的湿度有可能使坑壁不稳定而引起坍塌时，基坑坑壁坡度应缓于该湿度的天然坡度。

(a)直坡式

(b)斜坡式

(c)台阶式

图 2-1　基坑开挖形式

表 2-1　　　　　　　　　　　　　　不同类型工的坑壁坡度

坑 壁 土 类	坑 壁 坡 度		
	坡顶无荷载	坡顶有静荷载	坡顶有动荷载
砂类土	1：1	1：1.25	1：1.5
卵石、砾类土	1：0.75	1：1	1：1.25
粉质土、粘质土	1：0.33	1：0.5	1：0.75
极软岩	1：0.25	1：0.33	1：0.67
软质岩	1：0	1：0.1	1：0.25
硬质岩	1：0	1：0	1：0

（4）当基坑有地下水时，地下水位以上部分可以放坡开挖；地下水位以下部分，若土质易坍塌或水位在基坑底以上较深时，应加固开挖。

基坑开挖可采用人工或机械施工。基坑开挖时，坑顶四周地面应做成反坡，在距坑顶缘相当距离处应有截水沟，以防雨水浸入基坑。基坑弃土堆至坑缘距离，不宜小于坑基的深度，且宜弃在下游指定地点。坑基顶有动载时，坑顶缘与动载间应留有大于 1.0m 的护道。

基坑宜在枯水或雨季节开挖。开挖不宜中断，达到设计高程经检验合格后，应立即砌筑基础。基础砌筑后，基坑应及时回填，并分层夯实。

2.2.2.2　坑壁加固的基坑

当基坑较深、土方数量较大，或基坑放坡开挖受场地限制，或基坑地质松软、含水量较大、坡度不易保持时，可采用基坑开挖后护壁加固的方法施工。护壁加固可采用挡板支撑护壁、喷射混凝土护壁和现浇混凝土围圈护壁等。

1. 挡板支撑护壁

挡板支撑的形式有：竖挡板式坑壁支撑，如图2-2所示。

横挡板式坑壁支撑，如图2-3所示。对于大面积基坑无法安装横撑时，可采用锚桩式、斜撑式或锚杆式支撑，如图2-4所示。挡板支撑结构可采用木料或钢木结合形式，各部尺寸考虑土压力的作用，通过计算确定。

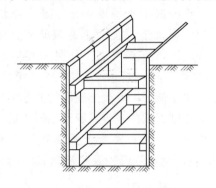

图 2-2　竖挡板式坑壁支撑

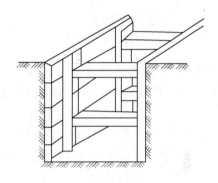

图 2-3　横挡板式坑壁支撑

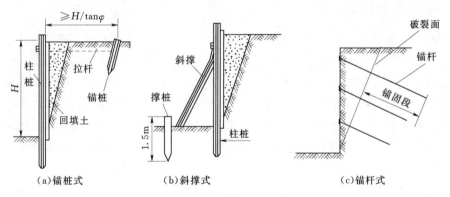

（a）锚桩式　　　　　　（b）斜撑式　　　　　　（c）锚杆式

图 2-4　大面积基坑支撑

2. 喷射混凝土护壁

喷射混凝土护壁的施工特点是：在基坑开挖界限内，先向下挖土一段，随即用混凝土喷射机喷射一层含速凝剂的混凝土（速凝剂掺入量可为水泥用量的3%～4%），以保护坑壁。然后向下逐段挖深喷护。每段一般为0.5～1.0m左右，视土质情况而定。喷射混凝土护壁适用于稳定性较好、渗水量小的基坑。喷护基坑的直径在10m左右，挖深一般不超过10m。沙土类、粘土类、粉土及碎石土的地质均可使用。喷射混凝土的厚度，随地质情况和有无渗水而不同，可取3～5cm（碎石类土、无渗水）至10～15cm（沙土类、无渗水）。对于有少量渗水的基坑，混凝土适应当加厚3cm左右。喷层厚度可按静水压力计算内力，设坑壁为圆形，截面均匀受力计算强度。

采用喷射混凝土护壁的基坑，无论基础外形如何，均应采用圆形，以改善坑壁受力状态。不过如地质稳定，挖深在5m以内时，也可按基础的外形开挖。混凝土护壁的坡度，

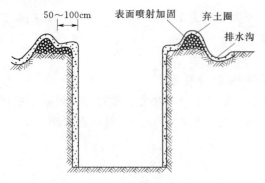

图2-5 喷射混凝土护壁

根据土质情况与渗水量大小，可采用1：(0.07～0.1)。基坑井口应作防护，防止土层坍塌、地表水或杂物落入井内。开挖基坑前，如图2-5所示，可在井口设置混凝土防护环圈。实践证明，堆土防护圈施工简易方便，可以代替混凝土环圈的作用。

3. 现浇混凝土围圈护壁

现浇混凝土围圈护壁，是在基坑垂直开挖的断面上自上而下逐段开挖立模、浇筑混凝土，直至坑底。分层高度以垂直开挖面不坍塌为原则，顶层高度宜为2.0m，以下每层高1.0～1.5m。顶层应一次整体浇筑，以下各层分段开挖浇筑。上下层混凝土纵向接缝应相互错开。混凝土围圈的开挖面应均匀分布、对称开挖和及时浇筑，无支护的总长度不得超过周长的一半。围圈混凝土的壁厚和拆模强度，应满足承受土压力的要求。一般壁厚8～15cm；混凝土强度等级应不低于C15，并应掺早强剂；24h后方可拆模。混凝土围圈护壁，除流砂及呈流塑状态的粘性土外，可用于各类土的开挖防护。

2.2.3 明挖基坑围堰

桥梁墩台一般位于河流、湖泊或海峡中。如基础底面离河底不深，可在开挖基坑的周围，先筑一道挡水的围堰，将围堰内的水排开，再开挖基坑、修筑基础。如排水困难，也可不排水挖土，建造基础。围堰工程应符合以下要求：围堰的平面尺寸要考虑河流断面因围堰压缩而引起的冲刷，并应有防护措施；堰内面积应满足基础施工的要求；围堰应做到防水严密，减少渗漏，并应满足强度和稳定性的要求；围堰的顶面宜高出施工期间可能出现的最高水位0.5m。围堰的形式很多，主要可分为4类：土石围堰、板桩围堰、钢套箱围堰和双壁钢围堰。

2.2.3.1 土石围堰

土石围堰主要有：土围堰、土袋围堰、竹笼片石围堰及堆石土围堰等。

1. 土围堰

土围堰如图2-6所示，一般适用于水深在2.0m以内，流速小于0.3m/s，冲刷作用很小，且河床为渗水性较小的土。围堰断面应根据使用的土质、渗水程度及围堰本身在水压力作用下的稳定性而定。堰顶宽度不应小于1.5m，外侧坡度不陡于1：2，内侧不陡于1：1。土围堰宜用粘性土填筑。填土出水面后应进行夯实。必要时须在外坡上用草皮、片石或土袋防护。合龙时应自上游开始填筑至下游。

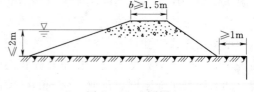

图2-6 土围堰

2. 土袋围堰

土袋围堰如图2-7所示，一般适用于水深不大于3m，流速不大于1.5m/s，河床为渗水性较小的土。围堰顶宽可为 1～2m，外侧边坡为 1.0：（0.5～1.0），内侧为 1.0：（0.2～0.5）。

围堰应用粘土填心，袋内装松散粘性土，装填量约为待容量的 60%。填码时土袋应平放，其上下层和内外层应相互错缝，搭接长度为袋长的 1/3～1/2。

3. 竹笼片石围堰和堆石土围堰

竹笼片石围堰和堆石土围堰适用于水深在 3.0m 以上，流速较大，河床坚实无法打桩，且石块能就地取材的地方。

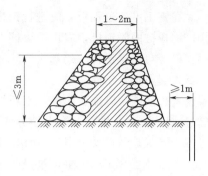

图 2-7　土袋围堰

2.2.3.2　板桩围堰

常用的板桩围堰有钢板桩围堰和钢筋混凝土板桩围堰两种。

1. 钢板桩围堰

钢板桩本身强大、防水性能好，打入土中穿透力强，不但能穿过砾石、卵石层，也能切入软岩层和风化层，一般河床水深为 4～8m，且为较软岩层时最为适用。堰深一般为 20m 以内。若有超出，板桩可适当接长。

（1）钢板桩的结构形式。钢板桩横截面积的形状有 4 类：平行（直形）、Z 形、槽形及工字形等，其中槽形截面模量较大，适用于承受较大水压力、土压力的围堰，其施工方便，是国内应用较多的形式。在施工中钢板桩彼此以锁口相连。锁口的形状有 3 类：阴阳锁口、环形锁口和套形锁口。套形锁口板桩两边为勾状形，勾头为榫，勾身为槽。在河水较深的地方，常用围图进行钢板桩围堰施工。围图不仅是支撑结构，而且可作为插打钢板桩的导向架，还可在其上安设施工平台、施工机具等。钢板桩围堰的平面形状有圆形、矩形和圆端形，施工中结合具体情况选用。在桥梁工程深基础施工中，多用圆形，如图 2-8 所示。其受力最理想，支撑结构最简单，但占河道面积大。浅基坑多用矩形围堰，如图 2-9 所示，其占河道面积小，但受水流冲击力大。

图 2-8　圆形钢板桩围堰下沉

图 2-9　矩形钢板桩围堰承台混凝土浇筑

（2）钢板桩围堰的施工。钢板桩围堰施工的基本程序是：施工准备、导框安装、插打与合龙、抽水堵漏及拔桩整理等。

在施工准备过程中，应进行钢板桩的检查、分类、编号，钢板桩接长和锁口涂油等工作。钢板桩两侧锁口，应用一块同型号长度 2～3m 的短桩作通过试验。若锁口通不过或存在桩身弯曲、扭转、死弯等缺陷，均需加以修整。钢板桩接长应以等强度焊接。

当起吊设备条件许可时，可将 2～3 块钢板桩拼成一组组合桩。组拼时应用油灰和棉絮捻塞拼接缝，以加强防渗。钢板桩可逐块（组）插打到底，或全围堰先插合龙，在逐块（组）打入，插打顺序亦有上游分两侧查向下游合龙。钢板桩可用锤击、振动或辅以射水等方法下沉。但在粘土中，不宜使用射水。锤击时应使用桩帽，采用单动气锤和坠锤打桩时，一般锤重宜大于桩重，过轻的锤效率不高。振动打桩机是目前打钢板桩较好的机具，既能打桩又能拔桩，操作简便。钢板桩插打完毕，即可抽水开挖。如围堰设计有支撑，应先支撑再抽水，并应检查各节点是否顶紧等，防止应抽水而出现事故。抽水速度不宜过快，应随时观察围堰的变化情况，及时处理。

钢板桩围堰的防渗能力较好，但仍有锁口不密，个别桩入土深度不够或桩尖打裂大卷，以至发生渗漏情况。锁口不密漏水，可用棉絮等在内侧嵌塞，同时在外侧撒大量木屑或谷糠自行堵塞。桩脚漏水处，采用水下混凝土封底措施处理。钢板桩拔桩前，应先将围堰内的支撑从上而下陆续拆除，并灌水使内外水压平衡，解除板桩间的土压力，并与水下混凝土脱离。拔桩可以拔桩机，千斤顶等设备，也可用墩身作扒杆拔桩，当拔桩确有困难时，可以水下切割。

2. 钢筋混凝土板桩围堰

钢筋混凝土板桩围堰适用于深水或基坑，流速较大的砂类土、粘质土和碎石河床。除用于挡土防水外，大多用它作为基础结构的一部分，很少有拔出重复使用的。

（1）钢筋混凝土板桩的断面和桩尖形式。

钢筋混凝土板桩一般为矩形断面，如图 2 - 10 所示，宽度 50～60cm，厚度 10～30cm，一侧为凹形榫口，另一侧为凸形榫口。榫口有半圆形及梯形等形式。板桩有实心和空心两种。空心可减轻桩的自重，也相应地减轻打桩设备，还可利用空心孔道射水加快下沉。为了提高板桩接缝的防渗能力，板桩打入后，应在接缝小孔中压注水泥砂浆。

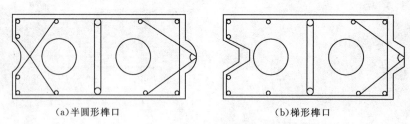

(a)半圆形榫口　　　　　　　　(b)梯形榫口

图 2 - 10　钢筋混凝土板桩断面形式示意图

钢筋混凝土板桩桩尖刃脚的倾斜度，视土质松密情况而定，一般为 1∶（1.5～2.5）。如土中含有漂卵石，在刃脚处应加焊钢板，或增设加强钢筋，如图 2-11 所示。

（2）钢筋混凝土板桩的围堰施工。

钢筋混凝土板桩多采用工地预制的方式，以免超长运输。钢筋混凝土板桩的榫口，一方面是使板桩能合缝紧密，提高其防水能力；另一方面是插打板桩时起导向作用。因此，对榫口成型要求上下全长吻合一致、光滑顺直、摩阻力小。板桩制成后应参照钢板桩进行锁口通过检查。钢筋混凝土板桩围堰的施工程序和方法，与钢板桩围堰施工类同。

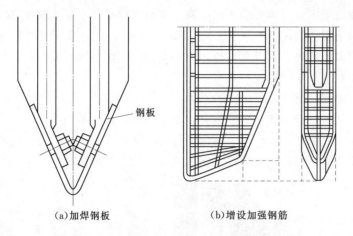

（a）加焊钢板 　　　　　（b）增设加强钢筋

图 2.11　钢筋混凝土板桩桩尖刃脚示意图

2.2.3.3　钢套箱围堰

1. 钢套箱的基本构造

钢套箱是利用角钢、工字钢或槽钢等刚性杆件与钢板联结而成的整体无底钢围堰，可制成整体式或装配式，并采取相应措施，防止套箱接缝渗漏。为拼装、拆卸、吊装的方便，钢套箱每节约 2.5m，一般采用 3～5mm 薄钢板制成约 2.5～4m，宽 1.0～1.5m 的钢模板。模板四周角钢焊接作为骨架，模板间设 5～8mm 防水橡胶垫圈，用 $\phi22$ 螺栓联结成型。根据侧压力情况安装设计所需的纵横支撑，一般支撑间距不大于 2.5m，如图 2-12 所示。

图 2-12　钢套箱围堰支撑结构

2. 套箱的就位下沉

套箱可在墩台位置处以脚手架或浮船搭设的平台上起吊下沉就位。下沉套箱前，应清楚河床表面障碍物。随着套箱下沉，逐步清除河床土层，直至设计高程，当套箱位于岩层上时，应整平基层。若岩面倾斜，则应根据潜水员探测的资料，将套箱底部做成与岩面相同倾斜度，以增加套箱的稳定性，并减少渗漏。

3. 套箱的清基封底

套箱下沉就位后，先由潜水工将套箱脚与岩面间空隙部分的泥砂软层清除干净，然后在套箱脚堆一圈砂袋，作为封堵砂浆的内膜。由潜水工将 1∶1 水泥砂浆轻轻倒入套箱壁脚底与砂袋之间，防止清基时砂砾涌入套箱内。

清基可采用吹砂吸泥或静水挖抓泥沙方法，进行水下挖基。经过检验即可灌注水下混凝土封底，最后抽干套箱内存水，浇筑墩台。

2.2.3.4　双壁钢围堰

双壁钢围堰适用于大型河流中的深基础，能承受较大的水压，保证基础全年施工安全渡洪。特别是河床覆盖层较薄（0～2m），下卧层为密实的大漂石或基岩不能采用钢板桩围堰，或因工程需要堰内不宜设立支撑，而单壁钢套箱由难以保证结构刚度时，双壁钢围堰的优越性更显突出。

1. 双壁钢围堰的基本结构

双壁钢围堰是由竖直角钢加劲的内外钢壳及数层环形水平桁架焊成的密不漏水的圆形或矩形整体围堰，如图 2 - 13 所示。底部设刃脚。空壁厚 1.2～1.4m，空壁内设有若干个竖向隔板舱，彼此互不联通，以便在其下沉或落底时，按序向各舱内灌水或灌混凝土。

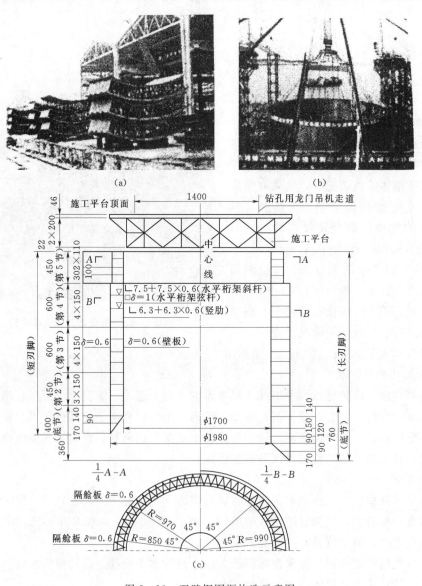

图 2 - 13　双壁钢围堰构造示意图

（a）双壁钢围堰准备拼装；（b）双壁钢围堰就位并下沉；（c）双壁钢围堰基本构造

2. 双壁钢围堰的制作拼装

围堰的大小和总高度应根据工程需要而定。例如，武汉长江公路大桥主塔的双壁钢围堰直径28.4m，总重800t。围堰的分节高度、分块大小，应结合工地运输、起吊等设备能力综合考虑。对一般大中型围堰，若墩位处水流条件容许，可在墩位处拼装船上组拼，整体吊装上下对接，每节高度一般不超过5m，总重不大于100t。对特大型围堰，一般分节分块组拼接高下沉。围堰底节一般是在夹于两艘大型铁驳组成的向导船间的拼装船上拼装。

3. 浮运就位

底节下水浮运宜选择气候和水位有利的时机进行。事先应探明有足够的吃水深度，并无水下障碍，且底节顶面应露出水面不小于1.0m。底节拖运至墩位后，起吊并抽掉拼装船。就位后围堰壁各隔舱对称均匀加水，使底节平稳下沉。此后，随节高加水下沉，直至各节全部拼接完毕。

4. 清基封底

围堰着床后，首先在其四周外侧堆砌一圈土袋，在刃脚内侧灌注水下混凝土堵漏，其方法与钢套箱基本相似。然后用多台吸泥机，按基底方格网坐标划分的区域逐块清挖。清基经潜水员检验合格后，方可进行封底或浇筑基础混凝土。

5. 围堰拆除

河床覆盖层较薄（0~2m），围堰嵌入河床较浅者，仅依靠隔舱注水及深水抓斗、吸泥机等工程措施即可保证围堰下沉着床。这时，可将隔舱内的水抽干，围堰便可依靠自身浮力，克服入土部分周壁所受摩阻力自行浮起。为了减小混凝土与围堰内壁的摩阻力，再浇筑刃脚堵漏混凝土，或利用围堰内壁作模板浇筑封底或基础混凝土时，可在围堰内壁挂置一层高度大于混凝土厚度的帆布类织物。必要时可用水下烧割将钢壳上部拆掉。切割位置应在最低水位以下一定深度。残留部分应不致影响最低水位的通航要求。

2.2.4 水中挖基及基坑排水

2.2.4.1 水中挖基

1. 一般规定

（1）挖基施工宜安排在枯水或少雨季节进行，开工前应做好计划和施工准备工作，开挖后应连续快速施工。

（2）基础的轴线、边线位置及基底高程应精确测定，检查无误后方可施工。

（3）在附近有其他结构物时，应有可靠的防护措施。

（4）挖基废房应按指定的位置处治。

（5）排水应不影响基坑安全，应不影响农田和周边环境。

（6）基坑的回填应分层压实，施工要求应符合有关规定。

2. 挖基

（1）应避免超挖。如超挖，应将松动部分清除，其处理方案应报监理、设计单位批准。

（2）挖至高程的土质基坑不得长期暴露、扰动或浸泡，并应及时检查基坑尺寸、高程、基底承载力，符合要求后，应立即进行基础施工。

（3）排水困难或具有水下开挖基坑设备，可用水下挖基方法，但应保持基坑中的原有水位高程。

2.2.4.2 基坑排水

基坑排水多采用汇水井排水和井点法降水。在条件适宜的情况下，也可采用改沟、渡槽和冻结法。

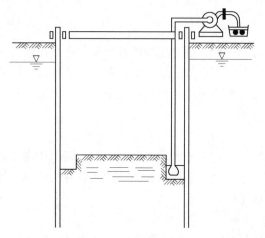

图 2-14 汇水井排水法

1. 汇水井排水法

汇水井排水法的要点：在基坑内基础范围外挖汇水井（集水坑）和边沟（排水沟），是流进坑内的水沿边沟流入汇水井。然后，用水泵抽水，浆水面将至坑的底下，如图 2-14 所示。

汇水井内抽水可用离心泵等抽水机。基坑内渗水量可用抽水试验或计算法确定，并以此为选择水泵的依据。抽水设备的能力，常取渗水量的 1.5～2.0 倍。一般水泵吸程多为 6～7m。如吸程小于基坑深度时，需将水泵位置降低。扬程不足时，可用串联法安装，或采用多级水泵。汇水井排水

法设备简单，费用低。但当地基为粉砂、细砂等透水性较小且粘聚力也较小的土层时，在排水过程中，水在土中的渗流，有可能导致涌砂现象的发生，从而使地基破坏、坑壁下陷和坍塌。这时，宜改为水下施工和井点法降水。

2. 井点法降水

井点法降水适用于粉砂、细砂地下水位较高、有承压力、挖基较深、坑壁不易稳定的土质坑基。井点类别的选择，宜按照土壤的渗水系数、要求降低水位深度以及工程特点而定。在无砂的粉质土中不宜使用。

在坑基周围，打入带有过滤管头的井点管，在地面于集水总管连接起来，通到抽水系统，用真空将地下水吸入水箱，再用水泵排出，使坑基底下的水位降低井点法降水主要有轻型井点、喷射井点、射流泵井点和深井泵井点等类型，可根据土渗透系数、要求降低水位的深度及工程特点选用。前两类适用于粉砂土及各类砂土。深井泵则适用于透水性较大的砂土，降低水位达 15m 以上。轻型井点降水的布置如图 2-15 所示。一般轻型井点抽水最大吸程为 6～9m。施工时安装井点管，应先造孔（钻孔和冲孔）后下管，不得将井底管硬打入土内。滤管底应低于基底以下 1.5m。井点管常用间距 1.0～1.6m。沿坑基四周布置。管的长度一般为 8m。一套抽水系统设备所连接的集水总管长度约为 80～100m，可连接 70～80 根井点管。如坑基周边超过上述范围，则需设置两个或多个抽水点。当抽水时，地下水流向滤管，是地下水位降至坑底以下，既保证旱地工作条件，又消除坑地底下地基土发生"涌砂"的可能。但井点法降水用的施工机具较多，施工布置较复杂，在桥涵施工中多用于城市内挖基。

不同类型井点法降水之间的主要区别在于降水设备中的抽水部分，其抽水过程基本相同的。轻型井点是用真空泵抽水，射流泵井点则是使用离心泵的水流透过射流器形成的真空度代替真空泵的作用。喷射井点的工作原理与射流泵相似，用多级离心泵代替一般离心泵。因其喷射速度高形成的真空度较大，降低深度较深。可达15～20m。井距可采用3.0m左右。深水

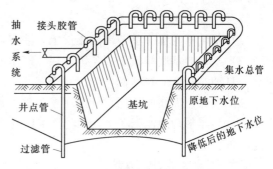

图 2-15　轻型井点降水法示意图

泵是没个泵独立工作，泵与泵的间距可采用5～10m。在敞坑桥涵基坑中，使用极少。

3. 帷幕法排水

帷幕法排水是基坑边线外设置一圈隔水幕，用以隔断水源，减少渗流水量，防止流砂、突涌、管涌、潜蚀等地下水的作用。方法有深层搅拌桩隔水墙、压力注浆、高压喷射注浆冻结帷幕法等，采用时均应进行具体设计并符合有关规定。

2.2.5　基底处理、检验及基础砌筑

2.2.5.1　基底处理

1. 基底处理的施工要点

（1）地基处理应根据地基土的类型、强度和密度，按照设计要求，结合现场情况，采用相应的处理方法。

（2）地基处理的范围至少大于宽基础之外 0.5m。

（3）符合设计要求的细粒土、特殊土地基，修整妥善后，应尽快修建基础，不得使用基底浸水和长期暴露。

2. 粗粒土和巨粒土的地基处理

对于强度和稳定性满足设计要求的粗粒土及巨粒土基底，应将其承重面平整夯实，其范围应满足基础的要求。

基底有水不能彻底排干时，应将水引至排水沟，然后在其上修筑基础。

3. 其他类型土的地基处理

细粒土及特殊土类的饱和土，软弱粘土层、粉砂土层，失陷性黄土、膨胀土和粘土及季节性冻土，因强度低，稳定性差，处理时应视该类土的处置深度、含水量等情况，按基底的要求采取固结处理，以满足设计要求。

4. 岩层基底的处理

（1）风化的岩层，应挖至满足地基承载力要求或其他方面的要为止。

（2）在未风化的岩层上修建基础前，应先将淤泥、苔藓、松动的石块清除干净，并洗净岩石。

（3）坚硬的倾斜岩层，应将岩层面凿平。倾斜度较大，无法凿平时，则应凿成多级台阶。台阶的宽度不宜小于 0.3m。

5. 多年冻土地基的处理

（1）基础不应置于季节冻融土层上，并不得直接与冻土接触。

（2）基础的基底修筑于多年冻土层（即永冻土）上时，基底之上应设置隔温层或保温材料，且铺筑宽度应在基础外缘加宽 1m。

（3）按保持冻结的原则设计的明挖基础，其多年平均地温等于或高于 3℃时，应在冬季施工。多年平均地温低于 3℃时，可在其他季节施工，但应避开高温季节，并应按下例规定处理：

1）严禁地表水流入基坑。

2）及时排除季节冻层内的地下水和冻土本身的融化水，必须搭设遮阳棚和防雨棚。

3）施工前做好充分准备、组织快速施工。做好的基础应立即回填封闭，不宜间隙。必须间隙时，应以草袋、棉絮等加以覆盖，防止热量侵入。

4）施工时，明水应在距坑顶 10m 之外修水沟。水沟之水，应引于远离坑顶宣泄并及时排除融化水。

6. 溶洞地基的处理

（1）影响基底稳定的溶洞，不得堵塞溶洞。

（2）干溶洞可用砂砾石、碎石、干砌或浆砌片石及灰土等回填密实。

（3）基底干溶洞较大，回填处理有困难时，可采用桩基处理，桩基应进行设计，并经有关单位批准。

7. 泉眼地基的处理

（1）可将有螺口的钢管紧紧打入泉眼，盖上螺帽并拧紧，阻止泉水流出；或向泉眼内压注速凝的水泥砂浆，再打入木塞堵眼。

（2）堵眼有困难时，可采用管子塞入泉眼，将水引流至集水坑排出或在基底下设盲沟引流至集水坑排出，待基础施工完成后，向盲沟压注水泥浆堵塞。采用引流排水时，应注意防止砂土流失，引起基底沉陷。

（3）基底泉眼，不论采用何种方法处理，都不应使基底饱水。

8. 地基加固

当地基需要加固时，应根据设计要求及有关规范处理。

2.2.5.2　地基检验

1. 检验内容

（1）检验基底平面位置、尺寸大小、基底高程位置。

（2）检验基底地质情况和承载力是否符合设计。

（3）检验基底处理和排水情况是否符合本规范要求。

（4）检验施工记录及有关试验资料等。

2. 检验方法

按桥涵大小、地基土质复杂（如溶洞、断层、软弱夹层、易溶岩等）情况及结构度对地基有无特殊要求，可采用以下检验方法：

（1）小桥的地基检验，可采用直观或触探方法，必要时可进行土质试验。

（2）大、中桥和地基复杂、结构对地基有特殊要求的地基检验，一般采用触探和钻探

（钻深至少4m）取样做土工试验，或按设计的特殊要求进行荷载试验。

2.2.5.3 基础砌筑

混凝土与砌体基础应在基底无水的状态下施工。不允许水泥砂浆或混凝土在砌（浇）筑时被水冲洗淹没。基础可在以下3种情况下砌筑：干地基上砌筑圬工、排水砌筑圬工和混凝土封底再排水砌筑圬工。

1. 干地基上砌筑圬工

当基坑无渗漏，坑内无积水，基坑为非粘土或干土时，应先基底洒水湿润；如地基为过湿的地基，应铺设一层厚10～30cm的碎石垫层，夯实后再铺水泥砂浆一层，然后再砌筑基础。圬工砌筑时，各工作层竖缝应相互错开不得贯通，使得竖缝错开距离不应小于8cm。

2. 排水砌筑圬工

如基坑基本无渗漏，仅有雨水积存，则可沿基坑四周范围以外挖排水沟，将坑内积水排除后再砌筑基础。如基坑有渗漏，则应沿基底四周范围以外挖水坑，然后用水泵排出坑外。水泥砂浆和混凝土只有终凝以后冰冻地区更在达到设计强度以后才允许浸水。

3. 水下混凝土封底在排水砌筑圬工

水下灌注混凝土，一般只有在排水困难时采用。当坑壁有较好防水设施（如钢板桩护壁等），但基坑渗漏严重时，可采用水下灌注混凝土封底方法。待封底混凝土达到强度要求后排水，清除封底混凝土面浮浆，冲洗干净后再砌筑基础圬工。水下封底混凝土应在基础底面以下。封底只能起封闭渗水的作用，封底混凝土只作为地基，而不能作为基础。因此，不得侵占基础厚度。水下封底混凝土层的最小厚度由以下条件控制：当围堰作业已封底并抽干水后，板桩同封底混凝土组成一个浮筒，该浮筒的自重应能保证不被浮起；同时，封底混凝土作为周边简支的板，在基底面上水压力作用下，不致因向上挠曲而折裂。封底混凝土的最小厚度一般为2.0m左右。

2.3 桩 基 础 施 工

桩基础按施工方法分有：沉入桩基础、钻孔桩基础、挖孔桩基础。

2.3.1 沉入桩基础

2.3.1.1 沉入桩的预制

沉入桩主要为预制的钢筋混凝土桩和预应力混凝土方桩。断面形式常用方形和管形。

1. 钢筋混凝土方桩

钢筋混凝土方桩可为实心和空心两种。空心桩可减轻桩身重量，对存放、吊运、吊立都有利。

空心桩的内模，可采用充气胶囊、钢管、橡胶管或活动木模等。

钢筋混凝土桩的预制要点为：制桩场地的整平与夯实；制模与立模；钢筋骨架的制作与吊放；混凝土浇筑与养护。间接浇筑法要求第1批桩的混凝土达到设计强度的30%以后，方可拆除侧模；待第2批桩的混凝土达到设计强度的70%以后才可起吊出坑。也可采用以第 1 批桩为底模的重叠浇筑法制桩。

预制桩在起吊与堆放时，较多采用两个支点。较长的桩也可用 3～4 各支点。支点位置一般应按各支点处最负弯矩与支点间桩身最大正弯矩相等的条件确定，如图 2－16 所示。起吊就位时多采用 1 个或 2 个吊点，如图 2－16（a）、（b）所示。堆放场地应靠近沉桩现场，场地平整坚实，并备有防水措施，以免场地出现湿陷或不均匀沉陷。堆放支点位置与吊点相同，堆放层数不宜超过 4 层。当预制桩长度不足时，需要接桩。常用的接桩方法有：法兰盘连接、钢板连接及硫磺砂浆锚接连接。

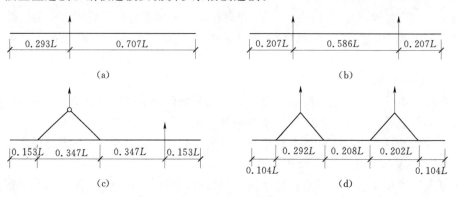

图 2－16　桩身吊点弯矩示意图

2. 预应力混凝土方桩

预应力混凝土方桩也分实心和空心，深度 10～38m。方桩的制作一般是采用长线台座先张法施工。方桩的空心部位配置与直径相适应的特制胶囊，并采用有效措施，防止浇筑混凝土时胶囊上浮及偏心，混凝土管桩，一般采用预应力混凝土管桩，国内已有定型生产。管桩的预制，一般用离心旋转法制作。

2.3.1.2　沉入桩的施工

沉入桩的施工方法主要有：锤击沉桩、振动沉桩、静力压桩、沉管灌注桩及射水沉桩等。

1. 锤击沉桩

锤击沉桩一般适用于中密砂类土，粘性土。由于锤击沉桩依靠桩锤的冲击能量将桩打入土中，因此一般桩径不能太大（不大于 0.6m），入土深度不大于 50m，否则对沉桩设备要求较高。沉桩设备是桩基础施工质量成败的关键，应根据土质、工程量，桩的种类、规格、尺寸，施工期限、现场水电供应等条件选择。

2. 振动沉桩

振动锤可用于下沉重型混凝土桩和大直径的钢管桩，一般在砂土中效果最佳。在软塑粘性土或饱和砂类土层中，当桩的入土深度不超过 15m 时，仅用振动锤即可下沉。在饱和的砂土中，下沉直径 55cm 的混凝土管桩，采用振动锤配合强烈的射水，可以下沉至25m。振动射水下沉钢筋混凝土管柱的一般施工方法：初期可单靠自重和射水下沉；当下沉缓慢或停止时，可用振动，并同时射水；随后振动和射水交替进行，即振动持续一段时间后桩下沉速度由大变小时，如每分钟下沉小于 5cm，或桩顶冒水，则应停止振动，改用射水，射水适当时间后，再进行振动下沉。要特别注意合理地控制振动持续时间，不得过短，则土的结构未能破坏，过长，则容易损坏电动机及磨损振动锤部件，故一般不宜超过10～15min，当桩底土层中含有大量卵石或碎石，或软岩土层时如采用高压射水振动沉桩难以下沉时，可将锥形桩尖改为开口桩靴，并在桩内用吸泥机配合吸泥，甚为有效。这时，水压强度应能破坏岩层的完整性，并能冲毁胶结物质。吸泥机的能力应能吸出用射水不能冲碎的较大石块。一个基础内的桩全部下沉完毕后，为了避免先下沉桩的周围土壤被邻近的沉桩射水所破坏，影响承载力，应将全部基桩再进行一次干振，使达到合格要求。如图2-17所示为桩的实际施工图。

3. 静力压桩

静力压桩是以压桩机的自重，克服沉桩过程中的阻力，将桩沉入土中，如图2-18所示。静力压桩的终压承载力，在间歇适当时间后将增大。经验表明，压桩力仅相当于极限承载力的20%～30%。压入桩的极限承载力与锤击桩施工不相上下。静力压桩仅适用于可塑状态粘性土，而不适用于坚硬状态的粘土和中密以上的砂土。

图2-17　桩现场施工图

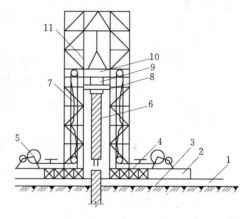

图2-18　静力压桩构造图

1—垫板；2—底盘；3—操作平台；4—加重物仓；
5—卷扬机；6—上段桩；7—加压钢丝绳；8—桩
帽；9—油压表；10—活动压梁；11—桩架

4. 沉管灌注桩

沉管灌注桩是将底部套有钢筋混凝土桩尖或装有活瓣桩尖的钢管，用锤击或振动下沉到要求的深度后，在管内安放钢筋笼，灌注混凝土，拔出钢管形成，沉管时，桩管内不允许进入水和泥浆。若有进入，应灌入1.5m左右的封底混凝土后，方可再开始沉桩，直至达到要求深度。当用长桩管称短桩时，混凝土应一次灌足；沉长桩时，可分次灌注，但必须保证管内有约2.0m高的混凝土。开始拔管时，应测得混凝土确以流出桩管后，才可继续拔管。拔管的速度应严格控制。在一次土层内拔管速度宜为1.5～2.0m/min，一次拔管不宜过高，应以第1次拔管高度控制在能容纳第2次灌入的混凝土量为限。

5. 射水锤击沉桩

射水沉桩的射水，多与锤击或振动相辅使用。射水施工方法的选择应视土质情况而异：在砂夹卵石层或坚硬土层，一般以射水为主，锤击或振动为辅；在亚粘土或粘土中，为避免降低承载力，一般以锤击或振动为主，以射水为辅，并适当控制涉水时间和水量；下沉空心桩，一般用单管内射水。当下沉较深或土层较密实，可用锤击或振动，配合射水；下沉实桩，要将射水管对称地装在桩的两侧，并能沿着桩身上下自由移动，以便在任何高度上射水冲土。必须注意，不论采取何种射水施工方法，在沉入最后阶段不小于2.0m 至设计高程时，应停止射水，单击锤击或振动沉入至设计深度，使桩尖进入冲动的土中。

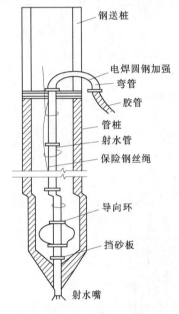

图 2-19　射水管布置图

射水沉桩的设备包括：水泵、水源、输水管路（应减少弯曲，力求顺直）和射水管等。射水管内射水的长度应为桩长、射水嘴伸出桩尖外的长度和射水管桩顶以上高度之和，射水管的布置如图 2-19 所示，具体需根据实际施工需要的水压与流量而定。水压与流量关系到地质条件、选用的锤桩或振动机具、沉桩深度和射水管直径、数目等因素，较完善的方法是在沉桩施工前经过试装后予以选定。

射水沉桩的施工要点：吊插基桩是要注意及时引送输水胶管，防止拉断与脱落；基桩插正立稳后，压上桩帽桩垂，开始用较小水压，使桩靠自重下沉。初期应控制桩身不使下沉过快，以免阻塞射水管嘴，并注意随时控制和校正桩的方向；下沉渐趋缓慢时，可开锤轻击，沉至一定深度（8~10m）已能保持至距桩身稳定后，可逐步加大水压和锤的冲击功能；沉桩射水管，进行锤击或振动使桩下沉至设计要求高程，以保持桩底土的沉载力。

2.3.2　钻孔灌注桩施工

钻孔灌注桩施工的主要工序是：场地准备、埋设护筒、制备泥浆、钢筋笼制作、钻孔、清孔、钢筋笼入孔、下导管和灌注水下混凝土等。

2.3.2.1　准备工作

1. 施工平台

（1）场地为浅水时，宜采用筑岛法施工。筑岛的技术要求应符合有关规定能。筑岛面积应按钻孔方法、机具大小等要求决定；高度应高于最高施工水位 0.5~1.0m。

（2）场地为深水时，可采用钢管桩施工平台、双壁钢围堰平台等固定式平台，也可采用浮式施工平台。平台需牢靠稳定，能承受工作时所有静、动荷载。平台的设计与施工可按相关规范的有关规定执行。

（3）钢管桩施工平台施工质量要求：

1）钢管桩倾斜在 1‰以内。

2）位置偏差在 300m。

3）平台必须平整，各连接处要牢固，钢管桩周围需要抛砂包，并定期测量钢管桩周围河床面高程，冲刷是否超过允许程度。

4）严禁船只碰撞，夜间开启平台首位示警灯，设置救生圈以保证人身安全。

2. 护筒设置

护筒的作用是：固定桩位、导向钻头、隔离地面水、保护孔口地面及提高孔内水位，以增大对孔壁的静水压力，防止坍塌，如图2-20所示。

护筒多采用钢护筒和钢筋混凝土护筒两种。护筒设置的一般要求如下：

（1）护筒内径宜比桩径大200～400mm。

（2）护筒中心竖直线应与桩中线重合，除设计另有规定外，平面允许误差为50mm，竖直线倾斜不大于1%，干处可实测定位，水域可依靠导向架定位。

图2-20 护筒施工现场图

（3）旱地、筑岛处护筒可采用挖坑埋设法，护筒底部和周围所填粘质土必须夯实。

（4）水域护筒设置，应严格注意平面位置、竖向倾斜和两节护筒的连接质量均需符合上述要求。沉入时可采用压重、振动、锤击并辅以筒内除土的方法。

（5）护筒高度宜高出地面0.3m或水面1.0～2.0m。当钻孔内有承压时，应高于稳定后的承压水位2.0m以上。若承压水位不稳定或稳定后承压水位高出地下水位很多，应先做试装，鉴定在此类地区采用钻孔灌注桩基的可行性。当处于潮水影响地区时，应高于最高施工水位1.5～2.0m并采用稳定护筒内水头的措施。

（6）护筒埋置深度应根据设计要求或桩位的水文地质情况而定，一般情况埋置深度宜为2～4m，特殊情况应加深以保证钻孔和灌注混凝土的顺利进行。有冲刷影响的河床，应沉入局部冲刷线以下不小于1.0～1.5m。

（7）护筒连接处要求筒内无突出物，应耐拉、压，不漏水。

3. 泥浆的调制和使用技术要求

（1）钻孔泥浆一般由水、粘土（或膨润土）和添加剂按适当配合比配制而成，其性能指标可参照表2-2选用。

表2-2　　　　　　　　　　　泥浆的调制和使用技术要求

钻孔方法	地层情况	泥浆性能指标							
		相对密度	粘度(Pa·s)	含砂率(%)	胶体率(%)	失水率(mL/30min)	泥皮厚(mm/30min)	静切力(Pa)	酸碱度
正循环	一般地层	1.05～1.20	16～22	4～8	≥96	≤25	≤2	1.0～2.25	8～10
	易坍地层	1.20～1.45	19～28	4～8	≥96	≤15	≤2	3～5	8～10
反循环	一般地层	1.02～1.06	16～20	≤4	≥95	≤20	≤3	1～2.5	8～10
	易坍地层	1.06～1.10	18～28	≤4	≥95	≤20	≤3	1～2.5	8～10
	卵石土	1.10～1.15	20～35	≤4	≥95	≤20	≤3	1～2.5	8～10

钻孔方法	地层情况	泥浆性能指标							
		相对密度	粘度 (Pa·s)	含砂率 (%)	胶体率 (%)	失水率 (mL/30min)	泥皮厚 (mm/30min)	静切力 (Pa)	酸碱度
推钻冲抓	一般地层	1.10～1.20	18～24	≤4	≥95	≤20	≤3	1～2.5	8～11
冲击	易坍地层	1.20～1.40	22～30	≤4	≥95	≤20	≤3	3～5	8～11

注　1. 地下水位高或其流速大时,指标取高限,反之取低限。

2. 地质状态较好,孔径或孔深较小的取低限,反之取高限。

3. 在不易坍塌的粘质土层中,使用推钻、冲抓、反循环回转钻进时,可用清水提高水头(≥2m)维护孔壁。

4. 若当地缺乏优良粘质土,远运膨润土也很困难,调制不出合格泥浆时,可掺用添加剂改善泥浆性能,各种添加剂掺量可按有关规范选取。

5. 泥浆的各种性能指标测定方法可参见有关规范。

（2）直径大于 2.5m 的大直径钻孔灌注桩对泥浆的要求较高,泥浆的选择应根据钻孔的工程地质情况、孔位、钻机性能、泥浆材料条件等确定。在地质复杂,覆盖层较厚,护筒下沉不到岩层的情况下,宜使用丙烯酰胺 PHP 泥浆,此泥浆的特点是不分散、低固相、高粘度。

（3）泥浆制备。在砂类土、砾石土、卵石土和粘砂土夹层中钻孔,必须用泥浆护壁。泥浆由粘土和水拌和而成。泥浆的护壁机理是:充填于钻孔内的泥浆比重比地下水大,且通常保持钻孔内泥浆液面略高于孔外地下水位。故孔内泥浆的液柱压力,既足以平衡孔外地下水压而成为孔壁土体的一种液态支撑,又促使泥浆渗入孔壁土体并在其表面形成一层细密而透水性很小的泥皮,从而维护了孔壁的稳定。在钻孔桩施工中,泥浆除起护壁作用之外,还起悬浮钻渣、润滑钻具作用,有利于钻进,在正循环钻孔时还起了排渣作用。因此,对泥浆指标如比重、粘度、含砂率、胶体率和 pH 值等,都应符合施工规范的规定。为达到上述性能要求,除必须对造浆的主要材料粘土和水严格选择外,还常用一些化学处理剂及添加一些惰性材料来使浆浆达到优质指标。造浆的粘土应采用膨润土,水的 pH 值应为 7～8,即呈中性,并且不含杂质。化学处理剂分为无机和有机两大类。无机处理剂有碱类、碳酸盐类等,在工地常用纯碱。它的作用是提高悬液中低价阳离子的浓度。通过离子交换作用去置换粘粒界面吸附层中的高价阳离子,从而加厚结合水膜厚度,达到促使颗粒分散和防止凝聚下沉,对于泥浆调制、维护、再生都有良好的作用。有机处理剂:稀释剂,又称分散剂,如丹宁液、拷胶液等,用于降低粘度;降失水剂,又称增粘剂,起增加粘度和降低失水量的作用,有煤碱液、腐殖酸纤维素、木质素、丙烯酸衍生物。惰性物质,指一些不溶于水的物质,如重晶石粉、珍珠岩粉、石灰石粉等。在泥浆中掺入惰性物质,是为增加泥浆的比重。在施工时,应先作试验确定各种材料的配合比。正反循环旋转钻孔时,泥浆需要不断的循环和净化,在场地需要设置制浆池、储浆池、沉淀池,并用循环槽连接,如图 2-21 所示。

2.3.2.2　钻孔施工

钻孔桩的关键是钻孔。钻孔的主要方法主要可归纳为 3 类,即冲击法、冲抓法和旋转法。

1. 冲击钻机钻孔

冲击法钻孔是用冲击钻机或卷扬机带动冲锤，借助锤头自动下落产生的冲击力，反复冲击破碎土石或把土石挤入孔壁中，用泥浆浮起钻渣，或用抽渣筒或空气吸泥机排出而形成钻孔。

冲击钻孔的钻头有十字形（实心锤）和管形（空心锤）等数种。在碎石类土、岩层中宜用十字形钻头；在粘性土、砂类土层中宜用管形钻头。近期国产冲击钻机的钻孔最大直径，土层中为200cm，岩层中为150cm；钻孔最大深度180m；钻头质量1.5～3.0t。

图2-21 泥浆护壁现场施工图

冲击钻孔的主要缺点是：钻普通土时，进度比其他方法都慢，也不能钻斜孔。

冲击钻孔的施工要点是：为防止冲击振动使邻孔孔壁坍塌，或影响邻孔已浇筑混凝土的凝固，应待邻孔混凝土浇筑完毕，并已达到2.5MPa抗压强度后方可开钻。冲击法钻孔时，应采用小冲程开孔，使其坚实顺直、圆顺，能起导向作用，并防止孔口坍塌。钻进深度超过钻头全高加冲程后，方可进行正常的冲击。在不同的地层，采用不同的冲程：粘性土、风化岩、砾砂石及含砂量较多的卵石层，宜用中、低冲程，简易钻机冲程1～2m；砂卵石层，宜用中等冲程，简易钻机冲程2～3m；基岩、漂石和坚硬密实的卵石层，宜用高冲程，简易钻机冲程3～5m，不超过6m。在钻大孔时，可分级扩钻到设计孔径。当用十字形钻头钻1.5m以上的孔径时，可分两级钻进。当用管形钻头钻0.7m以上的孔径时，一般分2～4级钻进。

2. 冲抓钻机钻孔

冲抓法钻孔是用冲抓锥张开抓瓣并依靠其自重冲入土石中，然后收紧抓瓣绳，抓瓣便将土抓入锥中，提升冲抓锥出井孔，松绳开瓣将土卸掉。冲抓锥头由钻身和钻瓣两部分组成。抓瓣的边沿和瓣尖，要像刀口一样，薄、锐、耐磨。一般钻头有4瓣、5瓣、6瓣之分。国产冲抓钻机的钻孔深度50～60m，钻孔直径60～150cm，冲程。冲抓钻孔适用于粘性土、砂性土、砂粘性夹碎石及河卵石地层。但当孔深超过20m以上时，钻孔进度大为降低。此外，因无钻杆导向亦不能钻斜孔。

3. 旋转钻机钻孔

旋转法钻孔是用钻机或人力，通过钻杆带动锥或钻头旋转切削土壤排除，形成钻孔。旋转钻孔又可分为：人工推钻、机动推钻或螺旋钻、正循环旋转钻、反循环旋转钻、潜水钻等。其中人工推钻、机动推钻和螺旋钻的工作原理，使用土层相同，均无水作业，不需要泥浆，但有地下水的地区不能使用。在桥梁工程中以校正、反循环回转钻使用较普遍。

（1）正循环钻孔。

泥浆由泥浆泵以高压从泥浆池输进钻杆内腔，经钻头的出浆口射出。底部的钻头在旋转时将土层搅松成为钻渣，被泥浆悬浮，随泥浆上升而溢出，流到井外的泥浆溜槽，经过沉浆池沉淀净化，泥浆再循环使用，如图2-22所示。井孔壁靠水头和泥浆保护。钻渣靠泥浆悬浮才能上升携带排出孔外，因而对泥浆的质量要求较高。

图 2-22　钻孔现场施工图　　　　　　　　　图 2-23　刺猬头钻机示意图

　　正循环钻孔的钻头均带有刀刃，旋转时切削土层，其形式有刺猬钻头、鱼尾钻头等，如图 2-23 所示，刺猬钻头头直径等于设计钻孔直径，钻头高度为直径的 1.2 倍。该钻头阻力较大，只使用于孔径 50m 以内的粘性土，砂类土和夹有粒径在 25mm 以下的砾石土层。鱼尾钻头用厚 50mm 的钢板制成，此种钻头在砂砾石和分化岩层中，有较高的钻进效果但在粘土中容易包钻，不宜使用。国产正循环旋转钻机的孔径为 40～250cm，钻孔深度一般为 40～60m。

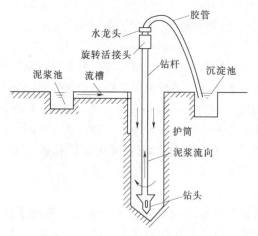

图 2-24　反循环钻孔原理图

　　正循环钻孔的施工要点是：安装钻机时，钻杆位置偏差不得大于 2cm。开始钻孔时，应稍提钻杆，在护筒内旋转造浆，开动泥浆泵进行循环。泥浆均匀后以低档慢速开始钻进，使护筒脚处有牢固的泥皮护壁钻至护筒脚下 1.0m 后，方可按正常速度钻进。在钻进过程中，应注意地层变化，采用不同的钻速、钻压、泥浆比重和泥浆量。成孔速度一般每班进尺 5m 左右。

　　（2）反循环旋转钻孔。

　　反循环与正循环泥浆运行方向相反，如图 2-24 所示。泥浆由泥浆池流入钻孔内，同钻渣混合。在真空泵抽吸力作用下，经过钻杆内腔，泥石泵和出浆控制阀排泄到沉淀池中净化，再供使用。由于钻杆内径较井孔直径小得多，故钻杆内泥水上升比正循环快得多，即使是清水也可把钻渣带上钻杆顶端泥浆沉淀池。本法泥浆只起护壁作用，其质量要求较低。反循环靠分压排渣，故钻孔一般比正循环快 4～5 倍，动力消耗也较小。反循环钻孔的钻头，常用三翼空心单尖钻头和牙轮钻头。国产反循环回转钻机的孔直径为 40～800cm，钻孔深度一般为 40～100m。

　　反循环钻孔的施工要点是：钻具装妥放入护筒水中后，为防止堵塞钻头吸渣口，应将钻头提高距孔底 20～30cm。出钻时，先启动泥浆和钻盘，使之空转，待泥浆进入孔后在钻进，可用Ⅰ挡转速。在普通粘土或砂粘土中钻进时，可用Ⅱ、Ⅲ挡转速。遇大量地下水和易坍的粉砂土时，宜低挡慢速前进，减少对土搅动，同时提高水头，加大泥浆比重。当泥浆比重大于 1.3 时，泥泵的抽吸能力降低，以采用 1.1 为宜。

4. 钻孔事故

常见的钻孔事故有：坍孔、钻孔漏浆、弯孔、糊钻、缩孔、梅花孔、卡钻和掉钻。为了预防坍孔，在松散粉砂土、淤泥层或流砂中钻进时，应控制尺寸，选用较大比重、粘度、胶体率的优质泥浆护壁。如孔口坍塌，可回填后再钻，或下钢护筒至坍塌处以下至少 1.0m。

孔内坍塌可回填砂石和粘土混合物后再钻。钻孔漏浆是稀泥浆向孔外漏失，严重漏浆会导致坍塌孔，应及时处理。弯孔是钻孔偏斜引起的，严重时会影响钢筋笼的安装和桩的质量。钻孔进尺块，钻渣大或泥浆比重和粘度太大，出浆口堵塞出口，易造成糊钻（吸锥）。当地层中夹有塑性土壤，遇水膨胀后会使孔径缩小造成缩孔现象，一般可采用上下反复扫孔的方法予以扩大。梅花孔是冲击钻孔常遇到的事故，一般用强度高于基岩或探头石的碎石或片石回填重钻。发生卡钻时，不宜强提，不可盲动。遇有掉钻应摸清情况，采用各种方法捞出。

2.3.2.3 清孔

1. 目的和方法

中钻孔至设计高程经检查后，应立即进行清孔。其目的在于使沉淀尽可能减少，提高孔底承载力。浇筑水下混凝土前，允许沉渣厚度应符合设计要求，设计未规定时，柱桩不大于 10cm；摩擦桩不大于 30cm。

清孔可采用下列方法：

(1) 抽查法：适用于冲击钻机或冲抓钻机造孔。终孔后用抽渣筒清孔，直至泥浆中无 2～3mm 大的颗粒，且其比重在规定指标之内时为止。

(2) 吸泥法：适用于冲击钻机造孔，不适用于土质松软，孔壁容易坍塌的井孔。它是将高压空气经分管射入孔底，使翻动的泥浆和沉淀物随着强大的气流经吸泥管排出孔外。

(3) 换浆法：适用于正反循环钻孔。终孔后，将钻头提离孔底 10～20cm 空转，保持泥浆正常循环，把孔内比重大的泥浆换出。换浆时间一般为 4～6h。

2. 施工要点

终孔检查后，应及时清孔，避免隔时过长泥浆沉淀引起坍孔。抽渣或吸泥时，应及时向孔内注入清水或新鲜泥浆，保持孔内水位，避免坍孔。

桩在浇筑水下混凝土前，应射水（或射风）冲射孔底 3～5min，翻动沉淀物，然后立即浇筑水下混凝土。射水（或风）压力，应比孔底压力大 0.05MPa，不得用加深孔底深度的方法代替清孔。

2.3.2.4 灌注水下混凝土

1. 钢筋骨架的制作、运输及吊装就位的技术要求

(1) 钢筋骨架的制作应符合设计要求和第 2 章的有关规定。

(2) 长桩骨架宜分段制作，分段长度应根据吊装条件确定，应确保不变形，接头应错开。

图 2-25　骨架入孔现场施工图

（3）应在骨架外侧设置控制保护层的垫块，其间距竖向为 2m，横向圆周不得少于 4 处。骨架顶端应设置吊环。

（4）骨架入孔一般用吊机，无吊机时，可采用钻机钻架、灌注塔架。起吊应按骨架长度的编号入孔，如图 2-25 所示。

（5）钢筋骨架的制作和吊放的允许偏差为：主筋间距 ±10mm；箍筋间距 ±20mm；骨架外径 ±10mm；骨架倾斜度 ±0.5%；骨架保护层厚度 ±20mm；骨架中心平面位置 ±20mm；骨架顶端高程 ±20mm，骨架底面高程 ±50mm。

（6）变截面桩钢筋骨架吊放按设计要求施工。

2. 灌注地下混凝土时应配备的主要设备及备用设备

（1）灌注地下混凝土的搅拌机能力，应能满足桩孔在规定时间内灌注完毕。灌注时间不得长于首批混凝土初凝时间。若估计灌注时间长于首批混凝土初凝时间，则应掺入缓凝剂。

（2）水下灌注混凝土的泵送机具采用混凝土泵，距离稍远的宜采用混凝土搅拌运输车。采用普通汽车运输时，运输容器应严密坚实，不漏浆、不吸水，便于装卸，混凝土不应离析。其途中运输与灌注混凝土温度有关时，可参照有关规定执行。

（3）水下混凝土一般用钢导管灌注，导管内径为 200～350mm，视桩径大小而定，如图 2-26 所示。导管使用前应进行水密承压和接头抗拉试验，严禁用压气试验。进行水密试验的水压不应小于孔径内水深 1.3 倍的压力，也不应小于导管壁和焊缝可能承受灌注混凝土时最大内压力 P 的 1.3 倍，P 可按式（2-1）计算：

图 2-26　水下混凝土导管灌浆施工

$$P = \gamma_c H_c - \gamma_w H_w \gamma \tag{2-1}$$

式中　P——导管可能受到的最大内力，kPa；

γ_c——混凝土拌合物的重度，取 24kN/m³；

H_c——导管内混凝土柱最大高度，m，以导管全长或预计的最大高度；

γ_w——井孔内水或泥浆的重度，kN/m³；

H_w——井孔水或泥浆的深度，m。

3．水下混凝土配制

（1）可采用火山水泥、粉煤灰水泥、普通硅酸盐水泥或硅酸盐水泥，使用矿渣水泥时应采取防离析措施。水泥的初凝时间不宜早于 2.5h，水泥的强度等级不宜低于 42.5。

（2）粗集料宜优先选用卵石，如采用碎石宜适当增加混凝土配合比的含砂率。集料的最大粒径不应大于导管内经的 1/8～1/6 和钢筋最小净距的 1/4，同时不应大于 40mm。

（3）细集料宜采用级配良好的中砂。

（4）混凝土配合比的含砂率宜采用 0.4～0.5，水灰比宜采用 0.5～0.6。有实验依据时含砂率水灰比可酌情增大或减小。

（5）混凝土拌合物应有良好的和易性，在运输和灌注过程中应无显著离析、沁水现象。灌注时应保持足够的流动性，其坍落度宜为 180～220mm。混凝土拌合物中易掺用外加剂、粉煤灰等材料，其技术及掺用量可参照相关规定办理。

（6）每米水下混凝土的水泥用量不宜小于 350kg，当掺有适宜数量的碱水缓凝剂或粉煤灰时，可不少于 300kg。混凝土拌合物的配合比，可在保证水下混凝土顺利灌注的条件下，按照有关混凝土配合比设计方法计算确定。

（7）对沿海地区（包括有盐碱腐蚀性地下水地区）应配置腐蚀混凝土。

4．灌注水下混凝土的技术要求

（1）首批灌注混凝土的数量应能满足导管首次埋置深度（≥1.0）和填充导管底部的需要，如图 2-27 所示，所需混凝土数量可参考公式（2-2）计算：

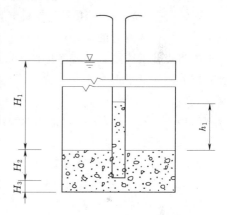

图 2-27 导管首次埋置深度

$$V \geqslant \frac{\pi D^2}{4}(H_1 + H_2) + \frac{\pi d^2}{4}h_1 \qquad (2-2)$$

式中 V——关注首批混凝土所需量；

D——桩孔直径；

H_1——桩径直径，m；

H_2——导管初次至导管低端间距，m，一般为 0.4m；

d——导管内径，m；

h_1——桩孔内混凝土达到埋置深度 H_2 时，导管内混凝土柱平衡导管外（或泥浆）压力所需的高度，m，即 $h_1 = H_w \gamma_w \gamma_C$，其中 H_w、γ_w、γ_c 字母意义同式（2-1）。

（2）混凝土拌合物运至灌注地点时，应检查其均匀性和坍落度等，如不符合要求，应进行第二次拌和，二次拌和后仍不符合要求时，不得使用。

（3）首批混凝土拌合物下落后，混凝土应连续灌注。

（4）在灌注过程中，特别是潮汐地区和有承压力地下水地区，应注意保持孔径内水头。

（5）在灌注过程中，导管的埋置深度宜控制在 2～6m。

（6）在灌注过程中，应经常测量探井孔内混凝土面的位置，及时调整导管埋深。

（7）为防止钢筋骨架上浮，当灌注的混凝土顶面距钢筋骨架底部 1m 左右时，应降低混凝土的灌注速度。当混凝土拌合物上升到骨架底口 4m 以上时，提升导管，使其底口高于骨架底部 2m 以上，即可恢复正常灌注速度。

（8）灌注的桩顶高程应比设计的高出一定高度，一般为 0.5～1.0m，以保证混凝土强度，多余部分接桩前必须凿出，残余桩头应无松散层。在灌注将近结束时，应核对混凝土的灌入数量，以确定所测混凝土的灌注高度是否正确。

（9）变截面桩灌注混凝土的技术要求：对变截面桩，应从最小截面的桩孔底部开始灌注，其技术要求与等截面桩相同。灌注至扩大截面处时，导管应提升至扩大截面下约 2m，应稍加大混凝土灌注速度和混凝土的坍落度；当混凝土面高于扩大截面处 3m 后，应将导管提升至扩大截面处上 1m，继续灌注至桩顶。

（10）使用全护筒灌注水下混凝土时，当混凝土面进入护筒后，护筒底部始终应在混凝土面以下，随导管的提升，逐步上拔护筒，护筒内的混凝土灌注高度，不仅要考虑导管及护筒将提升的高度，还要考虑因上拔护筒引起的混凝土面的降低，以保证导管的埋置深度和护筒底面低于混凝土面。要边灌注边注水，保持护筒内水位稳定，不止过高，造成反穿孔。

（11）在灌注过程中，应将孔内溢出的水或泥浆至适当地点处理，不得随意排放，污染环境及河流。

2.3.2.5　钻孔灌注桩的事故处理

1. 坍塌事故的原因及处理

在钻孔过程中如发现井孔护筒内水位忽然上升溢出护筒，随即将冒出气泡，出渣显著增加而不见进尺，钻机负荷显著增加，应怀疑是坍孔征象，可用测深仪探头或测深锤，工地现场一般采用测深锤。若在混凝土灌注中，原停留在孔内的测深锤不能上拔或放入测深锤，测得的孔深与原孔相差较大，可证实属坍孔。坍孔原因可能是泥浆性能不符合要求，护筒底脚周围漏水，孔内水位降低，或在潮汐河流中涨潮时，孔内外水位差减小，不能保证原有的落水压力，或者施工操作不当，如提钻头、下钢筋笼时碰撞孔壁，或者在松软砂砾层中钻孔，进尺太快，以及由于护筒周围堆放重物或机械振动等，均有可能引起坍孔。

发生坍孔后，应查明原因，采取如保持或加大水头，移开重物、排除振动等相应措施以防止继续坍孔。对少量坍孔，如不继续坍孔，可恢复正常钻进。坍孔不严重时，可回填土到坍孔位以上，并采取改善泥浆、加高水头、埋深护筒的措施，继续钻进；坍孔严重时，应立即将钻孔全部用砂类土或砾石土回填，无上述土类时，可采用粘质并掺入 5%～8% 的水泥砂浆，应等待数日回填土沉实后，重新钻孔。此次钻进要吸取上次教训，采取相应措施，如改善泥浆浓度，减缓钻进速度等。塌孔部位不深时，可采取深埋护筒法，将护筒填土夯实，重新钻孔。

2. 断桩事故的处理

（1）浇筑时间不长，混凝土数量不大时，将孔中混凝土及泥石全部清除，重新灌注。

（2）在距地面深度较浅时（小于 15m），可用完整钢（钢筋混凝土）护筒的办法，抽干泥浆，凿出新混凝土面，在按无水混凝土浇筑至设计高程。对钢护筒，可边浇筑边拔护筒。若地质条件许可，在保证安全的条件下，可不加长护筒，清除泥浆及浮渣后直接进行浇筑混凝土，新旧混凝土接触面要进行凿毛处理。

（3）在距地面较深时，应分析原因，采取相应的措施，对于计划重做的桩，要立即拔出钢筋笼子，提出导管，重新钻孔，按新孔进行混凝土浇筑。

（4）对浇筑完成后才发现的断桩，要采取补桩的方案，方案要通过计算，并上报有关部门，一般采用扁担桩、压浆补强等办法来处理。

2.3.2.6　钻孔灌注桩的质量检验

桩的检验一是了解其承载力大小，二是检验桩本身混凝土质量是否符合要求，水下混凝土质量应符合以下要求：强度需符合要求；无夹层断桩；桩身无混凝土离析层；桩底不高于设计高程；桩底沉淀厚度不大于设计规定等。

检测方法：每根灌注桩都应规范要求，检查一定数量的试件。例如，公路规范要求每根桩至少应留取标准试件2组；桩长20m以上者不少于3组；如换工作班时，每工作班都应制取试件。结构重要或地质条件较差，桩长超过50m的桩，可预埋3～4根检测管，对水下混凝土质量做超声波检测。根据声波在有缺陷混凝土中传播时振幅减小、波速降低、波形畸形，检测混凝土桩的完整性。在无条件使用无破损法检测时，应采用钻孔取芯样检测法。

灌注桩承载力检测方法一般两大类：静力试桩和动力试桩。相比之下后者费用低、速度快、设备轻便，是承载力检测技术的主要发展方向。目前，确定桩承载力的动力试桩方法只能采用高应变法（作用在桩顶上的能量足以使桩身产生2.5mm以上的灌入度）。用高应变试桩法确定桩的承载力的方法也很多。

2.3.3　挖孔桩基础

挖孔桩基础使用于无地下水或有少量地下水的土层和风化软质岩层。挖孔成方形或圆形，边长或直径一般不宜小于1.2m，最大3.5m。孔深一般不宜超过15m。

挖孔桩的施工特点如下：

（1）同一墩身各桩开挖顺序可对角开挖。当桩孔为梅花式布置时，宜先挖中孔，再开挖其他个孔。

（a）混凝土孔壁支护　　　　　　　　　（b）砖砌孔壁支护

图2-28　孔壁支护形式

（2）孔口的平面位置与设计桩位偏差不得大于 5cm。挖孔过程中，孔的中轴线偏斜不得大于孔深的 0.5%。

（3）当孔深超过 10cm，或二氧化碳浓度超过 0.3% 时，应设置通风设备。

（4）挖孔时必须采取孔壁支护，如图 2-28 所示，支护应高出地面。

（5）孔内爆破应采用浅眼爆破。

2.4　沉井与沉箱基础施工

2.4.1　概述

沉井是桥梁工程中广泛采用的一种无底无盖，形如井筒的基础结构物。沉井在施工时工作为基础开挖的围堰，依靠自身重力，克服井壁摩擦阻力逐渐下沉，直至到达设计位置。同时，沉井经过混凝土封底，并填充井孔后成为墩台的基础。

沉井基础宜在以下情况下采用：承载力较高的持力层位于地面以下较深处，明挖基坑的开挖量大，地形受到限制，支撑困难；山区河流中，冲刷大，或河中有较大的卵石不便于桩基施工；岩层表面较平坦，覆盖层不厚，但河水较深。

沉井基础的特点是：埋置深度可以很大，整体性强、稳定性好、刚度大、承载力大；施工设备简单，工艺不复杂，可以几个沉井同时施工，缩短工期；下沉时如遇有大孤石、沉船、落梁、大树根等障碍物，会给施工带来很大困难。此外，沉井不适用于岩层表面倾斜过大的地方。

沉井可分为混凝土沉井、钢筋混凝土沉井、钢沉井和竹筋混凝土沉井等。其中最常用的是钢筋混凝土沉井，可以做成重型的就地制造、下沉的沉井，也可做成薄壁浮运沉井及钢丝网水泥沉井。混凝土沉井一般只适用于下沉深度不大（4～7m）的松软土层，多做成圆形，使混凝土主要承受压应力。钢沉井适于制造空心浮运沉井。竹筋混凝土沉井可以就地取材，节约用钢，适用于我国南方盛产竹材的地方。

2.4.2　沉井的制造和下沉

2.4.2.1　场地准备

制造沉井前，应先平整场地，并要求地面及岛面有一定的承载力。否则应取换填、打砂桩等加固措施。

1. 在无水区的场地

在无水地区，如天然地面土质较好，只需将地面杂物清除干净和平整，就可在墩台位置上制造和下沉沉井。如土质松软，则应换土货在其上铺填一层不小于 0.5～1.0m，然后在坑底上制造沉井。

2. 在岸滩或浅水地区的场地

在岸滩或浅水地区，需先筑造无围堰土岛。筑岛施工时，应考虑筑岛后压缩水流断面，加大流速和提高水位的影响。

无围堰土岛一般在水深小于 1.5m，水流不大时适用。土料的选择由流速大小而定。

土岛护道宽度不宜小于2.0m，临水面坡度可采用1：2。

3. 在深水或流速较大地区的场地

水深在3.5m以内。流速为1.0～2.0m/s的河床上，可用草（麻）袋装砂砾堆成有迎水箭的围堰；当流速为2.0～3.0m/s时，宜用石笼堆成有迎水箭的围堰，在内层码草袋，然后填砂筑岛。

钢板桩围堰筑岛多用于水深（一般在15m以内）流急、地层较硬的河流。围堰筑岛的护道宽度，应满足沉井重量等荷载所产生的侧压力的要求。

2.4.2.2 底节沉井的制造

地节沉井的制造包括场地整平夯实、铺设垫木、立沉井模板及支撑、绑扎钢筋、浇筑混凝土拆模板等工序。

1. 铺垫木

制造沉井前，应先在刃脚处对称地铺满垫木，并使长短垫木相间布置，如图2-29所示。垫木底面压应力应不小于0.1MPa，垫木一般为枕木或方木。为抽垫方便，沉井垫木应沿刃脚周边的垂直方向铺设。垫木下须垫一层约0.3m厚的砂。垫木间的间隙也用砂填平。垫木的顶面应与刃脚的底面相吻合。

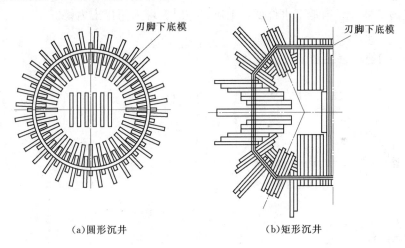

(a)圆形沉井　　　　　　　　　(b)矩形沉井

图2-29　垫木布置示意图

2. 立模板、绑扎钢筋

有钢刃脚时，垫木铺好后要先拼装就位。然后立内模，其顺序为：刃脚斜坡底模，隔墙底模，井孔内模，再绑扎与安装钢筋，最后安装外模和模板拉杆。外模板接触混凝土的一面要刨光，使制成的沉井外壁光滑，以利下沉。钢模板周转次数多，强度大，并具有其他许多优点。

模板及支撑应有较好的刚度，内隔墙与井壁连接处承垫应连接成整体，以防止不均匀沉陷。

3. 混凝土灌注和养护

沉井混凝土应沿井壁四周对称均匀灌注，最好一次灌完。

混凝土灌注后10h即可遮盖浇水养护。底节沉井混凝土养护强度必须达到100%，其余各节允许达到 70%时进行下沉。

4. 拆模及抽垫

在混凝土强度达到 2.5MPa 以上时，方可拆除直立的侧面模板，且应先内后外，达到 70%后，方可拆除其他部位的支撑及模板。拆模的顺序是：井孔模板、外侧模板、隔壁支撑及模板、刃脚斜面支撑及模板。撤除垫木必须在沉井混凝土已达设计强度后进行。抽垫应分区、依次、对称、同步的进行。

撤除垫木的顺序是：先撤内壁下垫木，再撤短边下垫木，最后撤长边下垫木。长边下的垫木是隔一根撤一根，然后以 4 个定位垫木（应用红漆表明）为中心，由远而近对称的撤。最后撤除 4 个固定位垫木。每撤出一根垫木，在刃脚处随即用砂土回填捣实，以免沉井开裂、移动或倾斜。

5. 土内模制造沉井刃脚

采用土内模制造沉井刃脚，不但可节省大量垫木以及刃脚斜坡和隔壁地底模，并省去撤除垫木的麻烦。土模分填土和挖土内模，如图 2-30 所示。填土内模施工是先用粘土、砂粘土按照刃脚及隔壁的形状和尺寸分层填筑夯实，修正表面使与设计尺寸相符。为防水及保持土模表面平整，可在土面抹一层 2~3cm 的水泥砂浆表面层。同时为增强砂浆面层与土模连接的整体性，当地下水位低、土质较好时。可采用挖土内模。

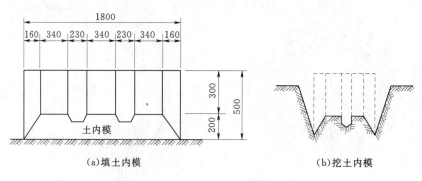

图 2-30　土模施工图

2.4.2.3　沉井下沉

1. 下沉施工方法

撤完垫木后，可在井内挖土消除刃脚下土的阻力，使沉井在自重作用下逐渐下沉。井内挖土方法可分为排水挖土和不排水挖土，如图 2-31 所示。只有在稳定的土层中，且渗下水量较小（每 m² 沉井面积渗水量不大于 1.0m³/h），不会因抽水引起翻砂时，才可边排水边挖水。否则，只能进行水下挖土。

挖土方法和机具应根据工程的具体条件，合理选择。在排水下沉时，可用抓土斗或人工挖土。用人工挖土时，必须切实防止基坑涌水翻砂，特别应查明土层中有无"承压水层"，以免在该土面附近挖土时，承压水突破土层涌进沉井，危机人身安全和埋没机具设备。不排水下沉时，可使用空气吸泥机、抓土斗、水力吸石筒、水力吸泥机等。下沉辅助措施有：高压射水、炮振、压重、降低井内水位及空气幕或泥浆套等。

在下沉过程中应注意：

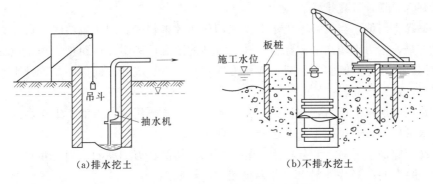

（a）排水挖土   （b）不排水挖土

图 2-31 沉井下沉施工方法示意图

（1）正确掌握土层情况，做好下沉测量记录，随时分析和检验土的阻力与沉井重量有关。

（2）在正常下沉时应均匀挖土，不使内隔墙底部受到支承。在排水下沉时，设计支承位置处的土，应在分层挖土中最后挖除。为防止沉井下沉时偏斜，应控制井孔内出土深度和经空间的土面高差。

（3）随时调整偏斜，在下沉初期尤其重要。

（4）弃土应远离沉井，以免造成偏压。在水中下沉时，应注意河床因冲刷和淤积引起的土面高差，必要时应在井外除土调整。

（5）在不稳定的土层或砂土中下沉时，应保持井内水位高出井外 1～2m，防止翻砂，必要时要向井孔内补水。

（6）下沉至设计高程以上 2m 前，应控制井孔内挖土量，并调整平沉井。

沉井下沉进度随沉井入土深度、地质情况、沉井大小及形状、施工机具设备能力大小及选择适宜的施工方法等情况而异，其变化幅度很大，特别是土质结构复杂时影响更大。根据部分沉井下沉统计资料，筑岛沉井自抽垫下沉至沉到设计高度，浮式沉井自落入河床至沉到设计高程的全部作业时间内，其平均综合下沉进度为：砂土中 0.3～0.4m/d；卵石中 0.15～0.25m/d；砂粘土及粘砂土互层中 0.20～0.30m/d；粘土中 0.10～0.20m/d。

2．接筑沉井和井顶围堰

当第 1 节沉井顶面沉至离地面只有 0.5m 或离水面只有 1.5m 时，应停止挖土下沉，接筑第 2 节沉井保持竖直，使两节沉井的中轴线重合。为防止沉井在接高时突然下沉或倾斜，必要时在刃脚下回填。接高过程中应尽量对称均匀加重。混凝土施工接缝应按设计要求布置接缝钢筋，清除浮浆并凿毛。每当前一节沉井顶面沉至离地面或水面只有 0.5m 时，即接筑下一节沉井。

若沉井沉至接近基底高程时，井顶低于土面或水面，则需事先修筑一临时井顶围堰，以便沉井下沉至设计高程，封底抽水，在围堰内修筑承台及墩身。围堰的形式可用土围堰、砖围堰。若水深流急，围堰的高度在 5.0m 以上者，宜采用钢板桩围堰或钢壳围堰。

3．沉井纠偏方法

在沉井下沉过程中，应不断观察下沉的位置和方向，如发现有较大的偏斜应及时纠正。否则，当下沉到一定深度后，就很难纠正了。采取纠正措施前，必须摸清情况，分析原因，如有障碍物，首先排除。

（1）偏除土纠偏。当沉井入土不深，采用此法效果较好。纠正偏斜时，可在刃脚较低一侧加撑支垫，在刃脚较高一侧除土。随着沉井的下沉，倾斜即可纠正。纠正位移时，可将沉井向偏离位移方向倾斜，然后沿倾斜方向下沉，直至沉井底面中心与设计中心位置相结合或相近，再纠正倾斜。

（2）井顶施加水平压力，在低的一侧刃脚下加设支垫纠偏，由滑车组在高的一侧沉井顶部施加水平拉力，通过挖土沉井逐渐下沉纠正偏斜。

（3）井顶施加水平力、井外射水、井内偏除土纠偏在刃脚高的一侧沉井顶，由滑车组施加拉力，并在同一侧井外射水、井内吸泥实现纠偏。

（4）增加偏土压纠偏，在沉井的一侧抛石填土，增加该侧土压力，可使沉井向另一侧倾斜，达到纠偏的目的。

（5）沉井位置扭转的纠正。在沉井两对角偏除土，另两对角偏土，可借助不相对的土压力形成扭矩，使沉井在下沉过程中逐渐纠正其位置。

4. 沉井基底清理、封底及浇筑

沉井下沉到设计高程后，如水可以排干，则可直接检验，否则应由潜水工水下检验。当检验合乎要求后，便可清理和处理沉井井底，以保沉井底面与地基面有良好的接触，两者之间没有软弱夹层。当排水挖土下沉时，与敞坑开挖地基处理相同，比较简单。需水下清基时，可用射水、吸泥和抓泥交替进行，将浮泥、松土和岩面上的风化碎块等尽量清除干净。清理后的有效面积（扣除刃脚斜面下一定宽度内不可能完全清理干净的沉井底面积）不得小于设计要求。

沉井水下混凝土封底时，与围堰内水下混凝土封底要求相同。水下封底混凝土，达到设计要求强度时，把井中水排干，再填充井内坞工。若井孔不填或仅填以砂土，则应在井顶灌制钢筋混凝土顶盖，以支托墩台。接着就可砌筑墩台身，当墩台身砌出水面或土面后就可拆除井顶围堰。

沉井清基后底面平均高程、沉井最大倾斜度、中心偏移及沉井平面扭转角，应符合施工规范的要求。

2.4.3　浮式沉井

在深水中，当人工筑岛有困难时，则常采用浮式沉井。它是把沉井做成空体结构，或采用其他措施，使能在水中漂浮；可以在岸边做成后，滑入水中，托运到设计墩位上，也可以在驳船上做成后，连同驳船一起托运到墩位上，再吊起放入水中。沉井就位后，在悬浮状态下，逐步用混凝土或水灌入空体中，使其徐徐下沉，直达河底。当沉井较高时，则需分段制造，在悬浮状态下逐节提高，直至沉入河底。当沉井刃脚切入河底一定深度后，即可按一般沉井的下沉方法施工。

浮式沉井的类型很多，如钢丝网水泥薄壁浮式沉井、双壁钢壳底节浮式沉井、带钢气筒的浮式沉井、钢筋混凝土薄壁浮式沉井和临时井底浮式沉井等。

2.4.3.1　钢丝网水泥薄壁浮式沉井

钢丝网水泥由钢筋网、钢丝网和水泥砂浆组成。通常是将若干层钢丝网均匀地铺设在钢筋网的两侧，外面抹以不低于 400 号的水泥砂浆，使之充满钢筋网和钢丝网之间的空隙，且以 1～3mm 作为保护层。当钢丝网和钢筋网达到一定含量时，钢丝网水泥就具有一种均匀材料的力学性能，它具有很大的弹性和抗裂性。

由于钢丝网水泥具有上述特性，用来制造薄壁浮运沉井非常适宜，而且制作简单，无需模板和其他特殊设备，可节约钢材和木材。

2.4.3.2 双壁钢壳底节浮式沉井

双壁钢壳底节浮式沉井，是近年来桥梁工程中广泛应用的沉井基础，特别是在深水急流的河段。它可在工厂分段制作，现场拼装成型，下水浮运到位下沉。

双壁钢壳底节浮式沉井可做成圆形、方形和圆端形。沉井是用型钢构成骨架，用薄钢板（厚度 5～6mm）做成内外壳，经焊制而成的沉井底节钢模板。钢壳沉井壁划分成若干隔仓，隔仓是独立的，互相间不得漏水，如图 2-32 所示。在沉井注水落床后，按中心对称的程序，分仓抽水浇筑混凝土，待凝固后再按程序下沉。当沉井入水较深、直径较大时，宜用双壁钢沉井。随耗钢材较多，但比较安全，制造不困难，施工方便，而且封底混凝土以上部分，在墩身出水后，可由潜水工在水下烧割回收，重复使用。

图 2-32 双壁钢壳沉井

2.4.4 沉箱基础施工

压气沉箱工法是向沉箱底节密闭工作室内，压送与地下水压力相当（水深每 10m，压力 0.1MPa）的压缩空气，阻止地下水渗入作业室，从而使开挖作业在干涸状态下进行。该施工方法从原理上是防止地下水涌入，实现人工无水挖掘。但其有一个致命的弱点，就是随着开挖深度的加深，箱内气压增大。当作业气压大于 0.2MPa 时，作业人员易患所谓的沉箱病，包括醉氮、氧中毒、二氧化碳中毒和减压病等。由于这个原因该工法 150 年来发展不大，甚至一度被认为应弃之不用的工法。随着自动化技术、机电一体化技术的发展，近十几年来相继出现一些新的沉箱工法，其中包括自动遥控无人单挖型沉箱工法、作业员呼吸充氦混合气体、遥控无人挖掘大深度沉箱压气工法、挖掘机自动回收型沉箱挖掘工作法，以及适用于多种地层的功能型自动无人挖掘沉箱工法等。无人沉箱工法被认为是大深度基础施工中最有前途的工法。

2.4.4.1 沉箱的基本构成和主要设备

沉箱的主要构成部分为：工作室、刃脚、箱顶圬工、升降孔、箱顶的各种管路和沉箱作业的气闸和压缩空气站等。

（1）工作室是指由其顶盖和刃脚所围成的工作空间，其四周和顶面均应密封不漏气。室内最小高度为 2.2m；如要装设水力机械，最小高度为 2.5m。

（2）顶盖即工作室的顶板，下沉期要承受高压空气向上的压力，后期则承受箱顶上圬工的荷载，因此它应具有一定的厚度。

（3）沉箱刃脚的作用是切入土层，同时也作为工作室的外墙，不仅要防止水和土进入室内，也要防止室内高压空气的外逸。由于刃脚受力很大，应做得非常坚固。

（4）沉箱顶上的圬工也是基础的主要组成部分。在下沉过程中，不断砌筑箱顶圬工，起到重压作用。圬工可以做成实体，也可沿周边砌成空心环形，适需要而定。

（5）升降孔是沉箱顶盖和箱顶圬工中安装的连通工作室和气闸的井管，使人、器材及室内弃土能由此上下通过，并经过气闸出入大气中。

（6）气闸是沉箱作业的关键设备。它的作用是让人用变气闸、器材和挖出之土进出工作室，而又不引起工作室内气压变化。另一作用是，当人出入工作室时，调节气压变化的速度，慢慢地加压或减压，使人体不致引起任何损伤。如加压太快，会使耳膜感到疼痛，引起耳腔病；减压过快，使在高气压下溶解于血液中的氮来不及由肺部排出，而在血管中变成小气泡压迫神经，引起关节炎；同时高压空气中的乙炔也溶于血液中，如来不及排出，会引起人体中毒。

（7）井管是连接气闸与工作室的交通孔道，随沉箱的不断下沉逐渐接长，以保持气闸始终高出地面或水面。

（8）压缩空气机站供应沉箱工作室和气闸所需要的压缩空气，是沉箱作业的重要设备。为保证安全，应配有备用空气压缩机。

2.4.4.2　沉箱的制造与下沉

在岛上制造和下沉压气沉箱的方法，基本上和沉井基础相同。不同者为沉箱需要安装井筒拆装气闸。

沉箱的制造和下沉工序为：

在岛面上制造沉箱第 1 节→抽垫后安装升降井筒与气闸→挖土下沉及接高沉箱＋接长井筒与拆装气闸→基底土质鉴定和基底处理→填封工作室和升降孔。沉箱下沉程序如图 2-33 所示。

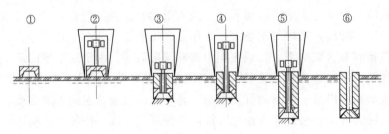

图 2-33　沉箱制造和下沉工序

第3章 桥梁墩台施工

3.1 概　述

桥梁墩台是桥梁的重要组成部分，称为桥梁的下部结构。它主要有墩帽、墩身和基础三部分组成。如图 3-1 所示，为桥墩（台）的结构图。

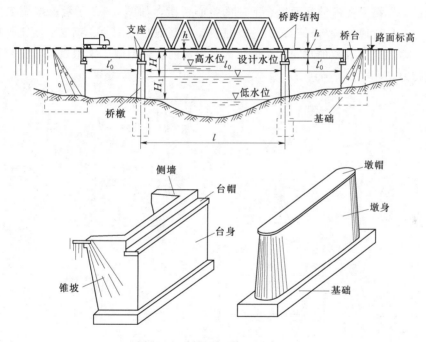

图 3-1　桥梁墩（台）示意图

桥梁墩台承担着桥梁上部结构所产生的作用，并将作用有效的传递给地基，桥台还与路堤相连接，承受着桥头填土的土压力。墩台主要决定着桥梁的高度和平面上的位置，受地形、地质、水文和气候等自然因素影响较大。

桥墩是指多跨桥梁中的中间支撑结构物，它除承受上部结构作用的外力，还承受风力、流水压力及其可能发生的冰压力、船只和漂流物的撞击力等。桥台是设置在桥两端、除了支撑桥跨结构作用的外力，还是与两岸接线路堤衔接的构造物；即要挡土护岸，又要能承受台背填土及填土上车辆作用所产生的附加土侧压力。因此，桥梁墩台不仅自身应具有足够的强度、刚度、稳定性，而且对地基的承载能力、沉降量、地基与基础之间的摩擦阻力等提出一定的要求，以避免在作用下产生危害桥梁整体结构的位移。这一点对超静定结构桥梁尤为重要。

桥梁墩台结构应遵循安全耐久、满足交通要求、造价低、养护费用少、施工方便、工期短、与周围环境协调、造型美观等原则。桥梁墩台设计与桥跨结构形式及其受力有关；与地质构造和土质有关；与水文、水流流速和河床性质有关。因此，桥梁墩台要置于稳定的地基上，应考虑各种因素的组合作用，通过设计和计算确定基础形式和埋置深度，确保墩台在洪水、地震、桥梁活载等动力作用下安全、耐久。

　　墩台的造价通常在桥梁总造价中占有很大的比例。同时墩台的修建，在很多情况下较之建造桥跨结构更为复杂和艰巨。

3.1.1　桥墩构造

　　桥墩按其构造可分为重力式桥墩、空心桥墩、柱式桥墩、排架桥墩、轻型桥墩、框架桥墩等类型；按其受力特点可分为刚性桥墩和柔性桥墩；按其截面形状可分为矩形、圆形、圆端形、尖端形及各种截面组合而成的空心桥墩，如图 3-2 所示；按施工工艺可分为两类：一类是就地砌筑与石砌；另一类是拼装预制混凝土砌块、钢筋混凝土与预应力混凝土构件，即浇筑桥墩和预制安装桥墩，大多采用前者，但施工期限较长，且要耗费较多的人力与物力。

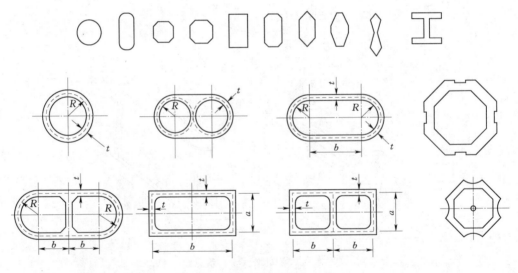

图 3-2　桥墩截面形式

3.1.1.1　梁桥桥墩构造

　　1. 重力式桥墩

　　重力式桥墩主要依靠自生重力（包括桥跨结构重力）来平衡外力，从而保证桥墩的稳定。它往往是用圬工材料修筑而成，具有刚度大，防撞能力强等优点，但同时存在阻水面积大、圬工数量大、对地基承载力要求高等缺点，以及仅运用于砂石料丰富的地区和基岩埋深较浅的地基。

　　重力式桥墩由墩帽、墩身和基础三部分组成，如图 3-3 所示。

　　墩帽是桥墩的顶端，它通过支座支撑上部结构，并将相邻两孔桥上的荷载传到墩身上。由于它受到支座传来的很大的集中应力作用，所以要求它有足够的厚度和强度。其最

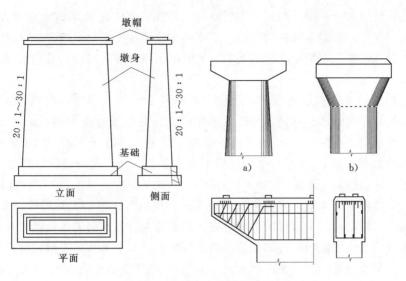

图 3-3　重力式桥墩构造图

小厚度一般不小于 0.4m，中小跨径梁桥也不小于 0.3m。墩帽一般要用 C20 以上的混凝土浇筑，加配构造钢筋；小跨径桥在非严寒地区可不设构造钢筋。构造钢筋直径一般取 8～12mm，采用间距为 20cm 左右的网格布置，支座下墩帽内应布置一层或多层加强钢筋网，其平面分布范围取支座支承垫板面积的两倍，钢筋直径为 8～12mm，网格间距为 5～10cm。当墩帽上相邻支座高度不同时，须加设混凝土垫石调整，并在垫石内设置钢筋网，墩帽钢筋布置如图 3-4 所示，对于小桥，也可用 M5 以上砂浆砌、MU25 以上料石做墩帽。

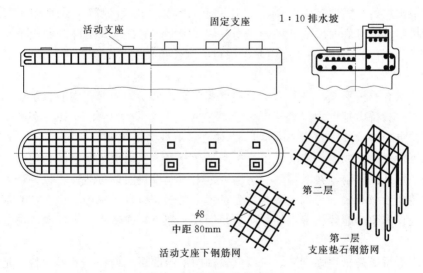

图 3-4　墩帽钢筋布置图

当桥面的横向排水坡不用桥面三角垫层调整时，可在墩帽顶面从中心向两端横桥向做成一定的排水坡，四周应挑出墩身约 5～10cm 滴水（檐口）。

对一些宽桥或高墩桥梁，为了节省墩身圬工体积，常常将墩帽做成悬臂式或托盘式。悬臂的长度和宽度，根据上部结构的形式、支座的位置及施工荷载的要求确定，悬臂的受力钢筋需经计算确定。一般要求悬臂式墩帽的混凝土强度等级高些，悬臂端部的最小高度不小于 0.3～0.4m。

墩身是桥墩的主体部分，石砌桥墩应采用标号不低于 MU25 的石料，大中桥用 M5 以上砂浆砌筑，小桥涵用于不低于 M2.5 砂浆砌筑。混凝土桥墩多用 C15 或 C15 以上混凝土浇筑，并可参入不多于 25% 的片石。混凝土预制块不低于 C20。用于梁式桥的墩身顶宽，小跨径桥不宜小于 80cm，中跨径桥不宜小于 100cm，大跨径的墩身顶宽视上部结构类型而定。墩身侧坡一般采用 20：1～30：1，小跨径桥桥墩不高时也可以不设侧坡，做成直坡。实体桥墩的截面形式有圆形、圆端行、尖端形、矩形、菱形等，如图 3-5 所示。其中圆形、圆端形、尖端形的导流性好，圆形截面对各方向的水流阻力和导流情况相同，适应于潮汐河流或流向不定的桥位。矩形桥墩主要用于无水的岸墩或高架桥墩。在有强烈流水或大量漂浮物的河道上（冰厚大于 0.5m，流水速度大于 1m/s），桥墩的迎水端应做成破冰棱体。破冰体可由强度较高的石料砌成，也可用强度等级高的混凝土辅以钢筋加固。

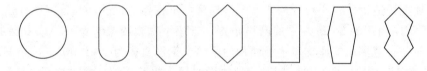

图 3-5　实体桥墩截面形式

基础是桥墩与地基直接接触的部分，其类型与尺寸往往取决于地基条件，尤其是地基承载力。最常见的是刚性扩大基础，一般采用 C15 以上片石混凝土或浆砌块石筑成。基础的平面尺寸较墩身底面尺寸略大，四周各放大 20cm 左右。基础可以做成单层，也可以做成 2～3 层台阶式。台阶的宽度由基础用材的刚性角控制。

2. 空心桥墩

空心桥墩有两种形式：一种为部分镂空式桥墩；另一种为薄壁空心桥墩。

部分镂空式桥墩是重力式桥墩基础上镂空中心一定数量圬工体积，旨在减少圬工数量，使结构更经济，减轻桥墩自重，降低对地基承载力的要求。但镂空有一个基本的前提，即保证桥墩截面强度和刚度足以承担和平衡外力，从而保证桥墩的稳定性。具体镂空部位受到一定条件限制，在墩帽下一定高度范围内应设置实体过渡段，以保证上部结构荷载有效的传递给墩身壁；为避免墩身传力过程中局部应力过于集中，应在空心部分与实体部分连接处设倒角或配置构造钢筋；对易受船只、漂流物或流水撞击的墩身部分，一般不宜镂空。

薄壁空心桥墩是采用强度高、墩身壁较薄的钢筋混凝土构件。其最大特点是大幅度削减了墩身圬工体积和墩身自重，减小了地基负荷，因而适用于桥梁跨径较大的高墩和软弱地基桥墩。常见的几种空心桥墩如图 3-6 所示。

薄壁空心墩的混凝土一般采用 C20～C30，墩身壁厚为 30～50cm，其构造除应满足部分镂空式桥墩规定的要求外，为了降低薄壁墩身内外温差或避免冻胀，应在墩身周围设置

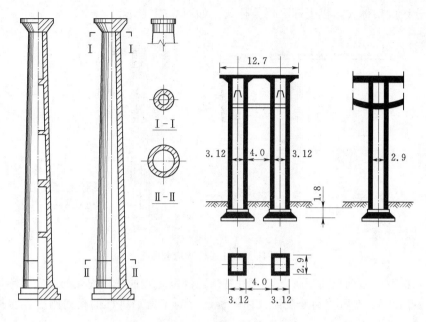

图 3-6 薄壁空心桥墩示意图

适当的通风孔与泄水孔；为保证墩壁稳定和施工方便，应按适当间距设置水平横隔板，对于 40m 以上的高墩，按 6～10m 的间距设置横隔板；墩顶实体段高度不小于 1.0～2.0m；主筋按计算配筋，一般配筋率在 0.5% 左右，并应配置承受局部应力或附加应力钢筋。

3. 柱式桥墩和桩柱式桥墩

柱式桥墩和桩柱式桥墩是目前公路桥梁中广泛采用的桥墩形式，由柱式墩身和盖梁组成，一般可分为单柱、双柱和多柱等形式，这种桥墩的优点是能够减轻墩身重力，节约圬工材料，施工方便，外形轻巧又较美观，特别适用于桥宽较大的桥梁和立交桥。如图3-7所示。

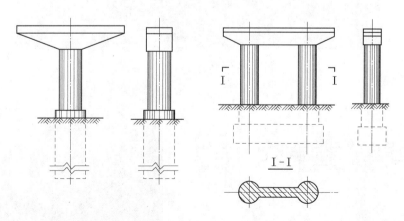

图 3-7 柱式桥墩及桩式桥墩示意图

柱式桥墩适用多种基础形式，可以在桩顶设置承台，然后在承台上设立柱；或在浅基础上设立柱。为了增强墩柱间抗撞击的能力，在两柱中间加做隔墙。当桥墩较高，也可以把水下部分做成实体式，以上部分仍为柱式。如图 3-8 所示。

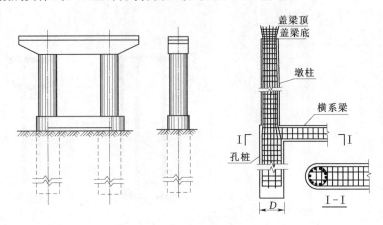

图 3-8　柱式桥墩构造图

　　桩柱式桥墩的基础只适用桩基，在桩基础顶部以上（或柱桩连接处以上）称为柱，以下称为桩。图 3-8 左所示为变截面双柱式桩墩。为了增加桩柱的横向刚度，在桩柱之间设置横系梁（见图 3-8 右）。

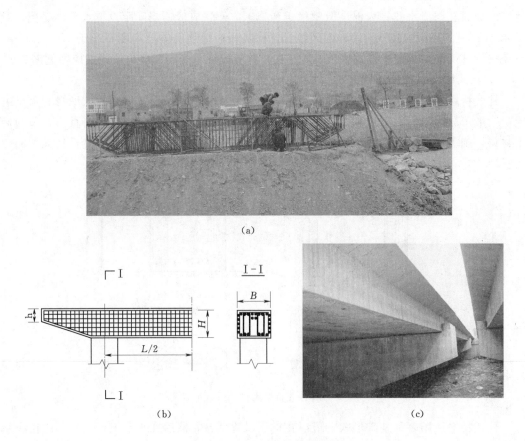

(a)

(b)　　　　　　　　　　　　　　(c)

图 3-9　柱式桥墩现场施工图

盖梁是柱式桥墩和桩柱试桥墩的墩帽，一般用 C20～C30 的钢筋混凝土就地浇筑，也有采用预制安装或预应力混凝土的。盖梁的横截面形状一般为矩形或 T 形。盖梁宽度由上部构造形式、支座间距和尺寸等确定，高度一般为梁宽的 1.2 倍。盖梁的长度应保证上部构造放置与抗震构件设置需要的距离，并应满足上部构造安装时的要求，另外设置橡胶支座的桥墩应考虑预留更换支座所需位置。盖梁各截面尺寸与配筋所需要通过计算确定，悬臂端高度应不小于 30cm。如图 3-9（a）～（c）所示，为柱式桥墩现场施工图。

墩柱一般采用 C20～C30 的钢筋混凝土，直径为 0.6～1.5m 的圆柱或方形、六角形柱，其构造如图 3-10 所示。墩柱配筋由计算确定，纵向受力钢筋之间净距应不小于 5cm，净保护层厚不小于 2.5cm。箍筋直径不小于 6mm，在受力钢筋接头处，箍筋间距应不大于纵向钢筋直径的 10 倍或构件横截面的较小尺寸，不宜大于 40cm。

为使桩柱与盖梁或承台有较好的整体性，桩柱顶一般应嵌入盖梁或承台 15～20cm，露出柱顶与柱底的主筋可弯成与铅垂

图 3-10 墩柱构造示意图

线成 15°倾斜角的喇叭形，伸入盖梁或承台中，喇叭形主筋外围应设置直径不小于 8mm 的箍筋，间距一般为 10～20cm。单排桩基的主筋应与盖梁主筋连接。

当用横系梁加强桩柱的整体性时，横系梁的高度可取为桩（柱）径的 0.8～1.0 倍，宽度可取为桩（柱）径 0.6～1.0 倍。横系梁一般不直接承受外力，可不做内力计算，按横截面积的 0.10% 配置构造钢筋即可。构造钢筋伸入桩内与主筋连接。

4. 柔性排架墩

柔性排架墩有单排或双排的钢筋混凝土桩与钢筋混凝土盖梁连接而成。其主要特点是，上部结构传来的水平力（制动力、温度影响力等）按各墩台的刚度分配到各墩台，作用在每个柔性墩台上的水平力较小，而作用在刚性墩台上的水平力很大，因此，柔性桩墩截面尺寸得以减小。

柔性墩是桥墩轻型化的途径之一，一般布设在两端具有刚性较大桥台的多跨桥中，全桥除一个中墩设置活动支座外，其余墩台均采用固定支座，如图 3-11 所示。多跨长桥采用柔性墩时宜分成若干联，每联设置一个刚性墩（台），两个活动支座之间或刚性台与第一个活动支座之间称为一联，以减小设置固定支座的墩顶位移，避免刚性桥台的支座所受水平力过大。

柔性排架桩墩分单排架和双排架墩，如图 3-11（b）所示。柔性双排架墩多用于墩高为 5.0～7.0m，跨境 13m 以下，桥长 50～80m 的中小型桥中。单排架墩一般用于高度不超过 4.0～5.0m；桩墩高度大于 5.0m 时，为避免行车时可能发生的纵向晃动，宜设置双排架墩。对于漂浮物严重和流速较大的河流，由于桩墩磨耗，不宜采用。

桩墩一般是采用预制的钢筋混凝土方桩，当桩长在 10m 以内时，横截面尺寸为 30cm ×30cm；桩长大于 10m 时，横截面尺寸为 35cm×35cm；桩长大于 15m 时，横截面尺寸

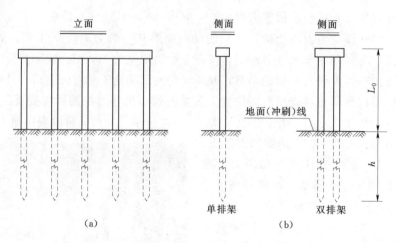

图 3-11　柔性墩构造示意图

采用 40cm×40cm。桩与桩之间的中距不应小于桩径的 3 倍或 1.5～2.0m。盖梁一般为矩形截面，单排桩盖梁的宽度为 60～80cm，盖梁的高度一般采用 40～50cm。

盖梁与梁的接触面之间垫 1cm 厚的油毛毡。为使全桥形成框架体系，可用锚栓将上下部构造连接起来，锚栓的直径用 25～28mm，预埋在盖梁内。两孔的接缝处用水泥砂浆填实，最好设置桥面连续装置。桥台背墙与梁端接缝亦填以水泥砂浆，不设伸缩缝。

5. 轻型桥墩

轻型桥墩一般用于中小跨径的桥梁，与重力式桥墩相比，其圬工体积显著减小，自重减小，因而其抗冲击能力较低，不宜用于流速大并夹有大量泥沙的河流或可能有航船、冰等漂浮物撞击的河流中。

墩帽用混凝土浇筑，厚度不小于 30cm。墩帽四周挑檐宽度为 5cm，周边做成 5cm 倒角。当桥面的横向排水不用三角垫层调整时，可在墩帽顶面以中心向两端加做三角垫层。墩帽上要预埋栓钉，位置与上部结构块件的栓孔相适应。

墩身用混凝土、浆砌块石或钢筋混凝土材料做成，其中钢筋混凝土薄壁桥墩最为典型，墩身宽度不小于 60cm，两边坡度为直立，两头做成圆端形。

基础采用 C15 混凝土或 M5 浆砌筑片石（或块石）做成，平面尺寸较墩身底面尺寸略大（一般大 20cm）。基础多做成单层式的，其高度约 60cm。

6. 框架式桥墩

框架式桥墩采用钢筋混凝土或预应力混凝土等压弯或弯曲构件组成平面框架代替墩身，支承上部结构，必要时做成双层或多层框架。桥墩结构可采用顶部分开底部连在一起的 V 形桥墩和顶部分开底部与直立桥墩连在一起的 Y 形桥墩。这类桥墩结构不仅轻巧美观，给桥梁建筑增添了新的艺术造型，而且使桥梁的跨越能力提高，缩短了主梁的跨径，降低了梁高，但其结构复杂，施工比较麻烦。如图 3-12（a）～图 3-12（c）所示为不同形式桥墩实际效果图。

框架墩形式较多，均为压弯构件，所有钢筋均应通过计算确定。

对于分叉的墩来说，可用墩帽，也可无墩帽。无墩帽时，分叉张开角一般应小于

(a)

(b)

(c)

图 3-12　不同桥墩形式实际效果图

90°；有墩帽时，张角可略大些，使受力情况而定。

　　墩帽内的配筋可参照柱式墩盖梁配筋。墩按计算配置抗拉、抗压主筋，并应特别重视分叉点钢筋的配置与连接。分叉处的钢筋应于帽顶面（上）或柱侧面（下）外层主筋相连接，并在分叉附近加密箍筋（用多肢或减小箍筋间距）。墩柱中的主筋对纵横两个方向应有不同的考虑，并与两叉上足够数量的主筋连在一起，如图 3-13 所示。

图 3-13　分叉桥墩构造示意图

3.1.1.2　拱桥桥墩构造

1. 重力式桥墩

拱桥重力式桥墩，其形式基本与梁桥重力式桥墩相仿。因为承受较大的水平推力，所以，拱桥重力式桥墩的宽度尺寸比梁桥大。同时墩帽顶部做成斜坡，尽量考虑设置成与拱轴线正交的拱座。

由于拱座承受着较大的拱圈压力，故一般采用 C20 以上的整体式混凝土、混凝土预制块或 MU40 以上的块石砌筑。肋拱桥拱座由于压力比较集中，故应用高标号混凝土及数层钢筋网加固；转配式的肋拱以及双曲拱桥的拱座，也可预留供肋的孔槽，就位后再浇筑混凝土封固，如图 3-14 所示。为了加强肋底与拱座的连接，底部可设 U 形槽浇筑混凝土，其标号不低于 C25，有时孔底或孔壁还应增设一些加固钢筋网。

图 3-14　重力式桥墩实际效果图

拱桥墩身体积较大，除了用块石砌筑外，也有用片石混凝土浇筑。有时为了节省圬工砌体，可将墩身做成空心，中间填以砂石。拱桥桥墩基础与梁桥桥墩基础相同。

2. 柱式桥墩和桩柱式桥墩

拱桥的柱式桥墩和桩柱式桥墩与梁桥的相同。由于承受较大的水平推力，柱和桩的直径比梁桥大，根数也比梁桥多。当跨径较大时（40～50m），可以采用双排桩。拱座（盖梁）采用钢筋混凝土，构造与重力式桥墩拱座基本相同。

3. 单向推力墩

多跨拱桥根据施工和使用要求，每隔3～5孔设置单向推力墩。目前常用的单向推力墩有以下几种形式：

（1）普通柱墩加设斜撑及拉杆的单向推力墩。这种单向推力墩是在普通墩柱上对称增设一对钢筋混凝土斜撑，以提高其低抗单向水平推力的能力。接头只承受压力而不承受拉力。在基础埋置深度不大，地基条件较好时，也可以把桥墩基础加宽成形的单向推力墩。

（2）悬臂式单向推力墩。悬臂式单向推力墩是在桥墩的顺桥向双向挑出悬臂。当邻孔遭到破坏后，由于悬臂端的存在，使拱支座竖向反力通过悬臂端而成为稳定力矩，保证了单向推力墩不致遭到损坏。

（3）实体单向推力墩。当桥墩较矮及单向推力不大时，只需加大实体墩身的尺寸即可。

3.1.2　桥台构造

桥台按其形式可分为重力式桥台、埋置式桥台、轻型桥台、框架式桥台和组合式桥台。

3.1.2.1　梁桥桥台

1. 重力式 U 形桥台

重力式 U 形桥台一般采用砌石、片石混凝土或混凝土等圬工材料就地砌筑而成，主要依靠自重来平衡台后土压力，从而保证自身的稳定。U 形桥台构造简单，基础底承压面大，应力较小，但圬工体积大，并由于自身重力而增加对地基的压力，一般宜在填土高度不大而且跨径在 8m 以上的桥梁中采用。

U 形桥台由台帽、台身（前墙和侧墙）和基础组成，在平面上呈 U 字形，如图 3-15（b）所示。前墙除承受上部结构传来的荷载外，还承受路堤的水平压力。前墙顶部设置台帽，以放置支座和安设上部结构，台帽构造要求与墩帽基本相同。台顶部分用防护墙将台帽与填土隔开，侧墙是用以连接路堤并抵挡路堤填土向两侧的压力。

梁桥 U 形桥台防护墙顶宽，对片石砌体不小于 50cm，对块石料石砌体及混凝土不小于 40cm。前墙任一水平截面的宽度不宜小于该截面至墙顶高度的 0.4 倍，背坡一般采用5:1～8:1，前坡为 10:1 或直立，桥台前端的下缘一般与锥坡下缘相齐，侧墙长度可根据锥形护坡长度决定。如图 3-16 所示为桥台实际图尾端上部做成垂直，下部按一定坡度缩短，前端与前墙相连，改善了前墙的受力条件。侧墙外侧直立，内侧为 3:1～5:1 的斜坡，侧墙顶宽一般为 60～100cm 任一水平截面的宽度，对片石砌体不小于该截面至墙顶的 0.4 倍，对块石、料石砌体及混凝土不小于 0.35 倍和 0.3 倍，如桥台内填料为透水性良好的砂性土或砂砾，则上述两项可分别相应减为 0.35 倍和 0.3 倍。

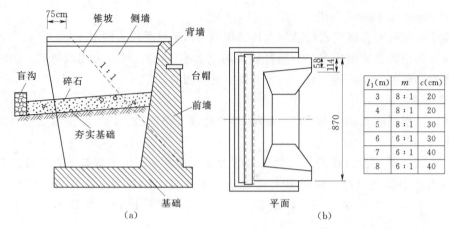

图3-15　重力式U形桥台构造图

l_1(m)	m	c(cm)
3	8∶1	20
4	8∶1	20
5	8∶1	30
6	6∶1	30
7	6∶1	40
8	6∶1	40

桥台内的填土容易积水，应注意防水，防止冻胀，以免桥台结构开裂，为了排除桥台前墙后面的积水，应于侧墙间略高于高水位的平面上铺一层向路堤方向设有斜坡的夯实黏土作为防水层，并在黏土层上再铺一层碎石，将积水引向设于桥台后横穿路堤的盲沟内。

基础尺寸可参照桥墩拟定。

桥台两侧设锥坡，坡度有纵向的1∶1逐渐变成横向的1∶1.5，锥坡的平面形状为1/4椭圆，并夯实填筑，其表面用片石砌筑。

图3-16　桥台实际施工图

2. 埋置式桥台

当路堤填土高度超过6m时，可采用埋置式桥台，如图3-17所示。它是将台身埋在锥形护坡当中，只露出台帽，以安放支座和上部结构。由于台身埋入土中，利用台前锥坡产生的土压力来抵消部分台后填土压力，可以增加桥台的稳定性，桥台的尺寸也相应减小，不需另设翼墙，桥台圬工数量较省。但埋置式桥台的锥坡挡水面积大，对桥孔下的过水面积有所压缩。因此，仅适用于桥头为浅滩，溜坡受冲刷较小，填土高度在10m以下的中等跨径的多跨桥中。

埋置桥台的台身可用混凝土、碎石混凝土或砂浆砌块石筑成，台帽及耳墙用钢筋混凝土做成。台身常做成向后倾斜，这样可以减小台后土压力和基底合心偏心距。但施工时应注意桥台前后均匀填土，以防倾倒。由于作用桥台上的水平力较U形桥台小，在拟

图3-17　埋置式桥台实际效果图

定尺寸后，台身底部可略大于台身顶部尺寸，最后由验算确定。埋置式桥台挡土采用耳墙，耳墙长度一般不超过 3～4m，厚度为 0.15～0.3m，其主筋伸入台帽或背墙借以锚固。

埋置式桥台台顶部分的内角到路堤锥坡表面的距离不应小于 50cm，否则应在台顶缺口的两侧设置横隔板，使台顶部分与路堤锥坡的填土隔开，防止土壅到支承平台上。桥台用过耳墙与路堤衔接，耳墙伸进路堤的长度一般不小于 50cm。

埋置横重式高桥台，利用横重台及其上的填土重力平衡部分土压力，在高桥中施工较省，如图 3-18 所示。它适用于跨径大于 20m，高度大于 10m 的跨深沟及山区特殊地形的桥梁。

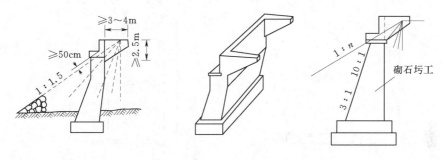

图 3-18　埋置横重式高桥台构造图

3. 轻型桥台

轻型桥台通常用钢筋混凝土或施工材料砌筑。施工轻型桥台只限于桥台高度较小的情况，而钢筋混凝土轻型桥台应用范围更广泛。从结构形式上分，轻型桥台有薄壁轻型桥台和支撑梁轻型桥台。

（1）薄壁轻型桥台。薄壁轻型桥台常用的形式有悬臂式、扶壁式、撑墙式和箱式等，如图 3-19 所示，其主要特点是用钢筋混凝土结构的抗弯能力来减小坞工体积从而使桥台轻型化。相对而言，悬臂式桥台的柔性较大，钢筋用量较大，但模板用量多。用的较多的钢筋混凝土薄壁轻型桥台，由扶壁式挡土墙和两侧的薄壁墙构成。其顶帽及背墙成 L 形，并与其下的倒 T 形竖墙台身及底板连成钢筋混凝土整体结构。

（2）支撑梁轻型桥台。支撑梁轻型桥台用于跨径不大于 13m 的板（梁）桥，切不宜多于 3 孔，全长不大于 20m。在墩台基础间设置支撑梁，在上部结构与台帽之间设置锚固栓钉连接，使上部结构与支撑梁共同支撑桥台，承受台后土压力，减小桥台尺寸，节省坞工数量。其主要特点是：①利用上部结构及下部的支撑梁作为桥台的支撑，以防止桥台向跨中移动或倾覆；②整个构造物成为四铰刚构系统，台身按上下铰接支承的弹性地基梁验算。如图 3-20 为支撑梁轻型桥台示意图。

台帽用钢筋混凝土浇筑，混凝土标号不低于 C20，厚度不小于 30cm，并应设 5～10cm 的挑檐。当填土高度较高或跨度较大时，宜采用台背的台帽。当上部构造不设三角垫层时，可在台帽上做成有斜坡的三角垫层。

上部构造与台帽间应用栓钉连接，栓钉孔、上部构造与台背之间需用小石子混凝土（标号同上部结构）或砂浆（标号为 M12）填实。栓钉直径不宜小于上部构造主筋的构造，锚固长度为台帽厚度加上三角垫层和板厚。

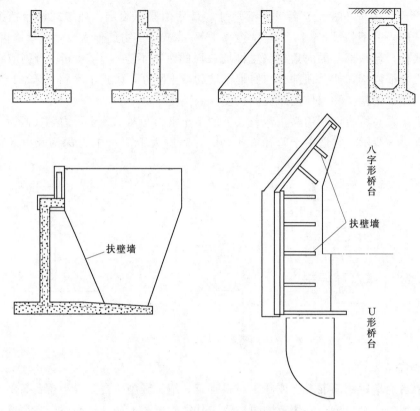

图 3-19 薄壁轻型桥台构造图

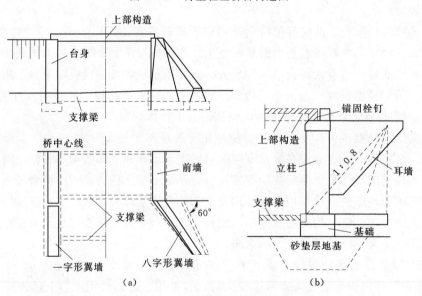

(a)　　　　　　　　　　　(b)

图 3-20 支撑梁轻型桥台构造图

台身可用混凝土或浆砌块石筑成，混凝土标号不低于 C15，砂浆标号不低于 M5，块石标号不低于 MU25。台身厚度（含一字翼墙），块石砌体不宜小于 60cm，混凝土不宜小于 30~40cm，两边坡度为直立。两边翼墙与桥台连成整体，成为一字形桥台（见图 3-

21)，也有把翼墙与桥台设缝分离，翼墙与水流方向成30°夹角，成为八字形桥台（见图3-22）。

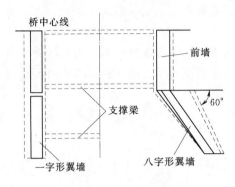

图3-21　桥台翼墙详图

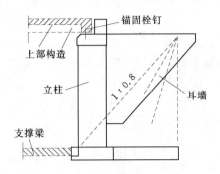

图3-22　八字型桥台示意图

为了节约圬工数量，也可在边柱上设置耳墙（见图3-22）。

为了增加桥台抵抗水平推力的抵抗弯刚度，也可将台身做成T形截面。八字翼墙的顶面宽度，混凝土厚度不宜小于30cm，块石砌体不宜小于50cm，端部顶面应高出地面20cm，如图3-23所示。

轻型桥台基础按支承于弹性地基上的梁进行验算，一般用混凝土浇筑。当其长度大于12m时，应按构造要求配筋。基础埋置深度一般在原地面（无冲刷时）或局部冲刷线以下不小于1m。

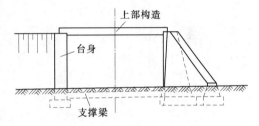

图3-23　支撑梁桥台详图

桥台下端与相邻桥台（墩）之间设置支撑梁，并设在铺砌层及冲刷线之下。支撑梁可用20cm×30cm的混凝土筑成，或用尺寸不小于40cm×40cm的混凝土或块石砌筑。支撑梁按基础长度之中线对称布置，其间距约2～3m。当基础能嵌入弱风化岩层15～25cm时，可不设支撑梁。

4. 框架式桥台

框架式桥台由台帽、立柱和基础组成，是一种在横桥向呈框架式结构的钢筋混凝土轻型桥台。它采用埋置式，台前设置溜坡，所受的土压力较小，适用于多种基础形式、台身较高、跨径较大的梁桥，是目前桥梁中采用较多的桥台形式。其构造形式有柱式、肋板式、半重力试和双排架式、板凳式等。

柱式桥台指台帽置于立柱上，台帽两端设耳墙以便于路堤衔接，台身与基础的构造与柱式和桩柱式桥墩相似，可以在浅基础上设立柱，形成柱式桥台；也可以在桩基础顶部直接设立柱形成桩柱式桥台，这种结构的特点是构造简单、圬工数量小，适用于填土高度小于5m的情况。柱式框架桥台的立柱可采用双柱式或多柱式，根据桥宽确定，尺寸可参照桩柱式桥墩拟定，并通过计算配筋。钢筋的上、下端分别伸入台帽和桩基与浅基。立柱一般用普通箍筋柱。

当填土高度大于5m时，用钢筋混凝土薄墙（肋板）代替立柱支承台帽，即成为肋板式桥台，可以在浅基础上设置肋板；也可以在桩基础顶部设置承台，承台上设置肋板支撑台帽，当水平力较大时，桩基础设置成双排或多排桩。台帽两端同样设耳墙便于同路堤衔接，必要时在台帽前方两边设置挡土板。肋板式桥台，墙后一般为0.4～0.8m，通过计算配筋。

半重力式桥台与肋板式桥台相似，只是墙更厚，不设钢筋。半重力式桥台与墙式桥台常用桩做基础，桩径一般为0.6～1.0m，桩数根据受力情况结合地基承载力决定。半重力式桥台墙厚较大，不设钢筋，尺寸亦通过计算确定。

当水平较大时桥台可采用双排架式或板凳式，由台帽、台柱和承台组成。排架装配式桥台如图3-24所示。

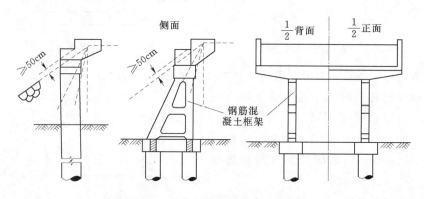

图3-24　排架装配式桥台示意图

5. 组合式桥台

为使桥台轻型化，可以将桥台上的外力分配给不同对象来承担，桥台本身主要承受桥跨结构传来的竖向力和水平力，而后台的土压力由其他结构来承担，这就形成了由分工不同的结构组合而成的桥台，即组合式桥台。常见的组合式桥台有锚锭板式、过梁式、框架组合式以及桥台与挡土墙组合式等。

（1）锚锭板式组合桥台。锚锭板式组合桥台有分离式与结合式两种。分离式是台身与锚锭板、挡土结构分开，台身主要承受上部结构传来的竖向力和水平力，锚锭板结构承受土压力。锚锭板结构由锚锭板、立柱、拉杆和挡土板组成，桥台与结构间预留空隙、基础分开，互不影响，受力明确。结合式是锚锭板结构与台身结合在一起，台身兼作立柱和挡土板。作用在台身的所有水平力假定均由锚锭板的抗拔力来平衡，台身仅承受竖向荷载，与分离式锚锭板结构相比，其结构简单，施工方便，工程量较小，但承受力不很明确。

（2）过梁式、框架式组合桥台。桥台与挡土墙用梁结合在一起的桥台称为过梁式组合桥台，使桥台与桥墩的受力相同。当梁与桥台、挡土墙刚结，形成框架式组合桥台。

（3）桥台与挡土墙组合桥台。由轻型桥台支撑上部结构，台后设挡土墙承受土压力的组合式桥台。台身与挡土墙分离，上端做伸缩结缝，受力明确。当地基条件比较好时，也可将桥台与挡土墙放在同一基础之上。这种桥台的主要优点是可以不压缩河床，但构造比较复杂。支座边缘到墩（台）身边缘最小距离如表3-1所示。

表 3 - 1　　　　　　　　　　　　支座边缘到墩（台）身边缘最小距离

方向 跨径	顺桥向 （m）	横桥向（m）	
		圆弧形端头（自支座边角量起）	矩形端头
大桥	0.25	0.25	0.40
中桥	0.20	0.20	0.30
小桥	0.15	0.15	0.20

注　1. 采用钢筋混凝土悬臂式墩台帽时，上述最小距离为支座至墩台帽边缘的距离。
　　2. 跨径 100m 及以上的桥梁应按实际情况决定。

在梁桥中，除上述桥台以外，还有一些特殊形式的桥台，如根据上部结构需要及受力要求，具有承压和承拉功能的承拉桥台；桥台下土质比较密实，河床比较稳定，无冲刷，直接搁于地基上的枕梁式桥台。

3.1.2.2　拱桥桥台构造

1. 重力式 U 形桥台

重力式 U 形桥台在拱桥中用的最多，其构造与梁桥 U 形桥台相仿，也是由前墙、侧墙和基础三部分组成（见图 3 - 25）。前墙承受拱圈推力和路堤填土压力。前墙设有台帽，构造和拱桥和墩帽相同。对空腹式拱桥，在前墙顶设有防护墙。侧墙和前墙连成整体，伸入路堤锥坡内 75cm，并抵挡路堤填土向两侧的压力。

2. 组合式桥台

组合式桥台由台身和后座两部分组成。台身

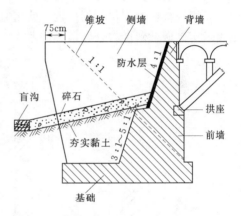

图 3 - 25　重力式 U 形桥台构造图

基础承受竖向力，一般采用桩基础。拱的水平推力则主要由后座基底摩阻力及台后的土侧压力来平衡。组合式桥台的承台与后座间必须密切贴合并设置沉降变形缝，以适应两者不均匀沉降。后座基底标高应低于拱脚下缘标高，力求使后台土侧压力和基底摩阻力的结合力作用点同供座中心标高一致。

3. 轻型桥台

（1）八字形轻型桥台。八字形桥台的台身可做成等厚度或变厚度。变厚度的台身背坡一般为 2∶1～4∶1，台口尺寸应满足抗剪强度要求。两边八字翼墙与台身分开，其顶宽为 40cm，前坡为 10∶1，后坡为 5∶1。

（2）前倾式轻型桥台。前倾式轻型桥台由于台身向桥孔方向倾斜，因此比直立台身的受力情况要好，用料要省。前倾台身可做成等厚度的，前倾坡度可达 4∶1。其缺点是施工比较麻烦。

此外，拱桥轻型桥台还有多种形式，如 U 字形，由前墙（等厚度的）和平行于行车方向的侧墙组成。当桥台宽度较大时，为了保证前墙和侧墙的整体性，可在 U 形桥台的中间加一道背撑，成为山子形桥台。当拱桥在软土地基而桥台本身不高时可采用空腹 L 形桥台、履齿式桥台、屈膝式桥台等。

3.2 石 砌 墩 台 施 工

3.2.1 石砌墩台施工挂线

对于在施工之前，首先要放好线，才能使砌石工作的进行有所依据，放样是根据施工测量定出的墩台中心线，放出砌筑墩台的轮廓线，并根据墩台的轮廓线进行砌筑。砌筑过程石料的定位可采用垂线法和瞄准法两种方式进行。

3.2.1.1 垂线法

当墩台身和基础较低时，可依平面轮廓线砌筑圬工，对于直坡墩台可用吊垂砣的方法来控制定位石的位置，为了吊砣方便，吊砣点与轮廓线留有 1～2cm 的距离；对于斜坡墩台可以用规板控制定位石的位置。使用时以斜边靠近墩台面，悬垂线若与所划墨线重合，则表示所砌墩台斜度符合要求。如图 3-26 和图 3-27 所示。

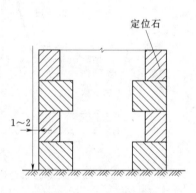

图 3-26 垂直墩台挂线

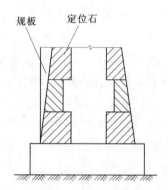

图 3-27 斜坡墩台挂线

3.2.1.2 瞄准法

当墩台身较高时，可采用瞄准法控制定位石的位置，当墩台身每升高 1.5～2m 时，沿墩台平面棱角埋设铁钉，使上下铁钉位于一个垂直平面上，并挂以铅丝。砌筑时，拉直铅丝，使与下段铅丝瞄成一直线，即可依次安砌定位石于正确位置。采用这种方法定位时，每砌高 2～3m 时，应用仪器测量中线，进行各部尺寸的校核以确保各部尺寸的正确。

3.2.2 石砌墩台的施工要点

3.2.2.1 墩台砌筑程序和作业方法

1. 基础砌筑

当基础开挖完毕并进行处理后，即可砌筑基础。砌筑时，应自最外边缘开始（定位行列），砌好外圈后填砌腹部。

基础一般采用片石砌筑。当基底为土质时，基础底层石块可不铺座灰，石块直接干铺于基土上；当基底为岩石时，则应铺座灰再砌石块。第一层砌筑的石块应尽可能挑选大块的，平放铺砌，且轮流丁放或顺放并用小石块将空隙填塞，灌以砂浆，然后开始一层一层平砌。每砌 2~3 层就要大致找平后再砌。施工示意图如图 3-28 所示。

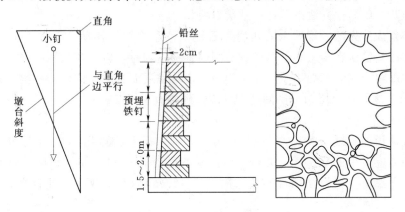

图 3-28 基础施工示意图

2. 墩台身砌筑

当基础砌筑完毕，并检查平面位置和高程均符合设计要求后，即可砌筑墩台身。砌筑前应将基础洗刷干净。砌筑时，桥墩先砌上下游圆头石或分水尖，桥台先砌筑墩台身，后在砌石料上挂线，砌筑边部外露部分，最后填筑腹部。

墩台身可采用浆砌片石、块石或粗料石砌筑（内部均用片石填腹）。表面石料一般采用一丁一顺的排列方法，使之连接牢固。墩台砌筑时应进度均匀，高低不应相差过大，每砌 2~3 层应大致找平。

为了美观和更好地防水，墩台表面砌缝，靠外露面需另外勾缝，靠隐蔽面随砌随刮平。勾缝的形式，一般采用凸缝或平缝，浆砌规则块材也可采用凹缝。勾缝砂浆强度等级应按设计文件规定，一般主体工程用 M10，附属工程用 M7.5。砌筑时，外层砂浆留出距石面 1~2cm 的空隙，以备勾缝。勾缝最好在整个墩台砌好后，自上而下进行，以保证勾缝整齐干净。如图 3-29 所示为勾缝示意图。

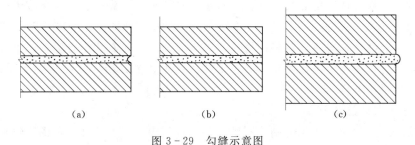

(a)　　　　　　　　　(b)　　　　　　　　　(c)

图 3-29 勾缝示意图

3.2.2.2 墩台砌筑的施工工艺

1. 浆砌片石

(1) 灌浆法。砌筑时片石应水平分层铺放，每层高度 15~20cm，空隙应以碎石填塞，灌以流动性较大的砂浆，边灌边撬。对于基础工程，可用平振器振捣，振捣时平板振捣器应放置在石块上面的砂浆层上振动，直至砂浆不再渗入砌体后，方可结束。

(2) 铺浆法。先铺一层座灰，把片石铺上，每层高度一般不超过 40cm，并选择厚度合适的石块，用作砌平整理，空隙处先填满较稠的砂浆，再用适当的小石块卡紧填实。然后再铺上座灰，以同样方法继续铺砌上层石块。

（3）挤浆法。先铺一层座灰，再将片石铺上，左右轻轻揉动几下，再用手锤轻击石块，将灰缝砂浆挤压密实。在已砌好片石侧面继续安砌时，应在相邻侧面先抹砂浆，再砌片石，并向下和抹浆的侧面用手挤压，用锤轻击，使下面和侧面的砂浆挤实。分层高度宜在 70～120cm 之间，分层与分层间的砌缝应大致砌成水平。

2. 浆砌块石

一般多采用铺浆法和挤浆法。砌体应分层平砌，石块丁顺相间，上下层竖缝应尽量错开，错缝距离应不小于 8cm，分层厚度一般不小于 20cm。对于厚大砌体，如不易按石料厚度砌成水平层时，可设法搭配，使每隔 70～120cm 能够砌成一个比较平整的水平层，如图 3-30（a）所示。

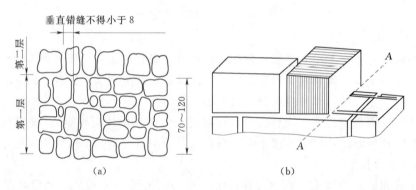

图 3-30　块石砌筑示意图

3. 浆砌粗石料

砌筑前应按石料及灰缝厚度，预先计算层数，使其符合砌体竖向尺寸。石块上下和两侧修凿面都应和石料表面垂直，同一层石块和灰缝宽度应取一致。

砌筑时宜先将已修凿的石块试摆，为求水平缝一致，可先干放于木条或铁棍上，然后将石块沿边棱（A—A）翻开 [见图 3-30（b）]，在石块砌筑地点的砌石上及侧缝处铺抹砂浆一层并将其摊平，再将石块翻回原位，以木槌轻击，使石块结合紧密，垂直缝中砂浆若有不满，应补填插捣至溢出为止。石块下垫放的木条或铁棍，在砂浆捣实后即行取出，空隙处再以砂浆填补压实。

3.2.2.3　砌筑时的注意事项

为了使各个石块而成的砌体结合紧密，能抵抗作用在其上的外力，砌筑时必须做到下列几点：

（1）石料在砌筑前应清除污泥、灰尘及其他杂质，以免妨碍石块与砂浆的结合。在砌筑前应将石块充分润湿，以免石块吸收砂浆中的水分。

（2）浆砌片石的砌缝宽度不得大于 4cm，浆砌块石不得大于 3cm，浆砌料石不得大于 2cm。上下层砌石应相互压叠，竖缝应尽量错开，浆砌粗料石，竖缝错开距离不得小于 10cm，浆砌块石不得小于 8cm，这样集中力将由一个柱体承受（见图 3-31）。

（3）应将石块大面向下，使其有稳定的位置，不得在石块下面用高于砌砂浆层厚度的

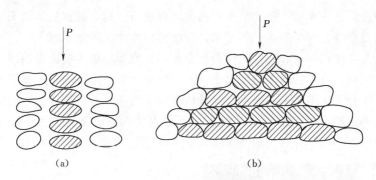

图 3-31　浆砌片石竖缝示意图

石块支垫。

（4）浆砌砌体中石块都应以砂浆隔开，砌体中的空隙应用石块和砂浆填满。

（5）在砂浆尚未凝固的砌层上，应避免受外力碰撞，砌筑中断后应洒水润湿，进行养护。重新开始砌筑时，应将原砌筑表面清扫干净，洒水润湿，再铺浆砌筑。

3.2.3　墩台施工质量检查和控制

对砂浆及小石子混凝土的抗压强度应按不同强度等级、不同配合比分别制取试件，对重要及主体砌筑物，每工作班应制取试件 2 组，对一般及次要砌筑物，每工作班可制取试件 1 组。

小石子混凝土抗压强度评定方法同一般混凝土，砂浆抗压强度合格条件如下：

（1）同等级试件的平均强度不低于设计强度等级。

（2）任意一组试件最低值不低于设计强度等级的 75%。砌体质量应符合下列规定：

1）砌体所用各项材料类别、规格及质量符合要求；

2）砌缝砂浆或小石子混凝土铺填饱满，强度符合要求；

3）砌缝宽度、错缝距离符合规定，勾缝坚固，整齐，深度和形式符合要求；

4）砌筑方法正确；

5）砌体位置、尺寸不超过允许偏差，其允许偏差参见《公路桥涵施工技术规范》（JTJ041—2000）。

3.3　墩台附属工程施工技术

3.3.1　墩台附属工程的种类及范围

3.3.1.1　翼墙、锥体护坡

翼墙、锥坡是用来连接桥台和路堤的防护建筑物，它的作用是稳固路堤，防止水流的冲刷。

设翼墙的桥台称为八字形轻型桥台。翼墙设于桥台两侧，在平面上行成"八"字，立面上为一变高度的直线墙，其坡度变化与台后路堤边坡的坡度相适应，翼墙的竖直截面为梯形，翼墙顶设帽石。翼墙一般为浆砌片石或浆砌块石结构。根据地基情况，翼墙基础采用浆砌片石或石混凝土。如图 3-32 所示，为锥体护坡的实际效果图。

锥坡一般与实体式桥台、埋置式桥台配套使用，底面一般为椭圆形曲线，锥体坡顶与路基外侧边沿同高。当台后填土高度大于 6cm，路堤边坡采用变坡时，锥坡也应作相应变坡处理，以相配合，如图 3-33 所示。锥坡内部砂土或卵砾石填筑夯实，表面用片石干砌或浆砌，一般砌筑厚度为 20～35cm。坡脚以下根据地基情况及流速大小设置基础，或将坡脚伸入地面以下一段，并适当加厚趾部，如图 3-34 所示。

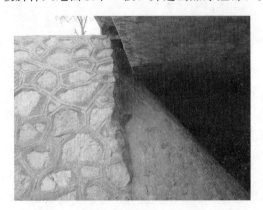

图 3-32　锥体护坡实际效果图

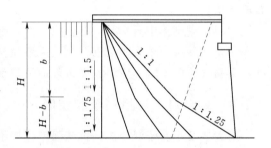

图 3-33　$H>6m$ 锥体护坡的变坡处理

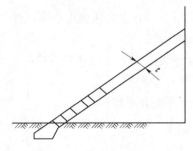
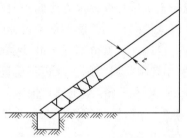

图 3-34　片石护坡及基础处理

在受水流冲刷影响的地方，锥体可以考虑采用铺盖草皮或干砌片石网格代替满铺的片石铺筑，也可以将锥坡的下段用片石满铺，但上段铺草皮，以节约圬工数量。

3.3.1.2　桥头搭板

近几年来，随着我国高速公路建设步伐的加快，如何有效控制桥头跳车，保证公路交通安全和高速运营已越来越引起人们的广泛关注。桥头跳车是普遍且复杂的问题，它涉及路堤沉降、台背回填、桥台类型等众多因素。但桥头跳车的直接原因是刚性结构物桥台与路堤连接处在行车荷载的反复作用下产生较大的沉降变形差异。因为桥台结构物刚度大，基础一般都经过处理，沉降很小，而台背路堤是一种刚度很小的非线性材料，在行车荷载的作用下产生较大的塑性变形，而且不同的土质需要不同的时间才趋于稳定。

桥头搭板是用于防止桥端连接部分的沉降而采取的措施。它搁置在桥台或悬臂梁板端部和填土之间，随着填土的沉降而能够转动。车辆行驶时可起到缓冲作用，即使台背填土沉降也不至于产生凹凸不平。

3.3.2 附属工程的施工

3.3.2.1 锥体护坡的放样

锥体护坡常用的放样方法有：图解法和直角坐标法。

1. 图解法

（1）双圆垂直投影图解法。根据锥体的高度 H 和坡率 m、n，计算出锥坡底面椭圆的长半轴 a 和短半轴 b，从桥台前墙角点 E 沿纵向量取短半轴 b 值得 O 点，以 O 点为圆心，以 a 和 b 为半径，画出四分之一同心圆，然后将圆同分成若干等分，由等分点 1、2、3、…，分别与圆心相连，得到若干条径向直线，从各条径向线与两个圆周的交点因互相垂直的线，交于 P_1、P_2、P_3 等点，为椭圆上的点，连接 E、P_1、P_2、P_3、…、F 即为所需四分之一椭圆曲线，如图 3-35 所示。

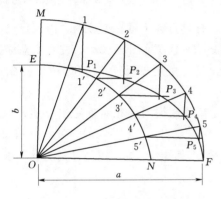

图 3-35　双圆垂直投影简图

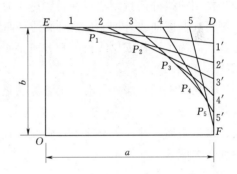

图 3-36　交会法简图

（2）交会图解法。自桥台前墙角点 E 沿桥台宽（横桥向）量取长半轴 a，得 D 点作 ED 的垂直线 OF，使 $OF = b$（短半轴），将 ED、DF 分别等得等分点 1、2、3、…及 $1'$、$2'$、$3'$、…，然后将各分点分别相连得各连线 E_1、12、23、34、…、6F 的交点 P_1、P_2、P_3、…连接 E、P_1、P_2、P_3、…、F 各点得锥坡底的边线，即 1/4 椭圆曲线，如图 3-36 所示。

以上两种方法只能用于锥体护坡坡角在同一水平面上。当地形起伏变化较大时，可先在图纸上以 1：50 或 1：100 的比例尺，用图解法画出椭圆，并求出椭圆曲线上若干点得定位距离（双距），再把这些点拿到实地放样。

2. 直角坐标法

（1）椭圆曲线内侧量具法。先根据锥形护坡的高度和坡率 m 及 n 计算出锥坡地面的长、短半轴。

长半轴为 a，短半轴为 b，坐标计算公式为

$$x = na$$
$$y = b\sqrt{1 - n_2}$$

式中　n——等分值，若长半轴等分 10 份，则 $n_i = i/10$，$i = 1, 2, 3, \cdots, 10$。

一般把 a 分成 10 等分，每一等分的长度等于 $a/10$。第一等分值为 $n_1 = 1/10$，第二等

分值为 $n_2＝2/10$，以此类推 n_3、n_4、…将等分值代入上列公式可计算各纵坐标 y_1、y_2、y_3、…值。由此坐标值，从椭圆曲线内侧量距，即可放出椭圆曲线，如图 3-37 所示。

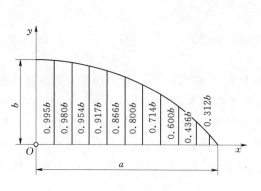

图 3-37 椭圆曲线示意图

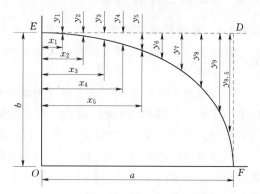

图 3-38 椭圆曲线外侧量距法示意图

（2）椭圆曲线外侧量距法。在桥梁施工时，有时将弃土堆在锥坡内，内测量尺，发生困难，则可在椭圆曲线外即 OF 轴对面的平曲线 ED 上（见图 3-38），按直角坐标值测定曲线上各点，为了校核 ED 线长度和方向是否正确，可用皮尺连 EF 和 DF，构成直角三角形 EDF，定出 D 点。

（3）对角线上量距法。有时按上述方法量距离遇障碍时，很难确定出 y 值，可以 AB 连接为基线，分 AB 线为 10 等分，在此线上有 B 点量出 n_ic（$n_i＝0.1$，0.2，…，1，c 为对角线分度）距离，并在平行于 OB 轴线方向量 y_n 值得 p_n 点，用同样的方法定出各点，连接曲线，如图 3-39 所示。

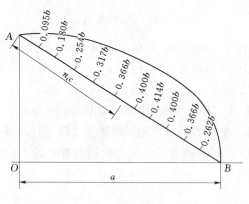

图 3-39 对角线上量距法

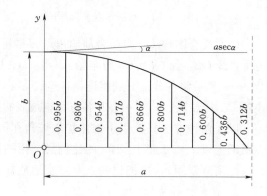

图 3-40 斜桥锥坡放样法原理

（4）斜桥锥坡放样法。对于地形平坦，干地、高度不大的锥坡，椭圆曲线仍可采用坐标值量距法定点放样，但不能直接使用前述直角坐标值，必须根据桥梁与河道间的交角大小，将 a 值乘以不同的角度系数值 c，只要知道斜度 a，算出 $c＝\sec\alpha$，然后用 c 值乘以横坐标值，即 $x＝nia\sec\alpha$。如图 3-40 所示。

3.3.2.2　锥体护坡的施工要点

（1）石砌锥坡、护坡和河床铺砌层等工程，必须在坡面或基面夯实，整平后，方可开始铺砌，以保证护坡稳定。

（2）锥坡填土易采用透水性的土壤，不得采用含有泥草、腐殖物或冻土块的土。

（3）填土应在接近土料最佳含水量的情况下，采用分层填筑，分层夯实，每层压实厚度不超过 25～30cm，密实度一般达到 90％～98％。砂砾土类，可以洒水、夯填；采用不易风化的块石填料，应注意层次的均匀、铺填密实不可自由堆砌。有坡面防护的锥坡，在锥坡填土时，应留出坡面防护的砌筑位置。

（4）锥体填土应按设计高程及坡度填足，砌筑片石厚度不够时再将土挖去，不允许填土不足，临时边砌石边补填土锥坡拉线放样时，坡顶应预先放高约 2～4cm，使锥坡随同锥体填土沉降后坡度仍符合设计规定。

（5）砌石时，放样拉线应拉紧，表面要平顺，锥坡片石背后应按规定做碎石倒滤层，防止锥体土方被水侵蚀变形。坡面砌筑一般采用干砌或浆砌片石，并以碎石或砂做垫层，随砌随垫保证垫层厚度。砌筑时，必须做到垫层密实，石块相互挤紧，砌缝砂浆饱满，防止出现空洞，以免雨水风浪袭击，造成坍塌；特别是坡脚部分与基础衔接处更加注意。

（6）锥坡与路肩或地面的连接必须平顺，以利排水，避免砌体背后冲刷或渗透坍塌。

（7）在大孔土地区，应检查锥坡基底及其附近有无陷穴，并彻底进行处理，保证锥坡稳定。

（8）干砌片石锥坡，用小石子砂浆勾缝时，应尽可能在片石护坡砌筑完后间隔一段时间，待锥体基本稳定再进行勾缝，以减少灰缝开裂。

（9）砌体勾缝除设计有规定外，一般可采用凸缝或平缝，且宜待坡体土方稳定后进行。浆砌砌体，应在砂浆初凝后，覆盖养护 7～14d。养护期间应避免碰撞、振动或承重。

（10）锥坡填土应与台背填土同时进行，并应按设计宽度一次填足。

3.3.2.3 台后填土要求

（1）台后填土应与桥台砌筑协调进行。填土宜采用透水性材料，不得采用含有泥草、腐殖物或冻土块的土。

（2）台背填土顺路线方向长度，应自台身起，顶面不小于桥台高度加 2m，底面不小于 2m；拱桥台背填土长度一般不应小于台高的 3～4 倍。

（3）台背填土的质量直接关系到竣工后行车的舒适与安全，应严格控制分层厚度和密实度，设计专业人应负责监督检查，检查频率每 $50m^2$ 时至少检验一点，每点都应合格，宜采用小型机械压实。透水性材料不足时，可采用石灰土或水泥稳定土回填；回填土的分层夯实宜为 0.1～0.2m。高速公路和一级公路的桥台、涵台背后和涵洞顶部的填土压实度标准，从填土基底或涵洞顶部至路床顶面均为 95％，其他公路为 93％。软土地基的台背填土应符合设计要求。

（4）台背填土的顺序应符合设计要求。拱桥台背填土必须与拱圈施工的程序相配合，使拱的推力与台后侧压力保持一定的平衡；填土宜在主拱圈安装或砌筑以前完成。梁式桥的轻型桥台台后填土，宜在梁体安装完成以后，在两侧对称地进行；柱式桥台台背填土，宜在柱侧对称、平衡地进行。设计有专门要求的，应设计要求办理。

3.3.2.4 台后搭板的施工要点

（1）设置搭板是解决台后错台跳车的重要工程措施，其效果与搭板之下的路堤压缩程度和搭板长度有密切关系。日本高速公路规定使用期台后错台高度须小于 2cm。

（2）桥头搭板应设置一个较大的纵坡 i_2，若路线纵坡为 i_1，则搭板纵坡应符合 10%$\leq i_2-i_1\leq$15%，以保证在台后长度方向上的沉降分布较均匀，并逐渐减小。搭板的末端顶面应与路基顶面平齐。搭板前端顶面应留有路面面层的厚度。

（3）对台后填土应有严格的压实要求，应先清理基坑，使其尺寸符合要求。接着进行基底压实，如压路机使用困难，可用小型手推式电动振动打夯机压实，并用环刀法测定压实度。基底之上填筑并压实岩渣，其最大粒径应小于 12cm，含泥量应小于 8%，压实后的干密度应不小于 2t/m³。达到规定高程后，便可填筑并压实二灰碎石，一般可用 12～15t 压路机压实，每层碾 6～8 遍。对于边角部位可用小型打夯机补压。可在填压达到搭板顶部的高程，压实或通行车辆一段时间后，再挖开浇筑搭板和枕梁。分层压实的厚度一般不大于 20cm。

（4）上述填筑台后路堤材料有困难时，至少应选用透水性良好的砂性土，或掺用 40%～70% 的砂石料。分层厚度 20～30cm，压实度不小于 95%。靠近后墙部位（1.5m 宽）可用小型打夯机，也可填筑片石及级配砂砾石，用振动器振实。用透水性材料填筑时，应以干密度控制施工质量。

（5）台背填筑前应在土基上或某一合适高度设置泄水管或盲沟，并注意将泄水管及盲沟引到路基之外。

（6）钢筋混凝土箱形通道的搭板可水平设置，但其上应留出路面面层的厚度。路堤填筑的施工要求与台后搭板相同。

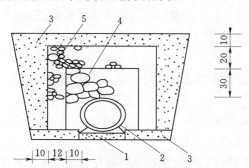

图 3-41 盲沟的一般构造（单位：cm）
1—渗水管基座；2—渗水管；3—粗砂砾；4—粒径 2～3cm 砾石；5—粒径小于 2cm 卵石

参见图 3-41。

3.3.2.5 台后泄水盲沟施工要点

盲沟的构造要求有以下几方面：

（1）地下较小时，泄水盲沟以片石、碎石或卵石等透水材料砌筑，并按坡度设置。沟底用黏土夯实，盲沟应建在下游方向，出口处应高出一般水位 0.2m。平时无水的干河沟应高出地面 0.3m。

（2）若桥台在挖方内，横向无法排水时，泄水盲沟在平面上可在下游方向的锥体填土内折向桥台前端排水，在平面上成 L 形。

（3）地下水较大时，盲沟的一般构造可

盲沟施工时应注意下列事项：

（1）盲沟所用各类填料应洁净、无杂质，含泥量应小于 2%。

（2）各层的填料要求层次分明，填筑密实。

（3）盲沟应分段施工，当日管填料一次完成。

（4）盲沟滤管一般采用无砂混凝土管或有孔混凝土管，也可用短节混凝土管代替，但应在接头处留 1～2cm 间隙，供地下水渗入。

（5）盲沟滤管基底应用混凝土浇筑，并与滤管密贴，纵坡应均匀，无反向坡；管节应逐渐检查，不合格者不得使用。

（6）管道安装完毕后，应将管内砂浆残渣、杂物清除干净。

复 习 思 考 题

（1）梁桥桥墩有哪几种类型，各自的适用范围是什么？

（2）梁桥台有哪几种类型，各自的适用范围是什么？

（3）拱桥桥墩有哪几种类型，各自的适用范围是什么？

（4）拱桥桥台有哪几种类型，各自的适用范围是什么？

（5）梁桥重力式桥墩荷载不利布置方式有哪种？

（6）与梁桥相比，拱桥重力式桥墩的荷载组合有哪些不同？

（7）重力式桥墩验算有哪些内容？

（8）梁桥重力式桥台荷载不利布置方式有哪几种？

（9）双柱式盖梁的计算要点是什么？

第4章 钢筋混凝土简支梁施工

4.1 概　述

4.1.1 预制装配式

预制装配式是指把提前做好的预制梁运输到施工现场，采用一定的架设方法进行安装、搭设。其施工过程包括简支梁的预制、运输和安装搭设三部分，其中搭设是关键部分。根据桥梁结构要求进行结构体系转换。

一般地，用预制装配式施工的装配式梁桥与就地浇筑的整体式梁桥相比，有如下特点：

（1）由于是工场生产制作，构件质量好，有利于确保构件的质量和尺寸精度，并尽可能多地采用机械施工。

（2）上下部结构可以平行作业，因而可缩短现场工期。

（3）能有效地利用劳动力，并由此而降低了工程造价。

（4）由于施工速度快，可适用于紧急施工工程。

（5）将构件预制后由于要存放一段时间，因此在安装时已有一定龄期，可减少混凝土收缩、徐变引起的变形。

（6）由于后期要浇筑湿接缝等横向联系，需预先埋设预埋筋，故用钢量略有增加。

4.1.2 就地浇筑法

就地浇筑法是一种古老的制梁时需在桥位处搭设支架和模板，然后在支架上浇筑混凝土，达到强度后拆除模板、支架，最终形成混凝土简支梁。其缺点是需用大量的模板和支架，一般仅在制作小跨径桥梁或在交通不便的边远地区制梁时采用。随着桥梁结构形式的发展以及近年临时钢构件和万能杆件系统的大量应用，在其他方法不适用或经过比较施工方便、费用较低时，一些中、大型桥梁中也采用就地浇筑法来制造混凝土简支梁。例如，在城市立交桥、高架桥施工中，简支箱梁的制造大多采用就地浇筑法。

就地浇筑法的主要特点如下：

（1）占用场地少，直接在现场浇筑成型。

（2）无需大型起吊、运输设备。

（3）桥梁整体性好。

（4）施工中无体系转换。

（5）工期长，施工质量不容易控制。

（6）施工中的支架、模板耗用量大，施工费用高。

（7）对预应力混凝土梁而言，由于混凝土的收缩、徐变引起的应力损失大。

（8）在施工过程中，搭设支架会影响到排洪、通航。

4.2 施 工 支 架 与 模 板

4.2.1 支架类型与构造

支架按其构造分为立柱式、梁式和梁-柱式支架。按材料可以分为木支架、钢支架、钢木混合支架和由万能杆件支架拼装而成的支架等。工程应用上常见的分类主要是按构造来划分的，如图4-1所示。

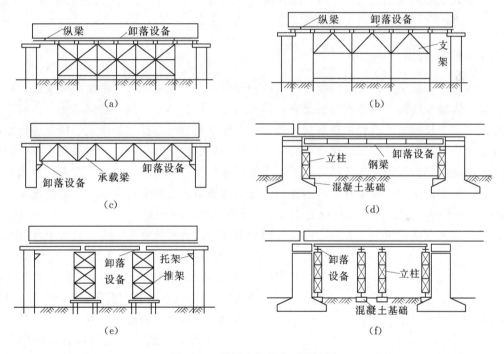

图4-1 常用支架的主要构造图
（a）、（b）为立柱式；（c）、（d）为梁式；（e）、（f）为梁-立柱式

4.2.1.1 立柱式支架

立柱式支架构造简单，常用于陆地或不通航河道以及桥墩不高的小跨径桥梁施工。支架通常由排架和纵梁等构件组成。排架由枕木或桩、立柱和盖梁组成。一般排架间距4m，桩的入土深度按施工要求设置，最小不得少于3m。当水深大于3m时，柱要用拉杆加强，一般需在纵梁下布置卸落设备。

立柱式支架也可采用ϕ48mm、壁厚3.5mm的钢管搭设，水中支架需先设基础、排架桩，钢管支架在排架上设置。陆地现浇桥梁，可在整平的地基上铺设碎石层或砾石层，在其上浇筑混凝土作为支架的基础，钢管排架纵横向密排，下设槽钢支撑钢管，钢管间距依桥高及现浇梁自重、施工荷载的大小而定，通常为 0.4～0.8m。钢管由扣件接长或搭接，上端用可调节的槽形顶托固定纵、横木龙骨，形成立柱式支架。搭设钢管支架要设置纵横向水平杆加劲，桥较高时还需加剪刀撑，水平加劲与剪刀撑均需扣件与立柱钢管连成整体。排架顶高程度考虑设置预拱度。

4.2.1.2　梁式支架

梁式支架由承重梁、立柱等组成。承重梁承受模板传来的荷载，承重梁将荷载传给立柱，最后传至基础。当跨径小于 10m 时可采用工字钢梁，当跨径大于 20m 时一般采用钢桁架。梁可支撑在墩旁支柱上，也可支撑在桥墩上预留的托架或桥墩处临时设置的横梁上。

4.2.1.3　梁-柱式支架

当梁式支架跨度比较大时，在跨的中间再设置几个立柱，它可在大跨径的桥上使用，梁支撑在多个立柱或临时墩上而形成多跨梁柱式支架。

4.2.2　模板构造

在现今桥梁施工中，常见的模板有木模和钢模。对于木模而言，考虑到环境保护问题等，应尽量减少使用。对于钢模板而言，即可广泛使用。鉴于不同的桥梁结构，也有采用的是钢木结合模板、土模和钢筋混凝土模板等。模型类型的选择主要取决于同类桥跨结构的数量和模板材料的供应。当建造单跨或者多跨不等的桥梁结构时，一般采用木模；而对于多跨相同跨径的桥梁，为了经济可采用大型模板块件组装或用钢模。实践表明：模板工程的造价与上部结构主要工程造价的比值，在工程数量和模板周转次数相同的情况下，木模为 4%～10%；钢筋混凝土模板为 3%～4%；钢模为 2%～3%。

模板制造宜选用机械化方法，以保证模板形状的正确和尺寸的精度。模板制作尺寸与设计的偏差、表面局部平整度、板间缝隙宽度和安装偏差均应符合有关规定。尤其要保证模板构造具有足够的强度、刚度和稳定性。

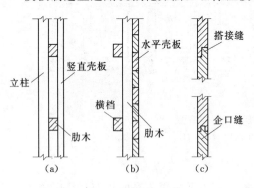

图 4-2　木模构造图

4.2.2.1　木模的构造

木模包括用胶合板或竹胶板制成的大型整体定型的块件模板，它可按结构要求预先制作，然后在支架上用连接杆迅速拼装。其优点是散装散拆，也有的加工成基本元件（拼板），在现场进行拼装，拆除后亦可反复使用，如图 4-2 所示为木模构造图。

钢筋混凝土肋式桥梁结构的木模主要由横向内框架、外框架和模板组成。框架由竖向的和水平的以及斜向的方木或木条用钉或螺栓结合而成。框架间距一般为 0.7～1m，模板厚度一般为 40～50mm。在梁肋的模板之间设置穿过混凝土撑块的螺栓，以减少模板及框架的变形，保证梁体的施工尺寸符合设计要求。如图 4-3 和图 4-4 所示为不同类型木模的构造图。

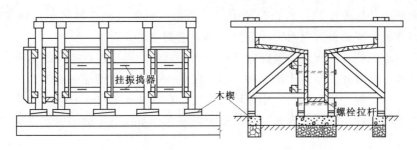

图 4-3 T形梁木模构造图

4.2.2.2 钢模的构造

钢模板一般都做成大型组件，一般长约 3～8m，由钢板和劲性骨架焊接而成，钢板厚度为 4～8mm。骨架由水平肋和竖向肋组成，肋由钢板或角钢做成，肋条距为 0.5～0.8m。大型钢模板组件之间采用螺栓或销连接。在梁的下部，常由于密布受力钢筋或预应力钢筋，使得混凝土浇筑比较困难。因此，一般在钢模板上开设天窗，以便混凝土的浇筑和振捣。多次周转使用的钢模，在使用前可用化学方法或机械方法清扫，在浇筑

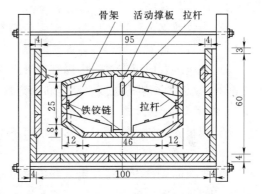

图 4-4 空心板梁木制芯模构造

混凝土前，在模板内壁涂润滑油或废机油，以利脱模。如图 4-5 和图 4-6 所示，为 T 形梁、箱梁钢模构造图。

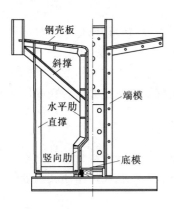

图 4-5 T形梁钢模板

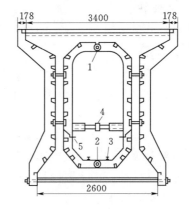

图 4-6 箱梁钢模板
1—上铰；2—下铰；3—轨道；4—伸缩杆；5—接缝

4.2.3 模板和支架的制作与安装

4.2.3.1 模板、支架的一般要求

（1）为保证结构位置和尺寸的准确，支架、模板必须有足够的强度、刚度和稳定性。同时为了减少变形，其组成构件主要选用受压或受拉形式，并减少构件接缝数量。

（2）荷载的计算要准确，特别是施工时的人员、材料、机具等行走运输或堆放的荷载，在进行模板、支架设计时要考虑周到，不要遗漏。

（3）在河道中施工的支架，要充分考虑洪水和漂流物以及过往船只的影响，要制定合理的安全措施。同时在安排施工进度时，尽量避免在中高水位情况下施工。

（4）支架、模板在受荷后会产生变形与挠度，在安装前要有充分估计和计算，在安装时设置合理的预拱度。同时在模板、支架安装时应探测清楚其下面的地基情况，并做地基处理。

（5）为减少施工现场的安装和拆卸工作，尽可能利用定型设计的大型钢模板及定型的钢支架，以提高效率。

（6）为保证支架稳定，应防止支架与脚手架和便桥等接触。

（7）模板的接缝必须密合，如有缝隙，须堵塞严密，以防跑浆。

（8）模板应有内撑支撑。内撑有钢管内撑、钢筋内撑、硬塑料胶管内撑等类型。

4.2.3.2 模板和支架的强度、刚度和稳定性要求

1. 强度及刚度要求

验算模板、支架的刚度时，其变形值不得超过规范规定。

2. 稳定性要求

（1）支架的立柱应保持稳定，并用撑拉杆固定。当验算模板及其支架在自重和风荷载等作用下的抗倾倒稳定时，验算倾覆的系数不得小于1.3。

（2）支架受压构件纵向弯曲系数，可按现行《公路桥涵钢结构及木结构设计规范》（JTJ 025—86）进行计算。

（3）主要受压构件的长细比为150，次要受压构件的长细比为200。

4.2.3.3 模板的计算

根据荷载组合算出作用在模板上的竖向压力和水平压力后，按模板构造进行布置即可计算模板的强度和刚度。

对于木模板，水平侧模可按两跨连续计算其弯矩和挠度。立柱则承受水平侧模左、右各半跨的压力，也可作两跨连续梁计算，支座为混凝土填块与螺栓处。底模的计算与上述情况相似。

钢模板的主要计算内容包括如下几点：

（1）模板强度验算。取侧模板中四周焊有加劲肋条的最大一块板作为计算单元，按四边嵌固的板进行强度验算。四边嵌固板承受满面均匀荷载时，在长边中间支点处的负弯矩最大，可按下式计算：

$$M = -Aql_a^2 l_b$$

式中 A——内力计算系数，与 l_a/l_b 有关，可查阅公路设计手册中的有关表格；

   l_a、l_b——板的短边与长边长度；

   q——作用在模板上的侧向压力，包括在初凝前由湿混凝土对模板产生的侧向压力和施工设备等对模板产生的侧向压力之和。

当板的弯矩计算出后，即可按受弯构件进行强度验算。

（2）模板中心点的挠度计算。对四边嵌固的板单元，板中心点的挠度可按下式计算：

$$f = B \frac{q l_{a0}^4}{E h^3}$$

式中　B——计算挠度的系数，它与 LE 有关，可查表得到；

　　　q——作用在模板上的侧向压力；

　　　l_{a0}——板的净跨径；

　　E、h——钢板的弹性模量及厚度。

（3）模板支架的验算。模板支架的验算包括水平加劲肋、竖向加劲肋及斜撑杆的强度验算、挠度验算。

作用在水平加劲肋角钢上的荷载取用上、下板各半跨的侧向压力，可简化为简支梁进行强度和挠度验算。竖向加劲肋的计算与之相同。斜撑杆根据两端的嵌固情况，按中心受压杆进行强度和挠度验算。

4.2.3.4　模板和支架的安装

（1）安装前按图纸要求检查模板和支架的尺寸与形状，合格后才准进入施工现场。

（2）安装后不便涂刷脱模剂的内侧木板应在安装前涂刷脱模剂，底板模板安装后，绑扎钢筋前涂刷脱模剂。

（3）支架结构应满足立模高程的调整要求。按设计高程和施工预拱度立模。

（4）承重部位的支架和模板，必要时应在立模后预压，消除非弹性变形和基础沉降。预压重力相当以后所浇混凝土的自重；当结构分层浇筑混凝土时，预压重力可取浇筑混凝土自重的 80%。

（5）相互连接的模板，木板面要对齐，连接螺栓不要一次锁紧到位，整体检查模板线形，发现偏差及时调整后再锁紧连接螺栓，固定好支撑杆件。

（6）模板连接缝间隙大于 2cm 应用灰膏类填缝或贴胶带密封。预应力管道锚具处空隙大时要用海绵泡沫填塞，防止漏浆。

（7）遇 6 级以上大风时应停止施工作业。

4.3　钢筋骨架安装

4.3.1　钢筋的加工

桥梁工程中应用的钢筋分为普通钢筋和预应力钢筋两类，下面分别介绍两类不同用途钢筋的加工。

4.3.1.1　普通钢筋加工

目前桥梁施工中使用的普通钢筋，主要有 HPB235、HRB335、HRB400 以及 RRB400。

普通钢筋的加工，一般包括冷拉、冷拔、调直、剪切、弯曲、下料等。

1. 钢筋冷拉

钢筋冷拉是在常温下对热轧钢筋施加超过其屈服强度的拉应力，使其产生塑性变形，以达到调直钢筋、提高强度以及节约钢材的目的。冷拉钢筋一般不作受压钢筋使用，并且在受冲击荷载的构件中、负温度条件下或者非预应力的水工混凝土中，都不得使用冷拉钢筋。冷拉时，在保证冷拉后的钢筋应仍然具有一定的塑性，防止结构出现脆性破坏。

冷拉控制方式有两种，分别为单控和双控。前者是冷拉时只用冷拉率或者冷拉应力控制，施工简单方便，缺点是对于材质不均匀的钢筋，不可能逐根试验（逐根试验，费工费料，不可能这样做，有的同一根钢筋冷拉率也不一样），冷拉质量得不到保证。后者是指在冷拉时冷拉率和冷拉应力同时应用，称为双控，双控方法可以避免上述问题，预应力钢筋必须采用双控方法。冷拉时，对于控制应力还达不到控制应力，这种钢筋要降低强度使用。

冷拉后，应对钢筋质量作检查，是否在钢筋表面出现裂纹，或局部有颈缩现象，并且应针对其性能指标做拉力和冷弯试验。

2. 钢筋冷拔

（1）钢筋冷拔的概念。冷拔是用热轧钢筋（直径低于 8mm 以下）通过钨合金的拔丝模进行强力冷拔。与冷拉时受纯拉伸应力比，冷拔是同时受纵向拉伸和横向压缩作用，通过改变其物理力学性能以提高强度，可达 40％～90％，但冷拔后塑性大降低，应力应变的屈服阶段基本不再存在。

（2）冷拔基本工艺及影响因素。冷拔的工艺过程是：轧头（固定钢筋端部）—剥皮（清楚钢筋表层硬渣壳）—润滑（减少拔丝过程摩阻力）—拔丝（将钢筋通过特制的钨合金拔丝模孔强力拉拔成小直径钢丝）。冷拔质量的主要影响因素，是钢筋本身的质量和冷拔的总压缩率。本身质量应该保证同批材料的质量，不同钢号、直径要分堆堆放。总压缩率是指钢丝的横截面的缩减率，一般按下式计算：

$$\beta = (d_0^2 - d^2)/d_0^2 \times 100\%$$

式中　d_0——原料钢筋直径，mm；

　　　d——成品钢丝直径，mm。

β 越大，抗拉强度提高越大，同时，塑性降低也越多。因此 β 不宜过大或过小，一般控制在 60％～80％，所以直径 5mm 的钢丝由 $\phi8$ 钢筋拔制；直径 3.5～4mm 的钢丝由 $\phi6.5$ 的钢筋拔制。

（3）冷拔次数控制。由钢筋拔成钢丝一般要经过多次冷拔，冷拔次数对钢丝强度影响不大，但却影响生产率。因为次数过少，一次压缩率大，对拔丝机具要求高（功率要大），对拔丝模具损耗严重，还容易断丝；次数过多，钢丝的塑性降低也多，并且拔成的钢丝脆性大，容易断，生产率就会降低。次数的控制是控制每一次拉拔前后的直径比，一般合适的直径比为 1.15。

3. 钢筋调直

调直的方法分为人工调直和机械调直。人工调直是指人工在钢板上用锤子敲打。机械调直是采用调直机，也可以采用冷拉的方法调直，冷拉率控制在不大于 1％～2％。

4. 钢筋除锈

一般钢筋无需除锈，因为不严重的锈对连接性并无影响，锈在冷拉、调直等加工工序中，锈会自动脱落。但是，对于生锈严重仍需清理。除锈方法常用的有钢丝刷擦刷、机动钢丝轮擦磨、机动钢丝刷磨刷、喷砂枪喷吵；生锈很严重且有特殊要求的，可在硫酸或者盐酸池中进行酸洗除锈。

5．钢筋剪切

剪切是指钢筋的下料切断。根据不同的钢筋类型选择不同的剪切方法。常见的剪切机具有电动剪切机或液压剪切机（剪切 40mm 以下的）、手动剪切器（剪切 12mm 以下的）、氧炔焰切割、电弧切割（切割特粗钢筋）。

6．钢筋弯曲成型

40mm 以下的钢筋一般用专门的钢筋弯曲机弯曲成型，无弯曲机的也可以在工作台上手工弯制。不论采取什么方法，弯曲成型都应符合设计图纸的要求。

7．钢筋下料

钢筋的计算长度和实际施工所需要的长度是不一样的。因此，在施工前，应先做好钢筋下料表。钢筋下料主要包括两项工作：一是按设计图纸计算好各种钢筋的下料长度；二是选择适当的代换钢筋。

（1）下料长度计算：

直钢筋下料长度＝外包线长度＋弯钩加长值；

弯起钢筋（包括箍筋）的下料长度＝外包线总长度－弯曲调整值＋弯钩加长值。

（2）钢筋的代换：

当施工中缺少设计图纸中所要求的钢筋的品种或者规格，以现有的钢筋品种或者规格化替设计所要求的钢筋的品种或者规格，以促使施工按计划进度进行。

在钢筋代换中，应根据不同的情况采用不同的代换方法，总而言之，应遵循以下原则：

1）等强度代换：按钢筋承担的拉压、能力相等原则进行代换。

2）等面积代换：按钢筋面积相等的原则进行代换。

3）等弯矩代换：按抗弯能力相等的原则进行代换。

4）进行抗裂验算：对构件裂缝开展宽度有控制要求的，需要验算其抗裂要求。

5）满足构造要求：钢筋间距、最小直径、钢筋根数、锚固长度等。

4.3.1.2　预应力钢筋加工

目前预应力钢筋主要有高强钢丝、钢绞线、冷拉Ⅳ、热处理钢筋、冷拔低碳钢丝以及精轧螺纹钢筋等几种。下面介绍几种常用预应力钢筋的加工方法。

1．高强钢丝束的制备

钢丝束的制作包括下料和编束工作。高强碳素钢丝都是盘圆，若盘径小于 1.5m，则下料前应先在钢丝调直机上调直。对于在厂内先经矫直回火处理且盘径为 1.7m 的高强钢丝，则一般不必调直就可下料。如发现局部存在波弯现象，可先在木制台座上用木锤调直后下料。下料前除要抽样试验钢丝的力学性能外，还要测量钢丝的圆度，对于直径为 5mm 的钢丝，其正负容许偏差为＋0.8mm 和－0.4mm。

（1）钢丝调直。将钢丝从盘架上引出，经过调直机，用绞车牵引前进。钢丝调直机开动旋转时，在其内通过的钢丝受到反复的超过其弹限的弯曲变形而被调直。调直后将钢丝成直线存放，如果须将钢丝盘起来存放时，其盘架的直径应不小于钢丝直径的 400 倍，否则钢丝将发生塑性变形而又弯曲。

（2）钢丝下料。钢丝的下料长度应为：

$$L = L_0 + L_1$$

式中　L_0——构件混凝土预留孔道长度；

　　　L_1——固定端和张拉端（或两个张拉端）所需要的钢丝工作长度。

当构件的两端均采用锥形锚具、双作用或三作用千斤顶张拉钢丝时，其工作长度一般可取 140～160mm。当采用其他类型锚具的钢丝束，应保证每根钢丝下料长度相等，这就要求钢丝在控制应力状态下切断下料，控制应力为 300MPa。因此，直径为 5mm 的钢丝都在 6.0 拉力下切断。

（3）编束。将钢丝对齐后穿入特制的植丝板，边植理钢丝边每隔 1～1.5m 衬以长 3～4cm 的螺旋衬圈或短钢管，并在设衬圈处用 2 号铁丝缠绕 20～30 道捆扎成束。这种制束工艺对钢丝防扭结、防锈、压浆有利，但操作较麻烦。另一种编束方式是每隔 1～1.5m 先用 18～20 号铅丝将钢丝编成帘子状，然后每隔 1.5m 设置一个螺旋衬圈并将编好的帘子绕衬圈围成圆束。绑扎好的钢丝束，应挂牌标出其长度和设计编号，并按编号分批堆放，以防错乱。当采用环销锚具时，钢丝宜先绑扎成小束而后绑扎成大束。绑束完毕后，在钢丝束的两端按分丝的要求，将钢丝束分成内外两层，并分别用铅丝编结成帘状或做出明显的标志，以防两端内外层钢丝交错张拉。

2. 钢绞线的制备

钢绞线是用若干根钢丝围绕一根中心芯丝绞捻而成的。如 7ϕ5.0 钢绞线系出 6 根直径为 5mm 的钢丝围绕一根直径为 5.15～5.20mm 的钢丝扭结后，经低温回火处理而成。出厂时缠于侧盘上。使用时按需要长度下料（下料长度由孔道长度和工作长度决定）。钢绞线在下料方法有氧气-乙炔切割法、电弧熔割法和机械切割法。此外，线轮是一种新的较为快速方便的方法，在国外的预应力体系中采用较多，国内也有采用。钢绞线在编束应进行预拉，或在梁上张拉前进行。钢绞线的成束也可采用与钢丝束编扎相同的方法，即用 18～20 号铅丝每隔 1～1.5m 绑扎一道。当采用专门穿束机时，钢绞线不需预拉和编束。

4.3.2　钢筋的连接

钢筋连接有三种常见的连接方法：绑扎连接、焊接连接和机械连接。

4.3.2.1　绑扎连接

绑扎连接目前仍是钢筋连接的主要手段之一。钢筋绑扎时，钢筋交叉点用铁丝扎牢；板和墙的钢筋网，除外围两行钢筋的相交点全部扎牢外，中间部分交叉点可相隔交错扎牢，保证受力钢筋位置不产生偏移；梁和柱的箍筋应与受力钢筋垂直设置，弯钩叠合处应沿受力钢筋方向错开设置。受拉钢筋和受压钢筋接头的搭接位置和搭接长度，应符合施工及验收规范的规定。

4.3.2.2　焊接连接

1. 闪光对焊

闪光对焊，又分加预热闪光对焊和不加预热的连续闪光对焊，是将两钢筋安放成对接形式，利用焊接电流通过两钢筋接触点产生塑性区及均匀的液体金属层，迅速施加顶锻力完成的一种压焊方法。

这种方法具有生产效益高、操作方便、节约能源、节约钢材、接头受力性能好、焊接质量高等很多优点，故钢筋的对接连接宜优先采用闪光对焊。钢筋对焊完毕，应对接头进行外观检查，并按批切取部分接头进行机械性能试验。

2. 电弧焊

将一根导线接在被焊钢筋上，另一根导线接在夹有焊条的焊钳上。将接触焊件接通电流，立即将焊条提起 2～3mm，产生电弧，电弧温度高达 4000℃，将焊条和钢筋熔化并汇合成一条焊缝接头。

这种方法具有轻便、灵活的特点，可用于平、立、横、仰全位置焊接，适用于构件厂内，也适用于施工现场。可用于钢筋与钢筋，以及钢筋与钢板、型钢的焊接。焊接完后，需要对接头作外观检查和机械性试验，以保证施工搭接质量。

3. 电渣压力焊

电渣压力焊是将两钢筋安放成竖向对接形式，利用焊接电流通过两钢筋端面间隙，在焊剂层下形成电弧过程和电渣过程，产生电弧热和电阻热，熔化钢筋、加压完成的一种焊接方法。这种方法操作方便、效率高，主要用于柱、墙、烟囱、水坝等现浇钢筋混凝土结构（建筑物、构筑物）中竖向或斜向（倾斜度在 4：1 范围内）受力钢筋的连接。焊接完后，需要对接头做外观检查和拉伸试验。

4. 气压焊

采用氧炔焰或氢氧焰将两钢筋对接处进行加热，使其达到一定温度，加压完成的方法称为气压焊。

这种方法设备轻便，可进行钢筋在水平位置、垂直位置、倾斜位置等全位置焊接。

5. 埋弧压力焊

埋弧压力焊是将钢筋与钢板安放成 T 形，利用焊接电流通过，在焊剂层下产生电弧，形成熔池，加压完成的一种压焊方法。该方法生产效率高，质量好，适用于各种预埋件 T 形接头钢筋与钢板的焊接，预制大批量生产时，经济效益尤为显著。

4.3.2.3 机械连接

目前，钢筋的机械连接方式主要有以下三种。

1. 套筒挤压连接

套筒挤压连接的连接方法是通过挤压力使钢套筒塑性变形，从而与带肋钢筋紧密咬合连接在一起，其主要有径向挤压连接和轴向挤压连接两种形式。对于轴向挤压连接，因为现场施工不方便以及接头质量不稳定，没有得到推广；而径向挤压连接。由于其优良质量，套筒挤压连接接头在我国从 20 世纪 90 年代初至今被广泛应用于建筑工程中。对于挤压接头，应提供有效的形式检验报告，并且做工艺检查，以及相关的质量检查与检验。

2. 锥螺纹连接

通过钢筋端头特制的锥形螺纹和钢筋锥形螺纹咬合而成钢筋连接的方法称为锥螺纹连接。其优点是克服了套筒挤压连接技术存在的不足，占用工期短，无需大的连接机具。其缺点是由于加工螺纹而削弱了母材的横截面积，降低了接头强度，一般只能达到母材实际抗拉强度的 85％～95％，使得质量不够稳定。

对于连接时，使用的力矩值，应符合有关要求。对于质量检验和施工安装用的力矩值应分开使用，不得混用。在连接后，需对连接处做连接质量检验，对于不合格的接头应进行补强。

　　3．直螺纹连接

　　等强度直螺纹连接方式质量稳定可靠，连接强度高，可与套筒挤压连接接头相媲美，而且又具有锥螺纹接头施工方便、速度快的特点，因此，直螺纹连接技术的出现给钢筋连接技术带来了质的飞跃。

　　目前我国直螺纹连接技术呈现出百花齐放的景象，出现了多种直螺纹连接形式。直螺纹连接接头主要有镦粗直螺纹连接接头和滚压直螺纹连接接头。这两种工艺采用不同的加工方式，增强钢筋端头螺纹的承载能力，达到接头与钢筋母材等强的目的。

4.3.3　钢筋的拼装、运输和质量要求

4.3.3.1　钢筋骨架的拼装

　　用焊接的方法拼接骨架时，应用样板严格控制骨架位置。骨架的施焊顺序，宜由骨架的中间到两边，对称地向两端进行，并应先焊下部后焊上部，每条焊缝应一次成活，相邻的焊缝应分区对称地跳焊，不可顺方向连续施焊。

　　为保证混凝土保护层的厚度，应在钢筋骨架与模板之间错开放置适当数量的水泥砂浆垫块、混凝土垫块或钢筋头垫块，骨架侧面的垫块应绑扎牢固。

4.3.3.2　钢筋骨架的运输和吊装

　　运输预制钢筋骨架时，骨架可放在平车上或在骨架下面垫滚轴，用绞车拖行。运输道路可根据现场条件，在桥上或设在桥侧面，孔数较多时，以设在侧面为宜。由桥侧面运进和吊装时，侧面模板应在骨架入模后再安装。用起重机吊装骨架时，为防止骨架弯曲变形，宜加设扁担梁。

4.3.3.3　钢筋骨架质量要求

　　钢筋骨架除应按规定对加工质量、焊接质量及各项机械性能进行检验外，并应检查其焊扎和安装的真确性，其允许偏差见表 4-1 和表 4-2。

表 4-1　　　　　　　　　　　　加工钢筋的允许偏差

项　　目	允　许　偏　差（mm）
受力钢筋顺长度方向加工后的全长	±10
弯起钢筋各部分尺寸	±20
箍筋、螺旋筋各部分尺寸	±5

表 4-2　　　　　　　　　　　　焊接网及焊接骨架的允许偏差

项　目	允许偏差（mm）	项　目	允许偏差（mm）
网的长、宽	±10	骨架的宽及高	±5
网眼的尺寸	±10	骨架的长	±10
网眼的对角线差	10	箍筋间距	0，-20

4.4 混凝土工程

混凝土工程包括混凝土的制备、运输、浇筑振捣和养护等施工过程，各个施工过程相互影响，任何一个施工过程处理不当都会影响到混凝土工程的质量。

4.4.1 混凝土的制备

除零星、分散的少量混凝土可以用人工拌和外，一般都用混凝土搅拌机。混凝土搅拌机拌制混凝土有如下几种方式。

4.4.1.1 自落式搅拌机

自落式搅拌机是一种利用旋转的拌和筒上的固定叶片，将配料带到筒顶，再自由跌落到筒的底部，从而实现拌和目的，一般用于搅拌塑性混凝土。它是按重力的机理拌和混凝土的。由于仅靠自落掺拌，搅拌作用不够强烈，多用来拌制具有一定坍落度的混凝土。自落式搅拌机使用较为广泛。根据构造不同，自落式搅拌机分以下两种：

（1）鼓筒式搅拌机。鼓筒式搅拌机的特点是搅拌作用弱，拌和时间长，生产效率低，塑性低的混凝土不容易拌和均匀。由于它构造简单，使用、维修方便，国内还在大量使用，在国外已接近淘汰。

（2）双锥式搅拌机。双锥式搅拌机因出料方式不同，分为反转出料式搅拌机和倾翻出料式搅拌机。前者可以搅拌塑性较低，但不易做成大容量的混凝土；后者搅拌效率高，可做成较大容量的，并且出料快，生产率高，因此，在大型工程施工中多被采用。

4.4.1.2 强制式搅拌机

强制式搅拌机的特点是其搅拌作用比自落式搅拌机要强烈得多，拌和质量好。但因它的转速比自落式搅拌机高 2～3 倍，其动力消耗要大 3～4 倍，叶片磨损严重，加之构造复杂，维护费用较高，一般这种搅拌机用于拌制较小集料的干硬性、高强度、轻集料的混凝土。

4.4.1.3 混凝土搅拌站

为了保持混凝土生产相对集中，方便管理，减少占地，工程中常根据生产规模和条件，将混凝土制备过程需要的各种设施组装成拌和站或者拌和楼。由于这种方式得到的混凝土质量稳定，生产效率高，因此，成为目前混凝土制备的主要手段。

4.4.2 混凝土的运输

4.4.2.1 混凝土运输的基本要求

混凝土运输是混凝土搅拌与浇筑的中间环节，在运输过程中要解决好水平运输、垂直运输与其他材料、设备运输的协调配合问题。在运输过程中混凝土不初凝，不分离，不漏浆、无严重泌水，无大的温度变化，以保证浇筑的质量。因此，装、运、卸的全过程不仅要合理组织安排，而且要求各个环节要符合工艺要求，保证质量。为避免混凝土的坍落度损失太大，要求运输过程转运次数一般不多于 2 次。夏季运输时间要更短，以保持混凝土的预冷效果，冬季运输时间也不宜太长，以保持混凝土的预热效果。

4.4.2.2 混凝土运输机具

运输机具可根据运输量、运距、设备条件合理选用。水平运输可选用手推车、皮带机、机动翻斗车、自卸汽车、混凝土搅拌运输车、轻轨斗车、标准轨平台车等；垂直运输可选用快速提升斗（升高塔）、井架（钢架摇臂拔杆）、各类起重机、混凝土泵等。下面简要介绍几种常用的运输机具。

1. 混凝土搅拌运输车

混凝土搅拌运输车是在汽车的底盘上安装了一台斜仰的反转出料式锥形搅拌机形成的运输车，兼有载运和搅拌混凝土的双重功能。在运输途中搅拌机缓慢旋转继续搅拌混凝土，防止离析，到达浇筑地点以后，反转出料。虽然混凝土运输费用较高，但是总的经济效果较好。

2. 混凝土泵

混凝土泵是一种利用泵的压力以管道方式运输混凝土到浇筑地点，它可以一次性完成水平运输、垂直运输，并直接输送到浇筑地点。因此，它是一种短距离的、连续性运输和浇筑工具，对于泵送混凝土要求是流态混凝土，并且具有可泵性。因此，在选择原料和设计配合比时需要考虑到这些方面。例如，坍落度在 $5\sim15$cm，集料粒径不能太大，一般控制最大集料粒径小于管道内径的 1/3，避免堵塞。粗集料宜采用卵砾石，以减少摩阻力。泵送混凝土的水泥用量较大，单价较高。在水利工程中混凝土泵多用活塞泵。输送混凝土的管道一般用无缝钢管、铝合金管、硬塑料管和橡胶、塑料制的软管等，其内径一般为 $75\sim200$mm，每一节一般长 $0.3\sim3$m，都配有快速接头。

另外，混凝土泵的输送能力必须满足施工速度，管道布置应尽量减少距离，管道接口保持不渗漏等，满足施工要求。

4.4.3 混凝土的浇筑

浇筑前应会同监理工程师对模板、钢筋以及预埋件的位置进行检查。

4.4.3.1 混凝土的浇筑速度

为了保证浇筑混凝土的整体性，防止在浇筑上层混凝土时破坏下层混凝土，浇筑层次的增加须有一定的速度，须使下一层的浇筑能在先浇筑的一层混凝土初凝以前完成。

4.4.3.2 混凝土的浇筑顺序

在考虑主梁混凝土的浇筑顺序时，不应使模板和支架产生有害的下沉；为了使混凝土振捣密实，应采用相应的分层浇筑；当在斜面或曲面上浇筑混凝土时，一般应从低处开始。

1. 简支梁混凝土的浇筑

（1）水平分层浇筑。对于跨径不大的简支梁桥，可在钢筋全部扎好以后，将梁和板沿一跨全长内水平分层浇筑，在跨中合龙。分层的厚度视振捣器的能力而定。一般为 $0.15\sim0.3$m；当采用人工捣实时可采用 $0.15\sim0.2$m。为避免支架不均匀沉陷的影响，浇筑工作应尽量快速进行，以便在混凝土失去塑性以前完成。如图 4 - 7 所示。

（2）斜层浇筑。跨径不大的简支梁桥混凝土的浇筑，还可用斜层法从主梁两端对称向跨中进行，并在跨中合龙。T梁和箱梁采用斜层浇筑的顺序如图4-8（a）所示。当采用梁式支架、支点不设在跨中时，应在支架下沉量大的位置先浇混凝土，使应该发生的支架变形及早完成。其浇筑顺序如图4-8（b）所示。采用斜层浇筑时，混凝土的倾斜角与混凝土的稠度有关，一般为20°～25°。

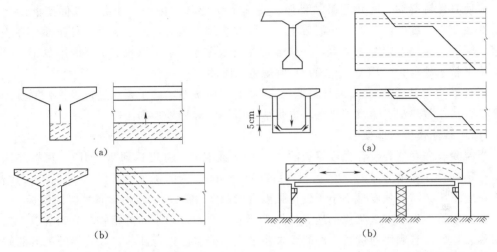

| 图4-7　混凝土分层浇筑示意图 | 图4-8　简支梁桥在支架上的浇筑顺序 |

　　较大跨径的简支梁桥，可用水平分层或斜层法先浇筑纵横梁，待纵横梁浇筑完毕后，再沿桥的全宽浇筑桥面板混凝土。在桥面板与纵横梁间应按设置工作缝处理。

　　（3）单元浇筑法。当桥面较宽且混凝土数量较大时，可分成若干纵向单元分别浇筑。每个单元的纵横梁可沿其长度方向水平分层浇筑或用斜层法浇筑，在纵梁间的横梁上设置工作缝，并在纵横梁浇筑完成后填缝连接。之后桥面板可沿桥全宽全面积一次浇筑完成，不设工作缝。桥面板与纵横梁间设置水平工作缝。

　　2. 空心板梁混凝土的浇筑

　　小跨径的连续梁（板）桥，一般采用从一端向另一端分层、分段的浇筑顺序。

4.4.4　混凝土的振捣

　　混凝土的振捣分为人工振捣（用铁钎）和机械振捣两种。人工振捣一般用于坍落度大、混凝土数量少或钢筋过密部位的振捣。大规模的混凝土浇筑，必须用机械振捣。

　　机械振捣设备有插入式、附着式、平板式振捣器和振动台等。平板式振捣器用于大面积混凝土施工，如桥面、基础等。附着式振捣器可设在侧模板上，但附着式振捣器是借助振动模板来振捣混凝土，故对模板要求较高，而振捣效果不是太好；常用于薄壁混凝土部分振捣，如梁肋上和空心板两侧部分。插入式振捣器常用的是软管式的，只要构件断面有足够的地方插入振捣器，而钢筋又不太密时，采用插入振捣器的振捣效果比平板式和附着式都要好。无论何种方式，振捣时都应注意：

　　（1）严禁利用钢筋振动进行振捣。

　　（2）每次振捣的时间要严格掌握。插入式振捣器，一般只要15～30s，平板式振捣器25

~40s。

4.4.5　混凝土养护及模板拆除

4.4.5.1　混凝土的养护

混凝土浇筑完成后应及时进行养护。养护可分自然养护和蒸汽养护两种。在养护期间，应使其保持湿润，防止雨淋、日照、受冻及受荷载的振动、冲击。以促使混凝土硬化，并在获得强度的同时，防止混凝土干缩引起裂缝。为此，对于混凝土外露面，在表面收浆、凝固后即用草帘等物覆盖，并应经常在覆盖物上洒水，洒水养护时间不少于《公路桥涵施工技术规范》（JTJ 041—2000）所规定的时间。

当日平均气温低于+5℃或日最低于−3℃时，应按冬季施工要求进行养护。混凝土冬期养护方法：蓄热法、蒸汽养护法、电热法、暖棚法和掺外加剂法等。

4.4.5.2　拆除模板和落架

当混凝土强度达到设计强度等级的 25％以上或混凝土强度达到 2.5MPa，可拆除侧面模板；达到设计强度等级的 50％后，可拆除跨径 4m 以内的桥梁的模板；达到在桥跨结构静重作用下所必需的强度且不小于设计强度等级的 70％以后，可拆除各种梁的模板。

梁体的落架程序应从梁挠度最大处的支架节点开始，逐步卸落相邻两侧的节点，并要求对称、均匀、有顺序地进行；同时要求各节点应分多次进行卸落，以使梁的沉落曲线逐步加大到梁的挠度曲线。通常简支梁桥和连续梁桥可从跨中向两端进行，悬臂梁桥则应先卸落挂梁及悬臂部分，然后卸落锚跨部分。

4.5　构件的移运和堆放

4.5.1　构件的移运

4.5.1.1　对构件混凝土强度的要求

装配式预制构件在移运、堆放时，混凝土的强度不应低于设计对吊装所要求的强度，并且不宜低于设计强度标准值的 75％，对于预应力混凝土构件，其孔道水泥浆的强度不应低于设计要求。如无设计规定时，应不低于 300MPa。

4.5.1.2　构件移运前的准备工作

（1）构件拆模后应检查外形实际尺寸，伸出钢筋、吊环和各种预埋件的位置及构件混凝土的质量。如构件尺寸误差超过允许限度，伸出钢筋、吊环的预埋件位置误差超过规定，或混凝土有裂缝、蜂窝、露筋、毛刺、鼓面、掉角、榫槽等缺陷时，应修补、处理、务必使构件形状正确，表面平整，确保安装时不致发生困难。

（2）尖角、凸出或细长构件在移运、堆放时应用木板或相应的支架保护。

（3）安装时需测量高程的构件在移运前应定好标尺。

（4）分段预制的组拼构件应注上号码。

4.5.1.3　吊移工具的选择

构件预制场内的吊移工具设备可视构件尺寸、质量和设备条件采用 A 形小车、平板车、扒杆、龙门架、拖履（走板）、滚杠、聚四氟乙烯滑板、汽车吊、履带吊等工具设备，其构造、计算方法、竖立方法及使用注意事项，可参阅《公路施工手册—桥涵》（上、下册）有关章节。

4.5.1.4 移运工具设备

1. 轨道平板车

轨道平板车应设有转盘装置，以便装上构件后能在曲线上安全运行。同时还应设置制动装置，以便在发生意外时能进行制动，保证安全。

轨道平板车的临时铁路线的轨距有 1435mm、1000mm、750mm 和 600mm 多种，钢轨质量从 5～50kg/m 不等，均视承载质量大小和设备条件而定。场内铁路线纵坡宜尽量设平坡，须设纵坡时宜控制在 2% 以内。

运输构件时以两辆平车装载构件，平车应设在构件前后吊点的下面。牵引钢丝绳挂在前面平车上，前后平车间应用钢丝绳连接。或从整个构件的下部缠绕一周后再引向导向滑车至绞车。这样，即使构件与平车之间稍有滑动，也不致倾覆。

2. 扒杆

扒杆在场内主要作为出坑用，即把构件从预制的底座上吊移出来。各种扒杆的构造、计算和使用时需注意之处，可参阅《公路施工手册·桥涵》（上、下册）有关章节。

3. 龙门架（龙门吊机）

用龙门架起吊移运构件出坑，横移至预制构件运输轨道，再卸落在运输平车或汽车上，较其他设备使用方便。龙门架的构造形式有固定式和活动式两种。用于起吊预制构件出坑的龙门架都采用活动式。这种吊机是由底座、腿架和横梁、跑车组成，运行在专用轨道上，操作时分构件上下升降，跑车横向运行及龙门架整体纵向运行，三个方向运动，其动力可用人力或电力。

龙门架运行及构件起吊则根据吊荷载大小选用不同起重能力的卷扬机。各种结构的龙门架的构造可参阅《公路施工手册·桥涵》（上、下册）有关章节。

4. 拖履（走板）、滚杠、聚四氟乙烯滑板

拖履和滚杠的构造，计算及使用方法可参阅《公路施工手册·桥涵》（上、下册）有关章节。聚四氟乙烯俗称塑料王，是一种热塑料，成型品色泽洁白，半透明，有腊状感觉。能耐高温和低温，可在 −180～250℃ 范围内长期使用，有较强的化学稳定性，除融熔金属钠和液氟外，能耐其他一切化学药品，即使在高温下也不与强酸浓碱和强氧化剂起作用，也不为水浸湿和泡胀。制成模压板作为滑板（简称四氟板）时其磨擦系数很低，起动阶段为 0.04，它与铸铁和钢的干磨擦和静磨擦系数也很低，而且在磨擦过程中，静磨擦和动磨擦系数很接近。它的抗压强度也很高，为 12.5～24.5MPa，表面硬度为 3.41～3.82（布氏）。

由于聚四氟乙烯具有以上的特性，国内外将其用作桥梁活动支座，用于顶推法架桥或墩台上横移大梁。在构件预制场内也可用四氟板代替走板和滚杠作为移动构件的滑板。

5. 汽车、轮胎式吊机和履带式吊机

汽车、轮胎式吊机和履带式吊机通称为运行式回转吊机。其中汽车式吊机，是把起重机构装在载重汽车底盘上，由汽车发动机供给动力，起重操作室和行驶室分开的。底盘两

侧设有支腿，以扩大支承点，增加稳定。它的优点是机动性高，行驶速度快，可与汽车编队行驶，转移灵活方便。作业时应放下支腿，一般不宜带负荷行驶。它的缺点是要求有较好的路面及支撑点。

轮胎式吊机与汽车式吊机的区别在于：前者是装在特别的轮胎盘上的回转台上，不论起吊重量大小，一般全机只有一台发动机；起重和行驶都在同一个驾驶室内操作；行驶速度较低，一般不超过 30km/h；没有外伸支腿；可吊较小的荷载行驶，也要求较好路面。

履带式吊机由回转台和行驶履带两部分组成。在回转台上装有起重臂、动力装置、绞车和操作室，在其尾部装有平衡装置。回转台能围绕中心轴线转动 360°，履带架既是行驶机构，也是起重机的支座。它的优点是起重质量大，可在崎岖不平及松软泥泞的施工场地行驶，稳定性较好；缺点是行驶速度慢，一般不超过 20km/h，自重大，对路面有破坏作用。

4.5.1.5　吊运时的注意事项

（1）构件移运时的起吊点位置，应按设计的规定布置。如设计无规定时，对上下面有相同钢筋的等截面直杆构件的吊点位置，一点吊可设在离端头 $0.293L$ 处，两点吊可设在离端头 $0.207L$ 处（L 为构件长度）。其他配筋形式的构件应根据计算决定。

（2）构件的吊环应顺直，如发现弯扭必须校正，以使吊钩能顺利套入。吊绳交角大于 $60°$ 时，必须设置吊架或扁担，使吊环垂直受力，以防吊环折断或破坏吊环周边混凝土。如用钢丝绳捆绑起吊时，需用木板、麻袋等垫衬，以保护混凝土的棱角和钢丝绳。

（3）板、梁、柱构件移运和堆放时的支承位置应与吊点位置一致，并应支承牢固。起吊及堆放板式构件时，注意不得将上下面吊错，以免折断。用千斤顶顶起构件时必须用木垛保险。构件运输时应有特制的固定支架，构件应按受力方向竖立或稍倾斜放置，注意防止倾覆。如平放，两端吊点位置必须设置垫方木，以免产生正、负弯矩超过设计要求而断裂。

（4）使用平板拖车或超长拖车运输大型构件时，车长应能满足支撑点间距要求。构件装车时须平衡放正，使车辆承重对称均匀。构件支点下即相邻两构件间，须垫上麻袋或草帘，以免损坏车辆和避免构件相互碰撞，为适应车辆在途中转弯，支点处须设活动转盘，以免扭伤混凝土。

构件装上平板拖车的垫木上后，与构件中部设一立柱，用钢丝绳穿过两端吊环，中间搁在立柱上，并以花篮螺丝将钢丝绳收紧，这样构件在运输途中不会发生负弯矩。为防止构件倾倒或滑移，还应另外采取固定措施。

4.5.2　堆放时的注意事项

（1）堆放构件的场地应平整压实不能积水。

（2）构件应按吊运及安装次序顺号堆放，并注意在相邻两构件之间留出适应通道。

（3）堆放构件时，应按构件刚度及受力情况平放或竖放，并保持稳定。小型构件堆放，应以其刚度较大的方向作为竖直方向。

（4）构件堆垛时应设置在垫木上，吊环应向上，标志应向外，构件混凝土养护期未满的，应继续洒水养护。

（5）水平分层堆放构件时，其堆垛高度按构件强度、地基承压力、垫木强度以及堆垛

的稳定性而定。一般大型构件以 2 层为宜，不宜超过 3 层，板、桩和盖梁不宜多于 6 层。

（6）堆放构件须在吊点处设垫木，层与层之间应以垫木隔开，多层垫木位置应在一条垂直线上。

（7）雨季和春季冻融期间，必须注意防止地面软化下沉造成构件折裂损坏。

4.6 装配式梁桥的安装

预制梁（板）的安装是预制装配式混凝土梁桥施工中的关键性工序，应结合施工现场条件、工程规模、桥梁跨径、工期条件、架设安装的机械设备条件等具体情况，从安全可靠、经济简单和加快施工速度等为原则，合理选择架梁的方法。

对于简支梁的安装设计，一般包括起吊、纵移、横移、落梁就位等工序，从架设的工艺来分有陆地架梁、浮吊架梁和利用安装导梁、塔架、缆索的高空架梁法等方法。需要注意的是，预制梁的安装既是高空作业，又需要复杂的机具设备，施工中必须确保施工人员的安全，杜绝工程事故。因此，无论采用何种施工方法，施工前均应详细、具体地研究安装方案，对各承力部分的设备和杆件进行受力分析和计算，采取周密的安全措施，严格执行操作规程，加强施工管理和安全教育，确保安全、迅速地进行架梁工作。同时，安装前应将支架安装就位。

4.6.1 陆地架梁法

4.6.1.1 自行式吊车架梁法

由于大型的自行式吊机的逐渐普及，且自行式吊机本身有动力、架设迅速、可缩短工期，不需要架设桥梁用的临时动力设备及不必进行任何架设设备的准备工作和不需要用其他方法架梁所具备的技术。因此，在桥不高，场内又可设置行车便道的情况下，用自行式吊车（汽车吊车或履带吊车）架设中、小跨径的桥梁十分方便。

4.6.1.2 跨墩门式吊车架梁法

跨墩门式吊车架梁的方法是以胶轮平板拖车、轨道平车或跨墩龙门架将预制梁运送到桥孔，然后用跨墩龙门架或墩侧高低脚龙门架将梁吊起，再横移到梁设计位置后再落梁，就位后完成架梁工作。

搁置龙门架脚的轨道基础要按承受最大反力时能保持安全的原则进行加固处理。河滩上如有浅水，可在河中填筑临时路堤，水稍深时可采用修建临时便桥，在便桥上铺设轨道，应与其他架设方法进行技术经济比较以决定取舍。

对于桥不太高，梁架孔数又多，沿桥墩两侧铺设轨道不困难的情况下，可以采用一台或两台跨墩门式吊车架梁。如图 4 - 9 和图 4 - 10 所示为跨墩门式吊车架梁的示意图和实例图。

4.6.1.3 摆动式支架架梁法

摆动式支架架梁法是将预制梁（板）沿路基牵引到桥台上并稍悬出一段，悬出距离根据梁的截面尺寸和配筋确定。从桥孔中心河床上悬出的梁（板）端底下设置人字扒杆或木支架。前方用牵引绞车牵引梁（板）端。此时支架随之摆动而到对岸。

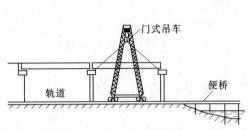

图 4-9　跨墩门式吊车架梁示意图

图 4-10　跨墩门式吊车架梁实例

为防止摆动过快，应在梁的后端用制动绞车牵引制动。用摆动式支架架梁法较适宜于桥梁高跨比稍大的场合，当河中有水时也可用此法架梁，但需在水中设一个简单的小墩，以供立置木支架使用。如图 4-11 所示为摆动式支架架梁法示意图。

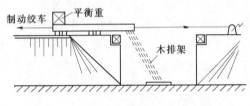

图 4-11　摆动式支架架梁法示意图

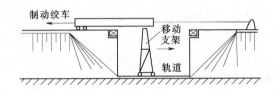

图 4-12　移动支架架梁法示意图

4.6.1.4　移动支架架梁法

移动支架架梁法是在架设孔的地面上，顺桥轴线方向铺设轨道，其上设置可移动支架，预制梁前端搭在支架上，通过移动支架将梁移运到要求的位置后，用龙门架或人字扒杆吊装；或在桥墩上设枕木垛，用千斤顶卸下，再将梁横移就位。如图 4-12 所示为移动支架架梁法示意图。

利用移动支架架设，设备较简单，但可安装重型的预制梁；无动力设备时，可使用手摇卷扬机或绞磨移动支架进行架设。但不宜在桥孔下有水及地基过于松软的情况下使用，一般也不适宜桥墩过高的场合，因为这时为保证架设安全，支架必须高大，因而这种架设方法不够经济。

4.6.2　浮运架梁法

浮运架梁法是将预制梁用各种方法移装到浮船上，并浮运到架设孔以后就位安装。采用浮运架梁法时，河流须有适当的水深，水深需根据梁重而定，一般宜大于 2m，水位应平稳或涨落有规律如潮汐河流，流速及风力不大；河岸能修建适宜的预制梁装卸码头；具有坚固适用的船只。浮运架梁法的优点是桥跨中不需设临时支架，可以用一套浮运设备架设安装多跨等跨径的预制梁，较为经济，且架梁时浮运设备停留在桥孔的时间很少，不影响河流通航。

浮运架梁法采用如下两种方法：

（1）预制梁装船浮运至架设孔再起吊安装就位。装梁上船一般采用引道栈桥码头，用龙门架吊着预制梁上船。若装载预制梁的船本身无起吊设施，可用另外的浮吊吊装就位，或用装设在墩顶的起吊设施吊装就位。

将预制梁装载在一艘浮船中的支架枕木垛上，使梁底高度高于墩台支座顶面 0.2～0.3m，然后将浮船托运至架设孔，冲水入浮船。使浮船吃水加深，降低梁底高度使预制梁安装就位。在有潮汐的河流或港湾上建桥时，可利用潮汐水位的涨落来调整梁底高程以安装就位。若潮汐的水位高差不够，可在浮船中配合排水、充水解决。因此浮船应配备足够的水泵，以保证及时有效地排水和充水。在装梁时应进行水泵的性能试验。

预制梁较短、质量较小时，可装载在一艘浮船上。如预制梁较长且又重时，可装载在两艘浮船上或以多艘浮船连成两组使用。不论浮船多少，预制梁的支撑处不宜多于两处，并由荷载分布确定。预制梁支撑处两端伸出长度应考虑浮船进入架设孔便利，同时应考虑因两端伸出在支承处产生的负弯矩，在浇筑梁体时适当加固，防止由负弯矩而产生裂纹、损坏。

（2）浮船支架拖拉架梁法。此法是将预制梁的一端纵向拖拉移动到岸边的浮船支架上，再用如移动式支架架梁法相同方法沿桥轴线拖拉浮船至对岸，预制梁也相应拖拉至对岸，当梁前端抵达安装位置后用龙门架或人字扒杆安装就位。

预制梁装船的方法，应根据梁的长度、质量、河岸的情况，选用不同的方法。对于河边有垂直驳岸、预制梁不太长又不太重时，可采用大起重量、大伸幅的轮胎式或履带式吊机将梁从岸上吊装到浮船上。必须建栈桥码头时，可用栈桥码头将预制梁纵向拖拉上船。也可用栈桥码头横移预制梁上船，但必须与河岸垂直修建两座栈桥，其间距等于预制梁的长度。

用栈桥码头纵向拖拉将梁装船，栈桥码头必须与河岸垂直，栈桥上铺设轨道，轨道一端接梁预制场轨道，另一端接浮船支架上的轨道。栈桥码头宜设在桥位下游，因为向上游牵引浮船较向下游要稳定。栈桥的高度、长度应根据河岸与水位的高差、水下河床深度、浮船最大吃水深度、浮船支架高度等因素确定。

在预制梁被拖上第一艘浮船的过程中，随着梁移出栈桥端排架的长度增加，浮船所支承的梁重也逐渐增加。为了维持梁处于水平位置，就必须在与梁向前拖拉的同时，不断地将浮船深度保持不变。因此，水泵的能力和排水速度应根据梁的质量和拖移的速度来决定。浮船可用缆索和绞车拉动或拖船牵引至架桥孔。如图 4-13 所示为浮运架梁法示意图。

当栈桥排架较高，浮船支架高度稍低于栈桥上梁底高度时，可不必用卷扬机或龙门架提升预制梁，而采用先将浮船充水使它吃水深些，待浮船拖至梁下的预定位置后，再用水泵将浮船中压舱水排出，使浮船升高将梁托起在支架上。但完全靠充水、排水来升降浮船支架高度比较费时，可与千斤顶联合使用。但在浮船支架拖运途中，必须撤除千斤顶，以免梁发生翻倒现象。

4.6.3 高空架梁法

4.6.3.1 自行式吊车桥上架梁法

在预制梁跨径不大，重量较轻且梁能运抵桥头引道上时，可直接用自行式伸臂吊车（汽车吊或履带吊）架梁。但是，对于架桥孔的主梁，当横向尚未联成整体时，必须核算吊车通行和架梁工作时的承载能力。此种架梁方法简单方便，几乎不需要任何辅助设备，如图 4-14 所示。

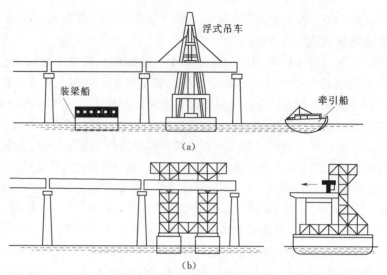

图 4-13　浮运架梁法示意图
(a) 可回转伸臂式；(b) 拼装固定式

图 4-14　自行式吊车桥上架
梁法示意图

4.6.3.2　扒杆纵向"钓鱼"法

扒杆纵向"钓鱼"法用立在安装孔墩台上的两副人字扒杆，配合运梁设备，以绞车互相牵吊。在梁下无支架、导梁支托的情况下，把梁悬空吊过桥孔，再横移落梁、就位安装。

用此法架梁时，必须以预制梁的质量和墩台间跨径为基础，在竖立扒杆、放倒扒杆、转移扒杆或架梁或吊着梁横移等各个工作阶段时，要对扒杆、牵引绳、控制绳、卷扬机、锚碇和其他附属零件进行受力分析和应力计算，以确保设备的安全，还须对各阶段的操作安全性进行检查。

此法不受架设孔墩台高度和桥孔下地基、河流水文等条件影响；不需要导梁、龙门吊机等重型吊装设备而可架设 30～40m 以下跨径的桥梁；扒杆的安装移动简单，梁在吊着的状态横移容易，且也较安全，故总的架设速度快。但此法需要技术熟练的起重工，且不宜用于不能设置缆索锚碇和梁上方有障碍物处。如图 4-15 所示。

4.6.3.3　联合架桥机架梁（蝴蝶架架梁法）

联合架桥机架梁法适用于架设安装 30m 以下的多孔桥梁，其优点是完全不设桥下支架，不受水深流急影响，架设过程中不影响桥下通航、通车。预制梁的纵移、起吊、横移、就位都较方便。缺点是架设设备用钢量较多但可周转使用。

联合架桥机由两套门式吊机、一个托架（即蝴蝶架）、一根两跨长的钢导梁三部分组成，如图 4-16 所示。钢导梁由贝雷梁装配，梁顶面铺设运梁平车和托架行走的轨道。门式吊机顶横梁上设有吊梁用的行走小车。为了不影响架梁的净空位置，其立柱做成拐脚式（俗称拐角龙门架）。门式吊机的横梁高程，由两根预制梁叠起的高度加平车及起吊设备高

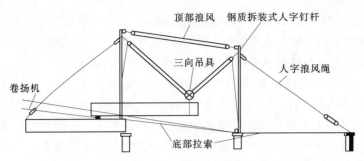

图 4-15 双扒杆"钓鱼"法架梁示意图

确定。蝴蝶架是专门用来托运门式吊机转移的，它由角钢组成，整个蝴蝶架放在平车上，可沿导梁顶面轨道行走。

联合架桥机架梁顺序如下：

(1) 在桥头拼装钢导梁，梁顶铺设钢轨，并用绞车纵向拖拉导梁就位。

(2) 拼装蝴蝶架和门式吊机，用蝴蝶架将两个门式吊机移运到架梁孔的桥墩（台）上。

(3) 由平车轨道运送预制梁至架梁孔位，将导梁两侧可以安装的预制梁用两个门式吊机吊起，横移并落梁就位。

(4) 将导梁所占位置的预制梁临时安放在已架设好的梁上。

(5) 用绞车纵向拖拉导梁至下一孔后，将临时安放的梁由门式吊机架设就位，完成一孔梁的架设工作，并用电焊将各梁联结起来。

(6) 在已架设的梁上铺接钢轨，再用蝴蝶架顺序将两个门式吊机托起并运至前一孔的桥墩上。

如此反复，直至将各孔梁全部架设好为止。如图 4-16 所示。

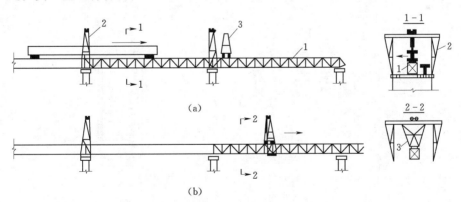

图 4-16 联合架桥机架桥示意图
1—钢导梁；2—门式吊车；3—托架（蝴蝶架）

4.6.3.4 双导梁穿行式架梁法

双导梁穿行式架梁法是在架设孔间设置两组导梁，导梁上安设配有悬吊预制梁设备的轨道平车和起重行车或移动式龙门吊机，将预制梁在双导梁内吊着运到规定位置后，再落梁、横移就位，横移时可将两组导梁吊着预制梁整体横移。另一种是导梁设在桥面宽度以外，预制梁在龙门吊机上横移，导梁不横移，这比第一种安全。

双导梁穿行式架桥法的优点与联合架桥机法相同，适用于墩高、水深的情况下架设多孔中小跨径的装配式梁桥，但不需蝴蝶架，而配备双组导梁，故架设跨径可较大，吊装的预制梁也较重。我国用这类型的吊机架设了梁长51m，重约130t的预应力混凝土T形梁桥。

两组分离布置的导梁可用公路装配式钢桥桁节、万能杆件设备或其他特制的钢桁节拼装而成。两组导梁内侧净距应大于待安装的预制梁宽度。导梁顶面铺设轨道，供起重行车吊梁行走。导梁设三个支点，前端可伸缩的支承设在架桥孔前方墩桥上。两根型钢组成的起重横梁支承在能沿导梁顶面轨道行走的平车上，横梁上设有带复式滑车的起重行车，行车上的挂链滑车供吊装预制梁用。其架设顺序如下：

（1）在桥头路堤上拼装导梁和行车，并将拼装好的导梁用铰车纵向拖拉就位，使可伸缩支脚承在架梁孔的前墩上。

（2）先用纵向滚移法把预制梁运到两导梁间，当梁前端进入前行车的吊点下面时，将预制梁前端稍稍吊起，前方起重横梁吊起，继续运梁前进至安装位置后，固定起重横梁。

（3）用横梁上的起重行车将梁落在横向滚移设备上，并用斜撑撑住以防倾倒，然后在墩顶横移落梁就位。

（4）用以上步骤并直接用起重行车架设中梁。如图4-17所示。

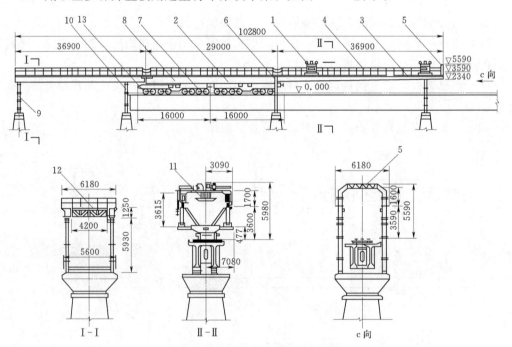

图4-17　双导梁穿行式架梁法

1—吊梁行车；2—主梁；3—机臂；4—人行道及栏杆；5—后门架；6—机臂摆动机构；7—台车；
8—活动横梁；9—前支腿及油顶；10—中支腿；11—吊梁扁担；12—前门架；13—走行机构

如用龙门吊机吊着预制梁横移，其方法同联合架桥机架梁。此法预制梁的安装顺序是先安装两个边梁，再安装中间各梁。全孔各梁安装完毕并符合要求后，将各梁横向联系焊接，然后在梁顶铺设移运导梁的轨道，将导梁推向前进，安装下一孔。重复上述工序，直至全桥架梁完毕。

第5章 预应力混凝土梁桥施工

5.1 先张法预应力简支梁桥的施工工艺

先张法的制梁工艺是在浇筑混凝土前张拉预应力筋，将其临时锚固在张拉台座上，然后立模浇筑混凝土，待混凝土达到规定强度（不得低于设计强度的 85%）时，逐渐将预应力筋放松，这样就因预应力筋的弹性回缩通过其与混凝土之间的粘结作用，使混凝土获得预压应力。其先张法施工工艺基本流程如图 5-1 所示。

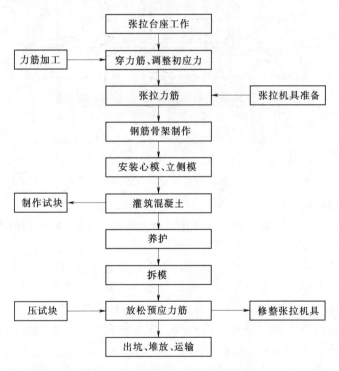

图 5-1 先张法施工工艺基本流程

先张法生产可采用台座法或机组流水法。采用台座法时，构件施工的各道工序全部在固定台座上进行。采用机组流水法时，构件在移动式的钢模中生产，钢模按流水方式通过张拉、浇筑、养护等各个固定机组完成每道工序。机组流水法可加快生产速度，但需要大量钢模和较高的机械化程度，且需要配合蒸汽养护，因此只用于工厂内预制定型构件。台座法不需要复杂机械设备，施工适用性强，故应用较广。

下面着重介绍台座、预应力筋的制备、张拉工艺及预应力筋放松等问题。

5.1.1 台座

台座是先张法施工加预应力的主要设备之一，它承受预应力筋在构件制作时的全部张拉力。张拉台座必须在受力后不倾覆、不移动、不变形。张拉台座类型：按构造形式分为框架式、槽式和墩式；按受力形式分轴心压柱式、偏心压柱式和无压式；按使用分可拆装配式和固定式；按材料分钢筋混凝土式、钢筋混凝土和型钢组合式及钢管混凝土式等。

墩式和槽式张拉台座的形式与构造见图 5 - 2 （a）、（b）。台座的长度和宽度根据施工现场的实际情况和生产板梁的数量决定，长度一般为 50～120m。台座主要有底板、承力架（支承架）、梁、定位板和固端装置几部分组成，如图 5 - 2 （c）。

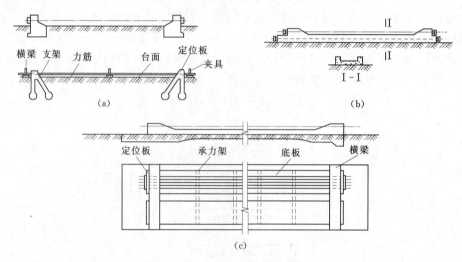

图 5 - 2 张拉台座的形式与构造

5.1.1.1 台座的组成

（1）底板。有整体式混凝土台面或装配式台面两种，作为预制构件的底模。其宽度由制作预应力构件的宽度决定。

（2）承力架或支承架。台座的主要受力结构是台座的支承架。它要求承受全部张拉力，在制造时，要保证承力架变形小、经济、安全、便于操作等。其形式很多，如框架式、墩式、槽式等。

（3）横梁。将预应力筋的张拉力传给承力架的横向构件，常用型钢或钢筋混凝土制作。其断面尺寸由横梁的跨径及张拉力的大小决定，并且应满足刚度和稳定的要求。

（4）定位板。定位板用来固定预应力筋的位置，一般是用钢板制成，连接在横梁上，它必须保证承受张力后，具有足够的刚度和强度。孔的位置按照梁体预应力筋的位置设置，孔径力筋大 2～4mm，以便于穿筋。

（5）固定段装置。用于固定预应力筋位置并在梁预制完成后放松力筋，它设在非张拉端，仅用于一端张拉的先张台座。

5.1.1.2 几种常见的张拉台座

1. 框架式台座

此类台座由纵梁（压住）、横梁、横系梁组成框架，承受张拉力，一般是采用钢筋混

凝土在现场整体浇筑。其中横梁也可采用装配式型钢组合梁，现场只浇筑混凝土纵梁和系梁。底板应选择在硬地基上，若有局部软土则需进行地基处理，压实整平地基后铺设砾石（碎石）层，浇筑混凝土底板。底板高度要严格控制，要求底板平整、光滑，可直接作底模板。

2. 墩式台座

一般分重力式和桩式两类，如图 5-2 所示。横梁直接和墩或桩基连成整体共同承受张拉力。台座底板的制作和要求与框架式台座相同。

墩式台座构造简单，造价偏低，缺点是稳定性较差，变形较差。重力式台座须具有足够强度和刚度，抗倾覆系数不应小于 1.5，抗滑系数不应小于 1.3。当预制板梁的数量较小、张拉吨位较小时，应选用墩式台座。

3. 拼装式钢管混凝土台座

此类台座具有施工迅速、方便、重复使用、节省造价的特点，常用于铁路桥梁。

它以钢管混凝土作为压柱，压柱每节长 4.5m，节间用法兰盘连接，每节质量 2.4t。压柱的两端采用型钢主柱和型钢框架装片石压重的平衡体，与压柱连接组成台座承力架。主柱和平衡体可以拆卸。主柱质量 8t，是最重的构件。台座构造如图 5-3 所示。

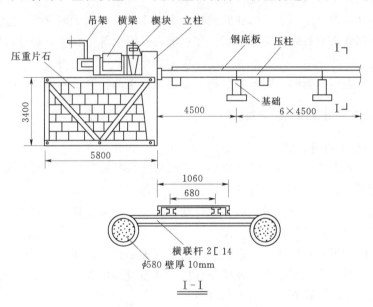

图 5-3 钢管混凝土台座（单位：cm）

5.1.2 模板与预应力筋制作要求

5.1.2.1 模板制作要求

先张法预应力板梁施工，模板的制作除满足一般要求外还有如下要求：

（1）将先张台座的混凝土底板作为预制构件的底模，要求地基不产生非均匀沉陷，底板制作必须平整光滑、排水畅通，预应力筋放松，梁体中段拱起，两端压力增大，梁位端部的底模应满足强度要求和重复使用的要求。

（2）端模预应力筋孔的位置要准确，安装后与定位板上对应的力筋孔要求均在一条中心线上。由于施工中实际上存偏差，预应力筋张拉时筋位有位移，制作时端模预应力孔径可按力筋直径扩大 2～4mm，预应力筋孔水平向还可做成椭圆形。

（3）先张拉制作预应力板梁，预应力钢筋放松后板梁压缩量为 1% 左右，为保证梁体外形尺寸，侧模制作要增加 1%。

5.1.2.2　预应力筋制作要求

（1）预应力筋下料长度按计算长度、工作长度和原材料试验数据确定，采用钢绞线和粗钢筋，在台座张拉端和锚固端尽量用拉杆和连接器代替预应力筋，减少预应力筋工作长度；长度为 6m 及小于 6m 先张构件的钢丝成组张拉时，下料长度的相对误差不得大于 2mm。

（2）先张法预应力的粗钢筋，在冷拉和张拉时，通过连接器和锚固进行，可采用墩头钢筋和开孔的垫板，代替锚具或夹具，节省钢筋。

（3）先张拉墩头锚的钢丝墩头强度不应低于钢丝标准抗拉强度的 90%。

（4）穿钢绞线。将下好料的钢绞线运到台座的一端，后张梁的钢绞线是用拉束的方法穿孔，而先张法梁钢绞线是向前推的方法穿束。

钢绞线穿过端模及塑料套管后在其前端安引导工具，以利于钢绞线沿直线前进。引导工具就是一个钢管，前头做成圆锥形状。穿束前各孔眼应统一编号，对号入座，防止穿错孔眼。

当预应力筋为粗钢筋时，则该粗钢筋可在绑钢筋架的同时放入梁体。

5.1.3　预应力筋张拉程序与操作

5.1.3.1　张拉前的准备工作

先张拉梁的预应力筋时在底模整理后，在台座上进行张拉以加工好的预应力筋。对于长线台座，预应力筋或者预应力与拉杆、预应力筋的连接，必须先用连接器串连后才能张拉。先张通常采用一端张拉，另一端在张拉前要设置好固定设置或安装预应力筋的放松装置。但也要采用两段张拉的方法。

张拉前，应先安装定位板，检查定位板的预应力筋孔位置和孔径大小是否符合设计要求，然后将定位板固定在横梁上。在检查预应力筋数量、位置、张拉设备和锚具后，方可进行张拉。先张拉的张拉布置如图 5-4 所示。

图 5-4　先张法张拉台座布置图

5.1.3.2 张拉工艺

先张拉施加预应力工艺是在预制构件时，先在台座上张拉力筋，然后支模浇筑混凝土使构件成型的施工方法。

先张法张拉预应力筋，分单根张拉和多根张拉，以及单向张拉和多向张拉。单根张拉设备比较简单，吨位要求小，但张拉速度慢，张拉的顺序应不使台座承受过大的偏心力。多根张拉一般需有两个大吨位千斤顶，张拉速度快。数根预应力筋张时，必须使它们的初始长度一致，张拉后每根力筋的应力均匀。因此可在预应力筋的一端选用螺丝杆锚具和横梁、千斤顶组成张拉端，另一端选用墩粗夹具为固定端，这样可以利用螺丝端杆的螺帽调整各根力筋的初始长度。如果预应力筋直径较小，在保证每根预应力筋下料长度精确的情况下，可两段采用墩粗夹具。将多根张拉固定端的墩粗夹具改为夹片锚（如 OBM 锚），用小型穿心式张拉千斤顶先单根施加部分拉力，同时使每根预应力筋均匀受力，然后在另一端多根张拉到位，就是双向张拉。双向张拉速度快，预应力筋张拉均匀。此外多根张拉必须使两个千斤顶与预应力筋对称布置，两个千斤顶油路连通，同步顶进。

（1）张拉程序。先张法预应力筋张拉的程序依钢筋的类型而异。可参照表 5-1 规定进行。

表 5-1 先张发预应力筋张拉程序

预应力筋种类	张 拉 程 序
钢筋	$0 \rightarrow$ 初应力 $\rightarrow 1.05\sigma_{con}$ （持荷 2min） $\rightarrow 0.9\sigma_{con} \rightarrow \sigma_{con}$ （锚固）
钢丝、钢绞线	$0 \rightarrow$ 初应力 $\rightarrow 1.05\sigma_{con}$ （持荷 2min） $\rightarrow 0 \rightarrow \sigma_{con}$ （锚固）
	对于夹片式等具有自锚性能的锚具： 普通松弛力筋 $0 \rightarrow$ 初应力 $\rightarrow 1.03\sigma_{con}$ （锚固） 低松弛力筋 $0 \rightarrow$ 初应力 $\rightarrow \sigma_{con}$ （持荷 2min 锚固）

（2）断丝、断筋。张拉时预应力筋的断丝、断筋数量，不得超过表 5-2 的规定。

表 5-2 先张发预应力筋断丝限制

项次	类 别	检 查 项 目	控制数
1	钢丝、钢绞线	同一构件内断丝数不得超过钢丝总数的比例	1%
2	钢筋	断筋	不容许

5.1.3.3 一般操作

（1）调整预应力筋长度。采用螺丝杆锚具，拧动端由螺帽，调整预应力筋长度，使每根预应力筋受力均匀。

（2）初始张拉。一般施加 10% 的张拉应力。将预应力筋拉直，锚固端和连接器处拉紧，在预应力筋上选定适当的位置刻画标记，作为测量延伸量的基点。

（3）正式张拉。

1）一端固定，一端单根张拉。张拉顺序由中间向两端对称进行，如横梁、承载架受力安全也可从一侧进行。单根预应力筋张拉吨位不可一次拉至超张拉应力。

2）一端固定，一端多根张拉。千斤顶必须同步顶进，保持横梁平行移动，预应力筋均匀受力。分级加载拉至超张拉应力。

3）一端单根张拉，一端多根张拉。先张拉单根预应力筋，由延伸量和油表压力读书双控制施加 30%～40% 张拉力，同时使预应力筋受力均匀，先顶锚锚固一端，在张拉多根预应力筋至超张拉应力。

（4）持核。

按预应力筋的类型选定持荷时间 2～5min，使预应力筋完成部分徐变，完成量约为全部量的 20%～25%，以减少钢丝锚固后的应力损失。

（5）锚固。

补足或放松预应力筋的拉力至控制应力。测量、记录预应力筋的延伸量，并核对实测值与理论计算值，其误差应在 ±6% 范围内，如不符合规定，则应找出原因及时处理。张拉满足要求后，锚固预应力筋，千斤顶回油至零。

5.1.4　预应力混凝土配料与浇筑

5.1.4.1　预应力混凝土配料

预应力混凝土配料除符合普通混凝土有关规定外，尚应符合如下要求：

（1）配制高强度等级的混凝土应选择级配优良的配合比，在构件截面尺寸和配筋允许下，尽量采用大粒径集料、强度高的集料；含砂率不超过 0.4；水泥用量不宜超过 500kg/m³，最大不超过 550kg/m³；水灰比不超过 0.45；一般可采用低塑性混凝土，坍落度不大于 3cm，以减少因变量和收缩所引起的预应力的损失。

（2）在拌和料中可掺入适量的减水剂（塑化剂），以达到易于浇筑、早强、节约水泥的目的，其掺入量可有实验确定，也可参考经验值。拌和料不得掺入氯化钙、氯化钠等氯盐及引气剂，亦不易掺入用引气型减水剂。从混凝土的各种组成材料引进混凝土中的氯离子总含量（折合氯盐含量）不宜超过水泥用量的 0.1%，当大于 0.1%，小于 0.2% 时，采用防锈措施；对于干燥环境中的小型构件，氯离子含量可提高一倍。但应注意，由于混凝土掺加减水剂后效果显著，目前用于建造预应力混凝土桥梁的高强度混凝土几乎鲜有不掺加减水剂的，但对它的使用不能掉以轻心，使用不当将会严重影响混凝土的质量。

（3）水、水泥、减水剂用量准确到 ±1%；集料用量准确到 ±2%。

（4）预应力混凝土所用的一切材料，必须全面检查，各项指标均应合格。

预应力混凝土选配材料总的发展趋势是提高强度，减轻自重，主要途径是采用多孔的轻质集料。国外用于主体承重结构的 C30～C60 预应力轻质混凝土的重度为 16～20kN/m³，以轻质混凝土（可较普通混凝土轻 20%～30%）修桥可大量减小恒载内力，减少圬工，节省造价。

改善预应力混凝土物理力学性能的另一个重要途径是发展研制改性混凝土。目前研制的主要有下列两种：

1）纤维混凝土。在混凝土中掺入钢纤维、抗碱玻璃纤维或合成纤维，可以大幅度地提高混凝土的抗拉强度、断裂韧性，对混凝土的抗压强度、弹性模量的提高亦有作用。

2）聚合物混凝土。研制的配料是有机聚合物与无机材料复合的新型材料，如浸渍混凝土，它不仅可将强度提高 2～4 倍，还可以增进混凝土的耐久性和耐腐蚀性。

目前在桥梁工程上也有配制试用新材料混凝土的，采用改性混凝土达到超高强度，优越性大，经济效益显著。

5.1.4.2 预应力混凝土浇筑

混凝土浇筑前除按操作规程检查外，对先张构件还应检查台座受力、夹具、预应力筋数量、位置及张拉吨位是否符合要求等。

混凝土浇筑除按正常操作规程办理外，还应注意以下事项：

（1）尽量采用侧模振捣工艺。

（2）先张构件使用振捣棒振捣时应避免触及预应力筋，防止发生受振滑移和断筋伤人事故，并不得触及冲气胶管。

（3）浇筑混凝土是防止冲气胶管上浮和偏位，随时检查定位箍筋和压块固定情况。

（4）先张构件用蒸汽养护，开始时恒温温度应按设计规定执行，不得任意提高，以免造成不可补救的预应力损失。待混凝土强度达到10MPa时，可适当提高温度，但不得超过60℃。

5.1.5 预应力筋放松

当混凝土达到设计规定的放松强度之后，可在台座上放松受拉预应力筋（称为"放张"），对预制梁施加预应力。当设计无规定时，一般应在大于混凝土设计强度标准值的85%时进行。

预应力筋放松的速度不宜太快，以砂箱放松为宜，如采用千斤顶重新张拉法放松，所施加的应力值不得超过原张拉时的控制应力；对钢丝可采用逐根切割、切断、锯断或剪断的方法放松，切断位置宜在两台座之间的中部。当采用单根放松时，应分阶段，对称相互交错地进行，每根预应力筋严禁一次放完，以免最后放松的预应力筋自行崩断。现将几种常见的放松方法介绍如下：

（1）砂箱放松法。放松的装置在预应力筋张拉前放置在非张拉端。张拉前将砂箱（图5-5）活塞全部拉出，箱内装满干砂，使其顶着横梁。张拉时箱内砂被压实，承受横梁反力。放松预应力筋时，打开出砂口，让砂慢慢流出，活塞缩回，逐渐放松预应力筋。

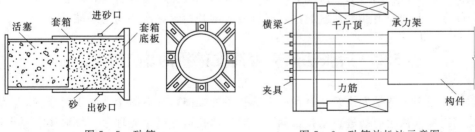

图5-5 砂箱　　　　　　　　图5-6 砂箱放松法示意图

（2）千斤顶放松法。如图5-6所示，在台座固定端的承力架于横梁之间张拉前就安放两个千斤顶，待混凝土达到规定放松强度后，即可让两个千斤顶同步回程，使拉紧的力筋慢慢回缩，将预应力筋放松。

（3）张拉放松法。

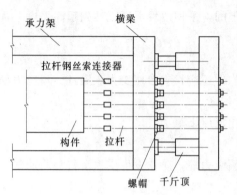

图 5-7　张拉端张拉放松示意图

力筋就慢慢回缩，张拉力即被释放。

1）在张拉端利用连接器、拉杆、双螺帽放松预应力筋，如图 5-7 所示。施加应力不应超过原张拉时的控制应力，之后将固定在横梁定位板前的双螺帽慢慢旋动，同一组放松的预应力筋螺帽旋动的距离相等，然后再将千斤顶回油。张拉，放松螺帽，回油，反复进行，慢慢放松预应力筋。

2）在台座固定端设置螺杆和张拉架，张拉架顶紧横梁让预应力锚固在张拉架上，如图 5-8 所示，放松时，再略微拉紧预应力筋，让其伸长大些，然后拧松螺帽，在将千斤顶回油。

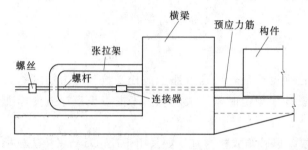

图 5-8　台座固定端张拉放松示意图　　　图 5-9　滑楔放松法示意图

（4）滑楔放松法。张拉前将三块钢制 U 形滑楔放在台座横梁与螺帽之间，如图 5-9 所示在中间滑楔上设置螺杆、螺丝顶住预应力筋。张拉完后，因反力作用，而使中间滑楔向上滑动，将预应力筋慢慢放松。

（5）手工法。手工法即采用各种手工机具将预应力筋沿构件端部锯断或剪断，此法费工费时。

预应力筋全部放松后，可用"乙炔—氧气"烧割或砂轮切割外露钢筋，切割时要防止烧伤端部混凝土，切割后的外露端头，应用砂浆封闭或涂刷防蚀材料，防止生锈。

长线台座上预应力筋的切割顺序，亦有放张端开始，逐次切向另一端。

5.2　后张法预应力简支梁桥的施工工艺

后张法施工工艺是先浇筑留有预应力筋孔道的梁体，待混凝土达到规定强度后，再在预留孔道内穿入预应力筋进行张拉锚固（有时预留孔道内已事先埋束，待梁体混凝土达到规定强度后，再进行预应力筋张拉锚固）。最后进行孔道压浆并浇筑梁端封头混凝土。

后张法梁施加预应力时，构件的混凝土强度一般不低于设计强度等级的 85%。预应力筋张拉前必须完成梁内预留孔道、制束、制锚、穿束和张拉机具设备的准备工作。但后张法生产预应力混凝土梁，不需要大型的张拉台座，便于在桥梁工地现场施工，而且又适宜于配置曲线形预应力筋的重、大型构件制作，因此在公路桥梁上应用广泛。

后张法预应力混凝土梁常用高强度碳素钢丝束，钢绞线和冷拉Ⅲ、Ⅳ级粗钢筋作为预应力筋。对于跨径较小的 T 形梁，也可用冷拔低碳钢丝作为预应力。

5.2.1 预应力钢筋加工

5.2.1.1 预应力粗钢筋的加工

直径为 12～32mm 的预应力筋的加工要经过下料、对焊、冷拉、时效及端头镦粗或轧丝加工等工序。

钢筋下料时，应按钢筋的计算长度，工作长度和原材料的试验数据确定下料长度，做到合理配料，尽量减少接头数目。

由于受到冶金生产和运输上的限制，目前生产的粗钢筋长度最长为 12m，因此常需对焊接长后使用。为了保证接头处的各项力学性能指标不低于原材料，焊接质量应严格控制。目前多采用二次闪光对头焊接，其对接焊接的轴线偏差不得大于 2mm 或钢筋直径的 1/10。施工工艺如图 5-10 所示。

在常温下，将热轧钢筋进行拉伸，使其拉伸控制应力超过屈服强度，但小于抗拉极限强度，可以提高钢材的屈服强度。冷拉时最好采用同时控制钢筋应力和延伸率，即所谓"双控"，并以应力控制为主，延伸率控制为辅。在没有测力设备的情况下，可仅单一的控制其延伸率，称为"单控"。单控操作简单，双控操作除需冷拉设备外，还需测力设备。但双控对冷拉质量控制更有保证，需要焊接的钢筋，必须先进行焊接，冷却至正常温度后即可进行拉。钢筋冷拉应按操作规程操作进行。

钢筋进行冷拉后，屈服强度提高但脆性增加，为此钢筋冷拉后应进行时效处理。时效的作用是经冷拉后的钢筋置于一定温度下经过一段时间，使有冷拉引起的钢材晶格的歪曲得到一定程度的恢复，消除钢筋的内应力，时效后钢筋的屈服强度、抗拉强度比冷拉完成时有所提高，钢筋的弹性模量得到恢复，这就是冷拉时效。钢筋时效的时间与温度有关，有条件时可采

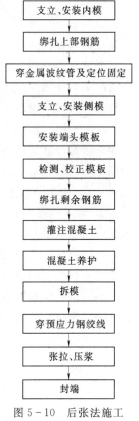

支立、安装内模
↓
绑扎上部钢筋
↓
穿金属波纹管及定位固定
↓
支立、安装侧模
↓
安装端头模板
↓
检测、校正模板
↓
绑扎剩余钢筋
↓
灌注混凝土
↓
混凝土养护
↓
拆模
↓
穿预应力钢绞线
↓
张拉、压浆
↓
封端

图 5-10 后张法施工
工艺流程图

用人工时效，即冷拉后的钢筋在 1000℃ 的恒温下保持 2h 左右，否则可采用自然时效，当自然气温在 20～30℃ 时，至少应放置 24h。无论如何，都应保证预应力的实际强度不低于设计取用的相应强度。

钢筋端头的镦粗及轧丝可在冷却之前进行，也可在冷却之后加工。先张法预制板梁的粗钢筋，在冷拉或张拉时，通过连接器和锚固进行，采用镦头钢筋和开孔的垫板可代替锚具和夹具。

粗钢筋采用成束张拉时，应将下料好的钢筋梳理顺直，按适当间隔用铅丝绑扎牢固，防止扭花、弯曲，并在钢筋束两端适当距离内放置空心衬心（弹簧心或钢管）并绑扎牢固，使钢筋束端截面和锚具孔对应，以利装锚。

5. 2. 1. 2　高强钢筋、高强钢丝、钢绞线的加工

1. 高强钢筋

直径为 6～10mm 的高强钢筋，以盘圆供应，施工中可免去冷工序和对焊接长度加工工作，有利于施工。

2. 高强钢丝和钢绞线的成束

国产高强钢丝单 $\Phi^s 3 \sim \Phi^s 7$mm，强度有 1470～1670MPa，甚至可以提供 $\Phi^i 7$mm、1770MPa 的高强度、低松弛钢丝。钢绞线有 9.0、12.0、15.0mm 三种直径，其强度为 1470～1860MPa，如 $\Phi^i 15$mm 的钢绞线，它是由 6 根 $\Phi^s 5$mm 钢丝为边缘，围绕一根直径为 5.15～5.20mm 的钢丝绞捻而成。

高强钢丝和钢绞线经过下料，编束后用于预应力混凝土板、梁的纵向预应力筋。

高强钢丝的来料一般为盘圆，打开后基本呈直线状，无须整直即可下料。如在自由放置的情况下，任意 1m 长范围内弯曲矢高大于 5m 时，需要进行整直后使用。

预应力钢丝、钢绞线的下料长度，应通过计算确定，计算时应考虑构件长度（或台座长度）、锚夹具长度、千斤顶长度、焊接接头或镦头预留量、冷拉伸长量、弹性会缩量、张拉伸长量和外露长度等。采用锥形锚具，双作用千斤顶张拉钢丝时，钢丝的下料长度取用预制梁的预留孔道长度加上每张拉端 0.7～0.8m 的工作长度。采用钢丝束锚具时，当钢丝束长度≤20m 时，同束钢丝下料长度的相对差值，不宜大于 1/3000；当钢丝束长度大于 20m 时，不宜大于 1/5000。长度为 6m 及小于 6m 的先张法构件的钢丝组成张拉时，下料长度的相对值不得大于 2mm。

钢丝成束时，先用梳丝板（图 5 - 11）将其理顺，然后每隔 1.0～1.5m 衬以长 3～4cm 的螺旋衬圆或短钢管，并在衬圆处用 2 号铁丝缠绕 20～30 道，绑扎的铁丝扣应弯入钢丝束内，以免影响穿束。成束时要保持钢丝一端齐平再向另一端进行。绑束完成后，应按设计编号堆放，并挂牌表示，以防错乱，搬运钢束时，支点间跨度不得大于 3m，两端悬出不得大于 1m。

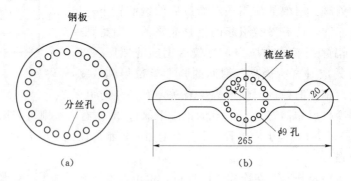

图 5 - 11　梳丝板的构造（单位：mm）

钢绞线、钢丝、热处理钢筋及冷拉Ⅳ级钢筋的下料，宜采用切割机或砂轮锯，不得使用电弧切割下料。钢绞线切割时，应将切口两端各 30～50mm 处用铅丝绑扎，切断后将切口焊牢以免松散。钢绞线在编束前应进行预拉，或在梁上张拉前进行。钢绞线成束的编扎方法与钢丝束相同。

预应力混凝土板、梁中的构造钢筋或普通受力钢筋的加工与普通钢筋相同。对于高、窄、长的钢筋骨架，可分段、分片预制成骨架或钢筋网，在施工现场再装配成整体。

5.2.2 预留孔道

梁内预留孔道是通过在浇筑梁体混凝土前，按梁内预应力筋的设计位置先安放制孔器。待梁体混凝土达到一定强度时，抽拔出制孔器（当为轴拔式制孔器时），并通过检查而形成。

制孔器有埋置式和轴拔式两类。埋置式制孔器主要有铁皮管和铝合金波纹管两种。轴拔式制孔器（俗称轴拔管）常用的有橡胶轴拔管、金属伸缩轴拔管和钢管等，目前较少用。

5.2.2.1 埋置式制孔器

埋置式制孔器在梁体制成后留在梁内，形成孔道壁，对预应力筋的摩阻力小，但加工成本高，不能重复使用，金属材料耗用量大。铁皮管用薄铁皮制作，安放时分段连接。这种制孔器制作时费工、速度慢、接缝和接头处又易漏浆，给以后穿束和张拉造成困难。铝合金波纹管由制管机卷制而成，横向刚度大，不易变形和漏浆，纵向也便于弯成各种线形，与梁混凝土的粘结也较好，故较多使用。

5.2.2.2 轴拔式制孔器

轴拔式制孔器，在梁体混凝土浇筑前，安放在力筋的设计位置上，等终凝后将其拔出，梁体内即具有孔道。用这种方法制孔的最大优点是制孔器能够周转使用，省料而经济，在过去应用较广，目前由于波纹管的普及，已较少用。

1. 橡胶轴拔管

橡胶抽拔管分夹布胶管和钢丝网胶管两种。通常选具有 5～7 层夹布的高压输水（气）管制成，要求管壁牢固，耐磨性能好，能承受 5kN 以上的工作拉力，并且弹性恢复性能好，有良好的挠曲适应性。预应力混凝土 T 梁的预留孔道长度一般不大于 25m，而橡胶管的出厂长度却不到 25m，考虑到制孔器安装和抽拔的方便，固常采用专门的接头。接头要牢固严密，防止浇筑混凝土时脱节或进浆堵塞。为增加胶管的刚度和控制位置的准确，需要橡胶管内放一圆钢筋（称芯棒），芯棒直径应较胶管内径小 8～10mm，长度较胶管长 1～2m，以便于先抽拔芯棒。对于曲线孔道，宜由两段胶管在跨中对接，对接接头处套一段长 0.3～0.5m 的铁皮管，抽拔胶管时从梁的两端进行，铁皮管则留在梁内。橡胶抽拔管接头如图 5-12 所示。

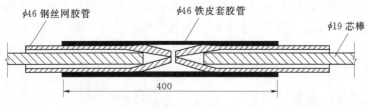

图 5-12 橡胶制孔器接头（单位：mm）

胶管内如利用充气或充水来增加刚度，管内压力不得低于 500kPa，充气（水）后胶管的外径应符合要求的孔道直径。

2．金属伸缩轴拔管

金属伸缩抽拔管是一种用金属丝编制成的可伸缩网管，具有压缩时直径增大而拉伸时直径缩小的特性。为了防止漏浆和增强刚度，网套内可衬以普通橡胶管和插入圆钢或 $\phi5mm$ 钢丝束芯棒。

3．钢管制孔器

钢管制孔器是用表面平整光滑的钢管焊接而成，焊接接头应磨平。钢管制孔器抽拔力大，但不能弯曲，仅适用与短而直的孔道。在梁体混凝土浇筑完毕后要定时转动钢管以利抽拔。

无论采用何种制孔器，都应按设计规定或施工需要预留排气、排水和灌浆用的孔眼。

制孔器的抽拔可有人工逐根进行抽拔，也可用机械（电动卷扬机或手摇绞车）分批进行抽拔。抽拔制孔器的顺序宜先拔下层胶管，后拔上层胶管；先拔早浇筑的半根梁，后拔晚浇筑的半根梁；抽拔时先拔芯棒，后拔管。

梁体混凝土浇筑完后，何时进行抽拔制孔器是决定能否顺利进行抽拔和保证成孔质量的关键问题。如抽拔过早，则混凝土容易塌陷而堵塞孔道；如抽拔过迟，则可能拔断胶管，因此，制孔器的抽拔要在混凝土初凝之后与终凝之前，待其抗压强度达到 4000～8000MPa 时方为合适。根据经验，制孔器的抽拔时间可参考表 5-3 或按式（5-1）估计：

$$H = 100/T \qquad\qquad (5-1)$$

式中　H——混凝土浇筑完毕抽拔制孔器的时间，h；

　　　T——预制梁所处的环境温度（8℃）。

表 5-3　　　　　　　　　　　　制 孔 器 抽 拔 时 间 表

环境温度（℃）	抽拔时间（h）	环境温度（℃）	抽拔时间（h）
30 以上	3	20～10	5～8
30～20	3～5	10 以下	8～12

5.2.3　穿束

当梁体混凝土强度达到设计强度的 85％以上时，才可进行穿束张拉，穿束前，可用空压机吹风等方法清除孔道内的污物和积水，以确保孔道畅通。一般可采用人工直接穿束，也可借助一根 $\phi5mm$ 常钢丝作为引线，用卷扬机牵引较长的束筋进行穿束工作。穿束时钢丝束从一端穿入预留孔道。钢丝束穿孔道两端头伸出的长度应大致相等。目前，穿钢绞丝束的新方法是用专门的穿束机，将钢绞线从盘架上拉出后从孔道的一端快速地（速度为 3～5m/s）推送入孔道，当戴有护头的束前端传出孔道另一端时，用电动切线机按规定伸出长度予以截断，再将新的端头戴上护头穿第二束，直至传到规定的束数。有时可在浇筑混凝土前预先埋束。

5.2.4　预应力筋的张拉

预应力筋张拉前必须对千斤顶和油压表进行校验，计算与张拉吨位相应的油压表读数

和钢丝伸长量，确定张拉顺序和清孔、穿束等工作，并完成制锚工作。

后张拉预制梁，当跨径或长度等于或大于 25m 时，宜用两端同时张拉的工艺，只有短构件可用单短张拉，非张拉端用固定锚具。

后张拉梁的预应力筋张拉程序，依预应力筋种类与锚具类型不同而异。

5.2.4.1 两次张拉工艺

预应力梁在混凝土强度达到设计强度之前，如达到设计强度的 60% 以上，先张拉一部分预应力筋，对梁体施加较低的预压应力，使梁体能承受自重荷载，提前将梁移除生产梁位。因为混凝土强度早期发展快，后期强度增长慢，所以采取早期部分施加应力，可大大缩短生产台座周期，加快施工进度。预制梁移出生产台座后，继续进行养护，待达到混凝土设计强度后，进行其他预应力筋的张拉工作。预应力梁进行早期张拉力筋的根数、位置和锚头局部承压应力均需通过验算后确定。

张拉钢筋的要点：应尽量减少力筋与孔道摩擦，以免造成过大的应力损失或使构建出现裂缝、翘曲变形。预应力筋的张拉顺序按设计综合以下两方面因素核算确定：其一避免张拉时构件截面呈过大的偏心受力状态，应使已张拉的合力线处在受压区内，边缘不产生拉应力；其二应计算分批张拉的预应力损失值，分别加到先张拉的力筋控制应力值 σ_{con} 内，但 σ_{con} 不能超过有关规定，否则应在全部张拉后进行第二次张拉，补足预应力损失。

对于长度大于或等于 25m 的直线和曲线预应力筋应在两端张拉，若设备不足时可先张拉一端，后张拉另一端。长度小于 25m 但仍较长的直线预应力筋，也尽量采用两段张拉。张拉时，两端千金顶升降速度应大致相等，测量伸长的原始空隙、伸长值、插垫等工作应在两端同时进行，千斤顶就位后，应先将主油缸少许充油，使之绷紧，让预应力筋绷直，在预应力筋拉至规定的初应力时，应停车测原始空隙或画线作标记；为减少压缩应力损失，插垫应尽量增加厚度，并将插口对齐，实测 σ_{con} 值时的空隙量减去放松后的插垫厚度应不大于 1mm，插垫可在张拉应力大于 σ_{con} 时进行。在任何情况下，预应力筋的 σ_{con} 应符合最大张拉应力的规定。两端同时张拉成束预应力筋时，为减少应力损失，应先压紧一端锚塞，并在另一端补足至 σ_{con} 值后，再压紧锚塞。

5.2.4.2 滑丝和断丝处理

在张拉过程中，由于各种原因会引起预应力筋断丝或滑丝，使预应力筋受力不均，甚至使构件不能建立足够的预应力。因此需要限制预应力筋的断丝或滑丝数量，其控制数参见表 5-4 的规定。为此要做好如下工作：

表 5-4　　　　　　　　　　　　后张法预应力筋的断丝、滑丝限制

项 次	类 别	检 查 项 目	按制数
1	钢丝束、钢绞线束	每束钢丝断丝或滑丝	1 根
		每束钢绞线断丝或滑丝	1 丝
		每个断面断丝之和不超过该断面断丝总数的比例	1%
2	单根钢筋	断筋或滑移	不允许

（1）加强对设备、锚具、预应力筋的检查。

（2）千斤顶和油表需按时进行校正，保持良好的工作状态，保持误差不超过规定；千斤顶的卡盘、楔块尺寸应正确，没有磨损沟槽和污物以免影响楔紧和退楔。

（3）锚具尺寸应正确，保证加工精度。锚环、锚塞应逐个进行尺寸检查，有同符号误差的应配套使用。亦即锚环的大小两孔和锚塞的粗细两端，都只允许同时出现正误差或同时出现负误差，以保证锥度正确。

（4）锚塞应保证规定的硬度值，当锚塞硬度不足或不均时，张拉后有可能产生内缩扩大甚至滑丝。为防止锚塞端部损伤钢丝，锚塞头上的导角应做成圆弧状。

（5）锚环不得有内部缺陷，应逐个进行电磁探伤。锚环太软或刚度不够均会引起锚塞内缩超量。

（6）预应力筋使用前应按规定检查：钢丝截面要圆，粗细、刚度、硬度要均匀；钢丝编束时应认真梳理，避免交叉混乱；清除钢丝表面的油污锈蚀，钢丝正常楔紧和正常张拉。

（7）锚具安装位置要准确：锚垫板承压面，锚环、对中套等的安装面必须与孔道中心线垂直；锚具中心线必须与孔道中心线重合。

（8）严格执行张拉工艺防止滑丝、断丝：

1）电钣承压面与孔道中线不垂直时，应当在锚圈下垫薄钢板调整垂直度。将锚圈孔对正垫板并点焊，防止张拉时移动。

2）锚具在使用前须先清除杂物，刷去油污。

3）楔紧钢束的楔块其打紧程度务求一致。

4）千斤顶给油、回油工序一般均应缓慢平稳进行。特别是要避免大缸回油过猛，产生较大的冲击振动，易发生滑丝。

5）张拉操作要按规定进行，防止钢丝受力超限发生拉断事故。

6）在冬季施工时，特别是在负温条件下钢丝性能会发生变化（钢丝伸长率减少，弹性模量提高，锚具变脆变硬等），故冬季施工较易产生滑丝与断丝。建议预应力张拉工作应在正常温度条件下进行。

（9）滑丝与断丝的处理方法：

1）钢丝束放松。将千斤顶按张拉状态装好，并将钢丝在夹盘内楔紧。一端张拉，当钢丝受力伸长时，锚塞稍被带出。这时立即用钢钎卡住锚塞螺纹（钢钎可用 $\phi5mm$ 的钢丝、端部磨尖制成，长 20～30cm）。然后主缸缓慢回油，钢丝内缩，锚塞因被卡住而不能与钢丝同时内缩。主缸再次进油，张拉钢丝，锚塞又被带出。再用钢钎卡住，并使主缸回油，如此反复进行至锚塞退出为止。然后拉出钢丝束更换新的钢丝束和锚具。

2）单根滑丝单根补拉。将滑进的钢丝楔紧在卡盘上，张拉达到应力后顶压楔紧。

3）人工滑丝放松钢丝束。安装好千斤顶并楔紧各根钢丝。在钢丝束的一端张拉到钢丝的控制应力仍拉不出锚塞时，打掉一个千斤顶卡盘上钢丝的楔子，迫使 1～2 根钢丝产生抽丝。这时锚塞与锚圈的锚固力就减小了，再次拉锚塞就较易拉出。

5.2.4.3　安全操作注意事项

（1）张拉现场应有明显标志，与该工作无关的人员严禁入内。

（2）张拉与退楔时，千斤顶后面不得站人，以防预应力筋拉断或锚具、楔块弹出伤人。

（3）油泵运转有不正常情况时，应立即停车检查。在有压情况下，不得随意拧动油泵或千斤顶各部位的螺丝。

（4）作业应由专人负责指挥，操作时严禁摸踩及碰撞力筋，在测量伸长及拧螺母时，应停止开动千斤顶或卷扬机。

（5）冷拉或张拉时，螺丝端杆、套筒螺丝及螺母必须有足够的夹紧能力，防止锚具夹具不牢而滑出。

（6）千斤顶支架必须与梁端垫板接触良好，位置正直对称，严禁多加垫板，以防支架不稳或受力不均倾倒伤人。

（7）在高压油管的接头应加防护套，以防喷油伤人。

（8）已张拉完而尚未压浆的梁，严禁剧烈振动，以防预应力筋断裂而酿成重大事故。

5.2.5 孔道压浆和封锚

后张法预应力梁力筋（束）张拉之后，需要进行孔道压浆和封锚，才算完成量的预制工作。

5.2.5.1 压浆目的

压浆的目的是使梁内预应力筋（束）免于锈蚀，并使预应力筋（束）与混凝土梁体相粘结而形成整体。因此水泥浆不能含有符合性混合体，并应在施加预应力后，宜尽可能早些进行灌浆作业。水泥浆应具有如下适当的性质：

（1）为使灌浆作业容易进行，灰浆应具有适当的稠度。

（2）没有收缩，而应具有适当的膨胀性。

（3）应具有规定的抗压强度和粘着强度。

5.2.5.2 压浆工艺

压浆时用压浆机（拌和机加水泥泵）将水泥浆压入孔道，并使孔道从一端到另一端充满水泥浆，且不使水泥浆在凝结前漏掉。为此需在两端锚具上或锚具附近的预制梁上设置连接带阀压浆嘴的接口和排气孔。

一般在水泥浆中掺加塑化剂（或掺铝粉），以增加水泥浆的流动性。使用铝粉能使水泥浆凝固时的膨胀稍大于体积收缩，因而使孔道能充分填满。

压缩前应将孔道冲洗洁净、湿润，并用吹风机排除积水，然后从压浆嘴慢慢地、均匀地压入水泥浆，这时另一端的排气孔有空气排出，直至有水泥浆流出为止，再关闭压浆和出浆口的阀门。

压浆时，对曲线孔道和竖向孔道应由最低点的压浆孔压入，有最高点的排气孔排气和泌水。比较集中和附近的孔道，宜尽量连续压浆完成，以免流到邻孔的水泥浆凝固堵塞孔道，不能连续压浆时，后压浆的孔道应在压浆前用压力水冲洗畅通。

压浆后应从检查孔抽查压浆的密实情况，如有不实，应及时处理和纠正。压浆过程中及压浆后48h内，结构混凝土温度不得低于+5℃，否则应采取保温措施。当气温高于35℃时，压浆宜在夜间进行。

施锚后压浆前须将预应力筋（束）露于锚头外的部分（张拉时的工作长度）截取。当采用分阶段张拉力筋时，应在各阶段分别制取试件，并用标准养护方法及与梁体同条件养护两种方法鉴定其强度。

5.2.5.3　压浆的注意事项

水泥浆应在管道内畅通无阻，因此浇筑之前管道应畅通，不塌陷、不堵塞。

拌和水泥浆应注意检查配合比、计量的准确性、材料掺放的顺序、拌和时间、水泥浆的流动性。

水泥浆进入压浆泵之前，应通过筛子，压浆时压浆泵应缓慢进行，检查排气孔的水泥浆浓度，尤其在排气孔关闭之后，泵的压力应达到 0.5MPa 以上，并需保持一定时间。

压浆作业不能中断，应连续进行，另外需检查有没有忘记应灌注的管道。

寒冷季节压浆时，做到压浆前管道周围的温度在 5℃以上，水泥浆的温度在 10～20℃ 之间，尽量减少水灰比。

为了避免高温引起水泥浆的温度上升和水泥浆的硬化，一般夏季中午不得进行压浆施工。在夏季压浆前，应先将管道用水湿润，应尽量避免使用早强硅酸盐水泥，外加材料最好具有缓凝性，水泥浆一经拌和，就应尽早在短时间内结束作业，防止铝粉过早膨胀。

5.2.5.4　封锚

压浆后将锚具周围冲洗干净并凿毛，设置钢筋网并浇筑封锚混凝土。

封锚混凝土的强度等级应符合设计要求，一般不宜低于梁体混凝土强度等级的 80%，并不宜低于 C30。封端混凝土必须严格控制梁体长度。长期外露的金属锚具，应采取防锈措施。

5.2.6　与张拉有关的计算

1. 钢丝束镦头锚张拉锚固时钢丝下料长度计算

按预应力筋张拉后螺母位于锚杯中部进行计算，如图 5-13 所示。

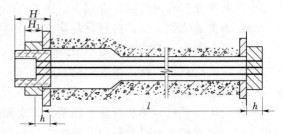

图 5-13　钢丝下料长度计算简图

$$L = l + 2h + 2\delta - K(H - H_1) - \Delta L - C \tag{5-2}$$

式中　l——孔道长度，按实际测量；

h——锚杯底厚或锚板厚度；

δ——钢丝镦头预留量，取 10mm；

K——系数，一端张拉时取 0.5，两端张拉时取 1.0；

H——锚杯高度；

H_1——螺母厚度；

ΔL——钢丝束张拉伸长值；

C——张拉时构件混凝土弹性压缩值。

2. 钢绞线、钢丝束夹片锚张拉锚固时钢绞线下料长度计算

钢绞线下料长度＝孔道净长＋构件两端的预留长度

预留长度的取值是固定端为锚板或锚杯厚度加 30mm，张拉端见表 5-5。

表 5-5　　　　　YCW 型千斤顶的最小操作空间及钢绞线预留长度

千 斤 顶 型 号		YCW—100	YCW—150	YCW—200	YCW—350
最小空间	B（mm）	1300	1350	1400	1500
	C（mm）	200	200	280	300
千斤顶外径 D（mm）		250	310	380	450
钢绞线预留长度 A（mm）		650	680	680	700

3. 精轧螺纹钢筋下料长度

精轧螺纹钢筋下料长度，当采用一端张拉时，可按式（5-3）所示。

$$L=l+2(h+l_1)+l_2+l_3 \tag{5-3}$$

式中　l——构件预留孔道长度；

　　　h——垫板厚度；

　　　l_1——螺母厚度；

　　　l_2——钢筋露出螺母的长度，取 20mm；

　　　l_3——张拉端千斤顶螺纹套筒拧入长度，取 80mm。

预应力筋的张拉控制应力应符合设计要求，不宜超过表 5-6。

表 5-6　　　　　　　　　最 大 张 拉 应 力

预 应 力 钢 材 类 别	最 大 张 拉 应 力
冷拉 II～IV 级钢筋	$0.95R_y^b$
热处理钢筋、消除应力钢筋、钢绞线、冷拉钢丝	$0.8R_y^b$
冷拉钢丝	$0.75R_y^b$

4. 实际伸长值的测量及计算方法

预应力筋张拉前，应先调整到初应力 σ_0（一般取控制力的 10%～25%）再开始张拉和测量伸长值。实际伸长值除张拉时量测得伸长值外，还应加上初应力时的推算伸长值，对于后张法尚应扣除混凝土结构在张拉过程中产生的弹性压缩值。实际伸长值总量 ΔL 的计算公式如式（5-4）所示：

$$\Delta L=\Delta L_1+\Delta L_2-C \tag{5-4}$$

式中　ΔL_1——从初应力至最大张拉应力间的实测伸长值；

　　　ΔL_2——初应力 σ_0 的推算伸长值。

5.2.7　VLM 型锚具张拉施工工艺范例

5.2.7.1　准备工作

（1）将锚垫板喇叭管内的混凝土清理干净。

（2）清除钢绞线上的锈蚀、泥浆。

（3）套上工作锚板，根据气候干燥程度在锚板锥孔内抹上一层薄薄的黄油。

（4）锚板每个锥孔内装上工作夹片。如图 5-14 所示。

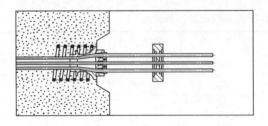

图 5-14　准备工作示意图

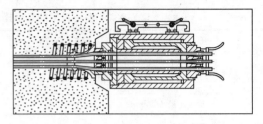

图 5-15　千斤顶定位安装示意图

5.2.7.2　千斤顶的定位安装

（1）套上相应的限位板，根据钢绞线直径大小确定限位尺寸。

（2）装上张拉千斤顶，并且与油泵相连接。

（3）装上可重复使用的工具锚板。

（4）装上工具夹片（夹片表面涂上退锚灵）。如图 5-15 所示。

5.2.7.3　张拉

（1）向千斤顶张拉油缸慢慢送油，直至达到设计值。

（2）测量预应力筋伸长量。

（3）做好张拉详细记录。如图 5-16 所示，为对预应力筋的张拉。

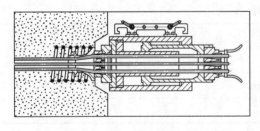

图 5-16　张拉预应力筋

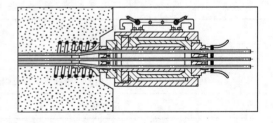

图 5-17　锚固示意图

5.2.7.4　锚固

（1）松开送油油路截止阀，张拉活塞在预应力筋回缩力带动下回程若干毫米。工作夹片锚固好预应力筋。

（2）关闭回油油路截止阀，向回程油缸送油，活塞慢慢回程到底。

（3）按顺序取下工具夹片、工具锚板、张拉千斤顶、限位板。如图 5-17 所示。

5.2.7.5　封端

（1）在距工作夹片 50mm 处，切除多余的预应力筋，用混凝土封住锚头。

（2）48 小时内往张拉孔道内压浆。

（3）用混凝土将锚头端部封平。如图 5-18 所示。

锚垫板布置的最小间距如图 5-19 所示，图中的 a，b，C、D、E、F 的取值如表 5-7 所示，锚垫板尺寸如表 5-7 所示。

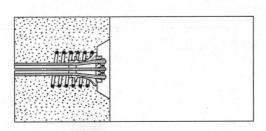

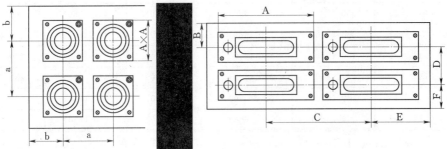

图 5 - 18　锚垫板布置最小间距

表 5 - 7　　　　　　　　　　　锚垫板尺寸及布置间距取值表

锚具规格	锚垫板 A (mm)	混 凝 土 等 级			
		C40		C50	
		a (mm)	b (mm)	a (mm)	b (mm)
VLM15 (13) -2	135 (135)	140 (140)	90 (90)	135 (135)	90 (90)
VLM15 (13) -3	135 (135)	170 (160)	110 (100)	155 (140)	95 (95)
VLM15 (13) -4	150 (135)	190 (180)	120 (115)	170 (150)	110 (100)
VLM15 (13) -5	165 (150)	210 (200)	135 (120)	200 (175)	120 (110)
VLM15 (13) -6	190 (165)	240 (200)	155 (125)	220 (180)	140 (115)
VLM15 (13) -7	190 (165)	250 (220)	160 (135)	230 (200)	145 (115)
VLM15 (13) -8	220 (190)	260 (235)	165 (140)	250 (210)	150 (120)
VLM15 (13) -9	220 (190)	275 (245)	170 (155)	260 (225)	165 (130)
VLM15 (13) -10	230 (220)	280 (260)	175 (155)	270 (235)	170 (140)
VLM15 (13) -11	250 (220)	310 (270)	180 (165)	285 (245)	175 (145)
VLM15 (13) -12	250 (220)	320 (285)	185 (180)	300 (260)	180 (150)
VLM15 (13) -13	250 (220)	330 (295)	190 (190)	310 (270)	185 (160)
VLM15 (13) -14	275 (230)	350 (310)	200 (195)	320 (280)	190 (165)
VLM15 (13) -15	275 (250)	360 (320)	210 (200)	330 (290)	200 (170)
VLM15 (13) -16	300 (275)	390 (330)	235 (205)	355 (300)	200 (175)
VLM15 (13) -18	300 (275)	405 (340)	250 (210)	370 (310)	210 (180)
VLM15 (13) -19	300 (275)	420 (350)	250 (220)	400 (320)	215 (185)
VLM15 (13) -21	335 (300)	430 (390)	260 (230)	410 (350)	220 (190)

续表

锚具规格	锚垫板 A (mm)	混凝土等级			
		C40		C50	
		a (mm)	b (mm)	a (mm)	b (mm)
VLM15 (13) -22	335 (300)	440 (400)	270 (240)	420 (360)	230 (200)
VLM15 (13) -24	350 (300)	470 (410)	280 (245)	430 (370)	235 (205)
VLM15 (13) -25	350 (335)	490 (420)	285 (250)	440 (380)	240 (210)
VLM15 (13) -27	380 (335)	510 (430)	295 (260)	460 (400)	245 (215)
VLM15 (13) -31	390 (350)	540 (470)	300 (270)	485 (430)	270 (230)
VLM15 (13) -37	430 (380)	570 (510)	330 (290)	520 (470)	280 (260)
VLM15 (13) -43	480 (430)	630 (570)	400 (340)	570 (520)	335 (280)
VLM15 (13) -55	540 (460)	730 (600)	440 (350)	660 (550)	370 (290)

锚具规格	锚垫板 A×B (mm×mm)	混凝土等级							
		C40				C50			
		C(mm)	D(mm)	E(mm)	F(mm)	C(mm)	D(mm)	E(mm)	F(mm)
VLM15(13)B-2	140×65	155(150)	80(75)	95(90)	55(50)	150(145)	75(70)	90(85)	50(45)
VLM15(13)B-3	180×65	205(190)	90(75)	120(110)	60(50)	200(185)	85(70)	110(105)	55(50)
VLM15(13)B-4	220×70	250(230)	100(85)	150(135)	70(55)	240(225)	90(80)	135(130)	60(55)
VLM15(13)B-5	260×70	300(270)	110(85)	175(160)	75(60)	280(265)	95(80)	160(155)	70(65)

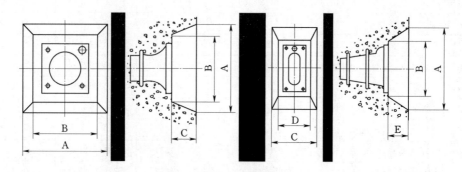

图 5-19　锚具在 0°时槽口尺寸

锚具在 0°时槽口尺寸 示意图，A、B、C 的取值如表 5-8 所示。

表 5-8　　　　　　　　　　　锚 具 尺 寸 表　　　　　　　　　单位：mm

型 号 及 规 格	A	B	C	型 号 及 规 格	A	B	C
VLM15-3, 4, 5	380	250	120	VLM13-3, 4, 5	380	250	120
VLM15-6, 7	450	310	130	VLM13-6, 7	380	250	120
VLM15-8.9	540	380	130	VLM13-8.9	450	310	130
VLM15-10, 11, 12, 13	540	380	140	VLM13-10, 11, 12, 13	450	310	130
VLM15-14, 15	580	420	140	VLM13-14, 15	500	360	140
VLM15-16, 18, 19, 21, 22	600	450	150	VLM13-16, 18, 19, 21, 22	540	380	140

续表

型 号 及 规 格	A	B	C	型 号 及 规 格	A	B	C
VLM15－24，25，27	680	550	190	VLM13－24，25，27	600	450	150
VLM15－31	700	550	200	VLM13－31	640	530	170
VLM15－37	780	650	210	VLM13－37	680	550	190
VLM15－43	800	650	220	VLM13－43	680	550	190
VLM15－55	900	750	250	VLM13－55	780	650	210

锚具规格	A	B	C	D	E
VLM15（13）－2	300	200	230	130	100
VLM15（13）－3	340	240	230	130	100
VLM15（13）－4	390	280	250	140	110
VLM15（13）－5	440	320	260	140	120

5.3 预应力混凝土连续梁桥施工

5.3.1 概述

预应力混凝土连续梁桥在施工过程中常常会出现体系转换，因此施工阶段的应力与变形必须在结构设计中予以考虑。不同的施工方法，在施工各阶段的内力也不同，有时结构的控制设计出现在施工阶段。所以，对连续梁桥，设计与施工是不能也无法截然分开，结构设计必须考虑施工方法、施工内力与变形；而施工方法的选择应符合设计的要求，形成设计与施工互相制约、互相配合、不断发展的关系。

回顾混凝土连续梁桥的发展，可以清楚地看到：施工技术的发展对桥梁的跨径、桥梁的线型、截面形式等方面起着重要作用。初期的混凝土连续梁桥采用搭设支架就地浇注的施工方法，桥梁的跨径多为30～40m，由于施工工期长，并耗用大量木材，因而建造连续桥梁数量很少。20世纪60年代初期，悬臂施工方法从钢桥引入预应力混凝土桥后，使预应力混凝土连续梁桥得到了迅速发展。它可以不用或少用支架，不影响河道通航，将桥梁逐段悬臂施工，其跨越能力已达到200m以上，因而扩大了混凝土连续桥梁的适用范围。连续梁桥因而具有跨径大、造型协调、行车条件优越等特点，使预应力混凝土连续桥梁近20年来在桥梁方案的竞争中常常取胜。如图5-20所示为预应力混凝土桥的施工实例。

5.3.2 施工方法

预应力混凝土连续桥梁的施工法很多，不同的施工方法所需机具设备、劳力不同，施工的组织、安排和工期也不一样，为了便于阐述，对能力相近的方法做适当的归并。施工方法的选择，应根据桥梁的设计、施工现场、环境、设备、经验等因素决定。可以说绝对相同的施工方法与施工组织是不存在的。因此必须结合具体情况，切记生搬硬套。施工方法的选择是否合理将影响整个工程造价，设计施工质量和工期。当今的桥梁工程建设，施

图 5 - 20　预应力混凝土桥梁施工

工起着更加重要的作用。本节将分别介绍其有支架就地浇筑施工、逐孔架设法、移动模架法和顶推法。

5.3.2.1　有支架就地浇筑施工

在支架上就地浇筑施工是古老的施工方法，以往多用于桥墩较低的中、小跨连续梁桥。其主要特点是桥梁整体性好，施工简便可靠，对机具和起重能力要求不高。对预应力混凝土连续桥来说，结构在施工中不出现体系转换问题。但这种施工方法需要大量施工脚手架，施工工期长。

近年来，随着钢脚手架应用和支架构件趋于常备化以及桥梁结构的多样化发展，如变宽桥，弯桥的强大预应力系统的应用，在大跨径桥梁中，采用有支架就地浇筑施工是经济的，因此扩大了应用范围。尽管如此，相对于其他施工方法，采用有支架就地浇筑施工的桥梁总数并不多因此在选择施工方法时，要通过比较综合考虑。

1. 支架

(1) 支架的形式。支架按其构造分为柱式、梁式和梁-立柱式。

1) 立柱式构造简单，用于陆地或不通航河道以及桥墩不高的小跨径桥梁。

2) 梁式支架根据跨径不同采用Ⅰ型刚、钢板梁或钢桁梁。一般Ⅰ型钢用于跨径小于 10m，钢板梁用于跨径小于 20m，钢桁梁用于跨径大于 20m。梁可以支撑在墩旁支架上，也可在桥墩上预留托架或支撑在桥墩处横梁上。

3) 梁-立柱式支架在大跨桥上使用，梁支撑在桥梁墩台以及临时支架或临时墩上，形成多跨连续支架。支架及模板的横截面布置及曲线桥支架的平面布置，支架除支撑模板、就地浇筑施工外，还要设置卸落设备，待梁施工完成后，落架脱模。曲线桥梁的支架采用折线形支架和调节伸臂长度来适应平面曲线的要求。

(2) 对支架的要求。

1) 支架虽是临时结构，但它要承受桥梁的大部分恒重，因此必须有足够的强度、刚度，保证就地浇筑的顺利进行。支架的基础要可靠，构件结合紧密并加入纵、横向连接杠件，使支架成为整体。

2）在河道中施工的支架要充分考虑洪水和漂浮物的影响，除对支架的结构有所要求外，在安排施工进度时尽量避免在高水位情况下施工，如卢布尔廷根阿勒桥就分了两个施工区，分别在 1977 年和 1978 年进行施工。

3）支架在受荷后有变形和挠度，在安装前有充分的估计和计算，并在安装支架时设置预拱度，使就地浇筑的主梁线性符合设计要求。如阿勒桥支架的桁梁，跨中预留拱度 50mm，与实际挠度基本符合。

图 5-21　支架搭设实例图

4）支架的卸落设备有木楔、纱筒和千斤顶等数种，卸架时要对称、均匀，不应使主梁出现局部受力的状态。如图 5-21 所示，为支架搭设实例。

2. 施工特点

（1）施工框图。

在某些桥上，为减轻支架的负担，节省临时工程数量，主梁截面的某些部分在落架后利用主梁身支撑，继续浇筑第二期结构的混凝土，这样就使浇筑和张拉的工序重复进行。如阿勒桥的支架梁是按槽形梁设计的，支座是按无悬臂的整体箱截面设计的，28 天龄期的抗压强度为 38.6～63.5MPa，腹板拆模后浇筑箱梁板混凝土，达到设计强度后，施加最终预应力的 50%，落低支架后在箱梁上使用行走式支架灌注悬臂板的混凝土，每周灌注 3 个 6m 长的节段，待所有悬臂板施工完毕后施加全部预应力，最后进行管道压浆工作。

（2）施工顺序。

有支架就地浇筑施工需采用一联同时搭设支架，按照一定的程度一次完成浇筑工作，待张拉预应力筋、压浆后移架。小跨径板一般采用从一段向另一端浇筑的施工顺序，先梁身，后支点依次进行。

大跨径桥通常采用箱形截面，施工时常分段进行。一种是水平层施工法，即先浇筑底板，待达到一定强度后进行腹板施工，最后浇筑顶板。当工程量较大时，各部位亦可分数次浇筑。如日本怒川桥，两跨跨径 85m 单箱单室连续桥梁，它在浇筑混凝土时，两跨对称进行，这样对支架受力较小，变形也容易控制。其中两部分是在预应力筋张拉完成后再灌注。另一种是分段施工法，根据施工能力每隔 20～50m 设置连续缝，连接缝一般设在弯矩较小的区域，接缝长 1m 左右，待各段混凝土浇筑完成后，最后在接缝处施工合龙。某些结构按照在跨中设置两个支撑的梁支柱式支架分段施工的顺序，合拢段位置和支撑梁预度的设置情况。为使接缝处混凝土结合紧密，通常将梁的腹板做成齿形或企口缝，同时采用腹板与底板不在同一竖截面内，接头的措施。分段施工法在大部分混凝土重量作用后合拢，使支架早期变形，不致引起梁的开裂，有利于提高质量。就地浇注施工的场地布置十分重要，它需要一定的场地进行组拼支架，钢筋加工模板制作，预应力筋的组索和混凝

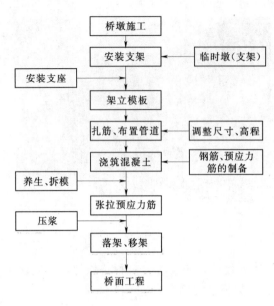

图 5-22 施工工艺图

土拌和台的场地。由于现场灌注工作量较大，同时要求在最短的时间内完成，因此要有足够的堆放场地和场内运输道，只有合理布局，才能使工程向上而有条不紊地进行。如图 5-22 所示为施工工艺图。

（3）施工时间。

在支架上就地浇筑施工，工期较长，5 跨 68m 连续空心板桥梁，一联施工期约为 70 天，其中搭设支架 15 天，安装模板、扎筋、布筋约为 30 天，灌注混凝土和养生期为 15 天，脱模、移架为 10 天左右。两跨 82.5m 连续箱梁桥，完成一联的施工期为 180 天，其中灌注混凝土及养护的工期为 45 天左右。如图 5-23 所示。

5.3.2.2 逐孔架设法

逐孔架设法是逐孔装配。逐孔现场浇筑和逐龙架设是连续施工的一种方法。在施工过程中，由简支梁或悬臂梁转换为连续梁，一般来说，逐孔架设施工快速、简便。本节将结合具体桥例来阐述逐孔架设的不同施工方法。

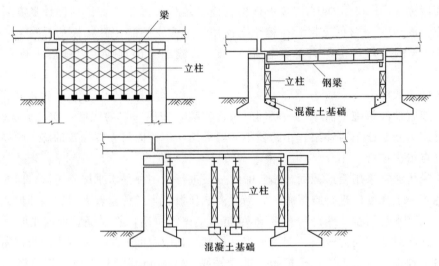

图 5-23 在支架上施工示意图

1. 用临时支撑组拼预制节段逐孔施工

美国长礁桥由 101 跨 36m 和两个边跨 35.6m 组成，为 8 跨一联预应力混凝土连续桥梁。每跨由 7 块预制节段组成，节段高 2.1m，长 5.4m，宽 11.8m，节段的腹板处有齿键，顶板和底板有企口缝，使接缝剪应力传递更加均匀并便于节段拼装就位。由于采用了体外索，即预应力筋设置在箱内，以聚乙烯套管作为防腐保护，因此节段间采用干接缝。

节段组拼在钢桁架梁上进行，钢桁架的 9 个角点临时钢柱和钢梁支撑在 V 形墩的下横撑上，每个角点设液压千斤顶调整标高。为了便于节段钢桁梁上移动，在每一节段下面放有聚四氟乙烯板，它与钢桁梁上的不锈钢轨形成的滑动面上滑动组拼。钢桁梁的预拱度，按箱梁 4413kN 全部加载后，上弦杆呈水平状态设置，同时还准备了附加垫件，用于临时调整节段标高。当桁梁就位调整高度后，将从驳船运来的预制节段由吊车安装。随后在前一跨墩块与安装跨第一节段间安装一块 152mm 厚的混凝土块，填充接缝空隙，经初预应力定位后就地灌注封闭接缝，当达到一定强度后，张拉预应力筋。如图 5 - 24 所示。

图 5 - 24 逐孔施工工艺

钢桁重 833.6kN，在跨中装有小悬臂，由浮吊进行整孔装拆，十分方便，钢桁架从拆、运、在装完毕仅用 3 小时，由于该桥为等截面梁，预制节段生产速度为每周 14 块（两跨梁），平均安装速度 3 跨／周，即每周完成 108m。

科威特的巴比桥全长 2383m，由 11 联运来混凝土组合衍式连续梁组成，标准跨径 40.16m。该桥梁的腹板为三角形框架，比一般混凝土箱梁节省材料 20%～30%，标准跨分 10 段预制，中间部分有 8 段，每段长 4.65m，载重 833.6kN，两端墩上段 1.84m，载重 617.8kN。预制节段宽度用桥全宽 18m。节段的制工作需分两次预制，第一次预制中间节段所需的三角形框架和墩上节段所需的斜撑，第二次预制再把上述预制制件浇筑在顶底板中。墩上节段的中间节段采用长短线配合，以每联为系统进行组合预制，考虑到 200 多米长一联的架桥精度要求高，对墩上段的定位精度控制在 5mm 以内。节段结合面设有多组企口键，用于定位和传递剪力。该桥主要预应力筋与长礁桥相同，设置在混凝土构件的体外，预应力筋外面用聚乙烯套管保护，安装完工后，在管内压注膨胀砂浆。因此，施工时，节段用于接缝拼装。

2. 使用移动支架逐孔现浇施工

逐孔现浇施工与在支架上现浇施工的不同点在于逐孔现浇施工仅在一跨梁上设置支

架，当预应力筋张拉结束后移到下一跨逐孔施工，而在支架上现场施工通常在一联桥跨上布设架连续施工，因此前者在施工过程中有体系转换的问题，混凝土徐变对结构产生次内力。移动支架常用落地式及梁式。落地式用于岸上桥跨或桥墩较低的情况，梁式支架承重量支撑在锚固于桥墩的横梁上，也可支撑在以施工完成的梁体上，现浇施工的接头最好设在较小的部位，常取用离桥墩 1/5 以外。

逐跨就地浇筑施工需要一定数量的支架，但比起在支架现场浇筑施工所需的支架数量要少得多，而且周转次数多，利用效率高。施工速度也比在支架上现场浇筑快得多，但相对预制梁段逐孔施工要长些，同时后支点位于悬臂端产生较大的施工弯矩。因此这种施工方法，只适用中等跨径，以及结构构造简单的桥梁。

采用非支撑时的移动模板、支架逐孔现浇施工，近年来发展很快，机械化、自动化的程度也很高，给施工带来了较高的经济效益，如图 5－25 所示。

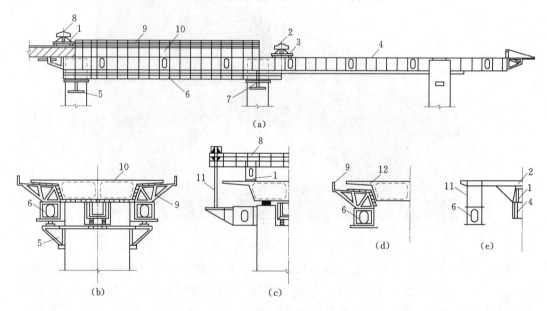

图 5－25　移动支架逐孔混浇施工图

3.整孔吊装与分段吊装逐孔施工

整孔吊装和分段吊装施工需要先在工厂或现场预制整孔梁或分段梁，再进行逐孔架设施工。由于预制梁或预制段较长，因此，需要在预制进先进行第一次预应力筋的张拉，拼装就位后进行二次张拉。因此，在施工过程中也需要由简支梁或悬臂过渡到连续的梁体系转换。吊装的机具有衍式吊、浮吊、龙门起重机、汽车吊等多种。可根据起吊重量，桥梁所在位置以及现在设备和掌握机具的熟练程度等因素决定。

日本旧岛大桥是一座采用整孔吊装的连续梁桥，该桥全长 931.04m，由两跨一联的预应力混凝土连续箱桥和 6 跨一联的钢箱连续梁桥组成。预应力混凝土梁分跨为 2×71.4m，钢梁的分跨为 75m＋100m＋2×130m＋100m＋75m，桥面宽 13.5m，采用按桥全宽纵向分段预制，组拼成整孔，大型浮吊整孔架设，该桥预制梁的接头位置设在离支点 L/5 处弯矩较少的部位，对连续梁的支点受力是有利的，同时在施工中不需再用临时支座，简化施工，节省材料。采用大型整体结构逐孔架设，需要由相当大的起重设备。

上海莲西大桥是采用分段吊装的预应力混凝土连续梁桥，该桥全长280m，主孔为3跨一联预应力连续梁桥，跨径为30m＋40m＋30m等截面，梁高1.8m，桥宽9m，采用5梁式T型截面，梁间距1.9m，预制梁宽1.4m，梁间有0.5m，翼缘板现浇接头，根据当地的起重能力，将三跨连续梁在纵向分5段，最大分段梁长20m，起重量392.3kN，预制梁段由万能杆件拼装2×2×116m安装梁架设，各梁段间有0.6m现浇接头，在支架上完成现浇。

安装梁在岸上组拼后，纵拖就位，跨间的临时墩即作安装梁纵移的临进支撑，又作为梁段接头的支架和横移主梁用。整个施工经历了简支梁——单悬臂梁——连续梁的体系转换过程。

逐孔架设施工的三种典型方法的共同特点是需要一定的辅助设备或较强大的起重设备。在逐孔施工过程均要有体系转换，通常由简支梁或悬臂梁转化为连续梁，对于多跨连续梁还要经历跨数连续梁的转换。因此，在施工过程中梁的各截面内力是随着施工进程而不断变化的。逐孔架设相对其他方法，它的施工速度比较快，特别是横向整体的整孔架设施工，速度最快，但起重能力要求最大，要解决快速和起重能力的矛盾，则可以纵向分段，横向划分或纵、横向同时划分。分段的愈小，起重能力要求愈低，但接头的工作量愈大，整体性就要采取必要的构造和施工措施保证。在当今起重能力逐步提高的情况下，不宜采用纵横向同时划分的方式，以避免过多的现浇接头。此外逐孔架设施工由于受到辅助设备和较强大的起重能力的限制，桥梁的跨径不宜过大，以中等跨径的长桥最为合适，经济效益提高。这三种施工方法都有各自的特点。

合理选择施工程序是十分重要的，在桥例中，对一联桥跨大多数采用在中间跨或中间墩上合拢的施工程序，预制节段或梁段的运输有从纵向沿着已建成的桥跨运到桥位，也有从桥位下面竖直吊装就位的。在考虑施工程序时，要便于构件的预制，堆放和尽量减少搬运，要有一个合理的生产线使施工连续性，此外由于连续梁的徐变次内力和温度应力与施工程序有关，因此要考虑几种可能的方案，选取对结构内力最小施工程序。逐孔架设把接头位置设在弯矩较小的部位，对结构的受力和变形是十分有利的，近年来在国内外桥梁施工中常被采用。

5.3.2.3 移动模架法

近20年来，高架桥得到了很大的发展，它的特点是桥长跨多，桥梁的跨径大约在30～50m左右，为适应这类桥梁的快速施工，节省劳力，减轻劳动强度和少占施工场地，利用机械化的支架和模板逐跨移动，现浇混凝土施工，这就是移动模架法。常用的移动模架法可分为移动悬吊模架和活动模架两种。

1. 移动悬吊架施工

移动悬吊模架的型式很多，各有差异，就其基本结构包括三部分：承重梁、从承重梁伸出的肋骨状的横梁和支撑主梁的移动支撑。承重梁通常采用钢梁，长度大于两倍跨径，是承受施工设备自重。模板系统重力和现浇混凝土重力的主要构件，承重梁的后端通过可移式支撑落在已完成的梁段上，它将重量传给桥墩（或直坐落在墩顶），承重梁的前端支撑在桥墩上，工作状态呈单臂梁。承重梁除起承重作用外，在一孔梁施工完成后，作为导梁与悬吊模架一起纵移至下一施工孔，承重梁的位移以及内部运输有数组千斤顶或起重机完成，并通过中心控制操作。如图 5-26 所示为施工顺序图。

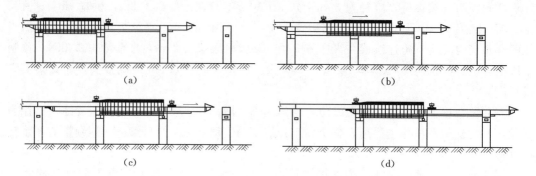

图 5-26 移动悬吊架施工顺序图

从承重梁两侧悬臂的许多横梁覆盖板梁全宽，它由承重梁上左右各用 2～3 组钢索拉架横梁，以增加其刚度，横梁的两端垂直向下，到主桥的下端再呈水平状态，形成下端开口的框架并将主梁包在内部，当模板支架处于浇混凝土的状态时，模板依靠下端的悬臂梁和锚固在横梁上的吊杆定位，并用千斤顶固定模板浇筑混凝土。当模架需要运送时，放松千斤顶和吊杆，模板固定在下端悬臂上，并转动该梁的前段可动部分，使在运送时模架可顺利地通过桥墩。

模架的支撑系统由移动支撑 R_1、R_2、R_3 和端支撑组成，移动时要放下后端支撑，将 R_1、R_2、R_3 活动支撑前移，之后提升后端支撑，利用 R_2、R_3 上的穿心式千斤顶将承重梁前移，经过几次反复，将承重梁移至新的施工位置。

日本有一座高架桥，该桥全长 930m，基本体系也是三跨连续空心板梁桥，跨径 24.5～29m，梁高 1.1m，桥宽 18～19m，桥墩为双柱式墩，采用移动悬吊模架施工。该桥的特点在于桥梁平面为 R＝240m（最小半径）的曲线桥，施工是通过调整悬臂吊模架的位置和高度来实现。材料和极具设备通过已完成的桥面利用轨道龙门吊车从预制加工厂运至施工现场，浇筑混凝土时通过导管输送到需要的位置。由于具有较高的机械化、自动化和良好的施工环境，不仅保证施工质量，而且可减少 30％的劳动力，一孔梁的施工周期约为 11 天，但它需要一整套大型的施工设备，因此，设备周转使用的次数愈多，其经济效益愈高。

2. 活动模架的施工

活动模架施工，活动模架的构造形式较多，其中的一种构造形式由承重梁、导梁、吊车和桥墩托架等构件组成。在混凝土箱型梁的两侧各设置一根承重梁，支撑模板和承受施工重量，承重梁的长度要大于桥梁跨径，浇筑混凝土时承重梁支撑在桥墩托架上。导梁主要用于运送承重梁和活动模架，因此需要有大于两倍桥梁跨径的长度，当一跨梁施工完成后进行脱模卸架，由前方台车（在导梁上移动）和后方台车（在已完成的梁上移动），沿纵向将承重梁和活动模架运送至下一跨，承重梁就位后导梁再向前移动。日本东北新干线第一商北川双线铁路桥采用活动模架施工，该桥共 33 孔，由 32 孔跨径 31～33m 和一孔 49m 简支梁组成。其中 32 孔均采用活动施工，承重梁长 37.75m，导梁长选用 74m，均为钢箱截面，全部活动模架的重量约 2940kN。混凝土从桥跨一岸运至施工现场，混凝土浇筑完成后采用蒸汽养护，并在 3 天后张拉预应力筋，平均每跨梁的施工周期为 15 天，全部上部结构施工期为 23 个月。

活动模架的另一种构造型式是采用长度大于两倍跨径的承重梁分设在箱梁面的翼缘板下方，兼作支撑和移支模架的功能，因此不需要再设导梁，两根承重置于墩顶的临时横梁上，两根承重梁间用于支撑上部结构模板的钢螺栓框架将两个承重梁连接起来，移动时为跨越桥墩前进，需要接触连接杆件，承重梁逐功能向前移动。

活动模板施工是从岸跨开始，每次施工接缝设在下一跨的 13m 处（L/5 附近）连续施工，当正桥和两岸引桥施工完成后，在主跨锚孔设置临时墩现场浇筑连接段使全桥合龙。

对于每个箱梁的施工采用两次浇筑施工法，当承重梁抵位后，用螺旋千斤顶调整外模，浇底板混凝土，之后安装设在轨道上的内模板，浇筑腹板及顶板混凝土，在一跨施工结束需移动模架时，将连接杆件从一个松开半撤除纵向缆索后将承重梁逐根纵移后，由于附有连接杆和模板的承重梁，在移动时不稳定，为了达到平衡，在承重梁的另一侧设有外托架和混凝土平衡架。在正常情况下，每跨桥的施工期，需要 4 周时间。

伊拉克摩苏尔 4 号桥是采用移动模架逐孔现浇的实例。该桥全长 648m，为十二跨一联预应力混凝土连续梁桥，分跨为 44+10×56+44m，桥宽 31.3m，采用分离式单箱单室等截面梁。施工时，浇筑孔需要有强大的移动式支承，模架的前支点设在前主桥墩上，后支点则另在已浇筑完成的悬臂端上，采用从桥一端向另一端逐孔施工程序。每孔混凝土接头设在距离桥墩支点 11.2m 处，即 56m 跨的 L/5 部位。预应力筋一半数量的接头设在距支点 6.2m 处，也就是说一半数量的预应力筋锚固在混凝土接头部位，另一半预应力筋接头相隔 5m，保证混凝土与预应力筋有良好的连续性。

采用移动模架法施工，无论哪一种形式，其共同的特点在于采用高度的机械化，其模板、钢筋、混凝土和张拉工艺等整套工序均可在模架内完成。同时由于施工作业是周期进行，且不受气候因素干扰，不仅便于工程管理，又能提高工程质量，加快施工速度。根据国外 20 余座使用移动模架法施工的桥梁统计，从构造上看，大多数的桥为外形的等截面梁桥，箱梁截面在支点位置可设置横隔梁；另外从桥长和跨径方面分析，大多数桥长均超过 200m，常采用 400m，也有超过 1000m 的，当桥很长时，则考虑材料，设备的合理运输问题。对于桥梁的跨径多数为 23.5～45m，也就是说，对于中等跨径的桥梁采用移动横架法施工较为适宜。此外，对于弯桥和坡桥都有成功的先例。

移动模架法需要一整套设备及配件，除耗用大量钢材外还需有整套机械动力设备和自动装置，一次投资相当可观，为了提高使用效率，必须解决装配化和科学管理的问题。装配化就是设备的主要构件采用装配式，能用不同桥梁跨径，不同桥宽和不同形状的桥梁，扩大设备的使用面，减低施工成本。科学管理的目的在于充分发挥设备的使用能力，因此必须要作到机械设备的配套，注意设备的维修养护。如果能够作到具有专业队伍固定操作，并能持久地在它所适用的桥梁上施工，必将取到较好的经济效益。

5.3.2.4 顶推法

顶推法的施工原理是沿桥纵轴方向电动台后开辟预制场地，分节段预制混凝土梁身，纵向预应力筋连成整体，然后通过水平液压千斤顶施力借助不锈钢板与聚四氟乙烯模压板特制的滑动装置，将逐段向对岸顶进，就位后落架，更换正式支座完成桥梁施工。如图5-27所示，为钱江二桥顶推法施工图。

图 5-27 钱江二桥引桥顶推导梁

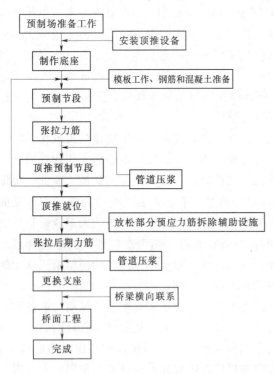

图 5-28 顶推法施工顺序

我国与1974年首先在狄家河铁路桥采用顶推法施工，该桥位4×40m预应力混凝土连续梁桥；1977年修建了广东东莞县的40m+54m+40m三跨一联的万江桥；之后湖南望城沩水河桥适用柔性墩多点顶推连续桥梁的施工为我国采用顶推法施工创造了成功的经验，有力地推动了我国预应力混凝土连续梁桥的发展，至今又有多座连续梁桥采用顶推法施工完成。顶推法施工不仅用于连续梁桥（包括钢桥），同时也可用于其他桥型。如简支梁，也可先连续顶推施工，就位后解除梁跨间的连续；拱桥的拱上纵梁，也可立柱间顶推施工；斜拉桥的主梁采用顶推法等。

迄今，世界各国采用顶推法施工的大桥约有近200座。推荐的顶推跨径为42m，不设临时支墩也无其他辅助设施的最大顶推跨径为63m，顶推法施工的最大跨径是联邦德国的沃尔斯（Worth）桥，该桥位3跨连续梁，全长404m，最大跨径168m，期间采用两个临时支墩，顶推跨径56m。

预应力混凝土连续梁桥的上部结构采用顶推法施工的顺序可大致用图5-28表示，这一施工框图主要反映我国目前采用顶推法施工的主要工序。

连续梁桥的主梁采用顶推法施工的概貌见图 5-29。

图 5-29　连续梁桥主梁施工

1. 单点顶推

顶推的装置集中在主梁预制场附近的桥台或桥墩上，方墩各支点上设置滑动支撑。顶推装置又可分为两种：一种是由水平千斤顶通过沿箱梁两侧的牵动钢杆给预制梁一个顶推力；另一种是由水平千斤顶与竖直千斤顶联合使用，顶推预制梁前进，它的施工程序为顶梁、推移、落下竖直千斤顶和收回水平千斤顶的活塞杆。

滑到支撑设置在墩上的混凝土临时垫块上，它由光滑的不锈钢板与组合的聚四氟乙烯滑块组成，其中的滑块由四氟板与具有加劲的橡胶块构成，外形尺寸有 420mm×420mm、200mm×400mm、500mm×200mm 等数种，厚度也有 40mm、31mm、21mm 之分。顶推时，组合的聚四氟乙烯滑块在不锈钢上滑动，并在前方滑出。通过在滑道后方不断喂入滑块，带动梁身前进。

我国狄家河桥、万江桥均采用单点顶推法施工，将水平千斤顶与竖直千斤顶联用。顶推时，升起竖直顶活塞，使临时支撑和卸载，开动水平千斤顶去顶推竖直顶，由于竖直顶下面设有滑道，顶的上端装有一块橡胶板，即竖直千斤顶在前进过程中带动梁体向前移动。当水平千斤顶达到最大行程时，降下竖直顶活塞，带动竖直顶后移，回到原来的位置，如此反复不断地将梁的顶推到设计位置。

1991 年建成的杭州钱塘江二桥，是一座公铁两用桥。主桥两侧的铁路引桥均为三联预应力混凝土连续梁桥，每联分别为 7×32m、8×32m、9×32m，最大联长 288m，采用单点顶推法施工。顶推设备采用四台大行程水平穿心式千斤顶，设置在牵引墩的前侧托架上，顶推是通过梁体顶、底板预留孔内插入强劲的钢锚柱，由钢横梁锚紧四根拉杆，牵引梁体前进，当千斤顶回油时，需拧紧拉杆上的止退螺母，为保证施工安全，在牵引墩的后侧安装二个专供防止梁体滑移的制动架。

国外单点顶推法称 TL 顶推施工法，是德国的 Taktshiebe Verba 中的 Taktshiebe 和 Leonhatdt 的两个大写字母组成。在 TL 施工的桥梁取得不少成果，如著名的卡罗尼河桥，全长在 500m 左右，上部结构顶推重力约为 98100kN，采用两台 2943kN 水平千斤顶单点顶推最大顶力为 3924kN。在原苏联，已普遍采用连续滑动装置来代替人工喂入滑块，这种装置具有固定的聚四氟乙烯板连续滑动，其构造似坦克的履带，同时在梁下设置钢板，每块钢板的滑动面为不锈钢板，另一面则带动主梁前进，这样的滑动装置施工十分方便。我国在西延线刘家沟车站的三线桥上，与 1991 年也曾使用履带式滑块，空腹式滑道，实现了不间断顶推施工法，顶推速度 1.2m/d。

2. 多点顶推

在每个墩台上设置一对小吨位（400～800kN）水平千斤顶，将集中的顶推力分散在各墩上。由于利用水平千斤顶传给墩台的反力来平衡梁体滑移时在桥墩上产生的摩阻力，从而使桥墩在顶推过程中承受较小的水平力，因此可以再柔性墩上采用多点顶推施工。同时，多点顶推所需的顶推设备吨位较小，容易获得，所以我国近年来用顶推施工的预应力混凝土连续梁桥，较多地采用了多点顶推法。在顶推设备方面，国内一般较多的采用拉杆式顶推方案，每个墩位上设置一对液压穿心式千斤顶，每侧的拉杆使用 1 根或 2Φ25mm 高强螺纹钢筋，前端通过锥楔块固定在水平活塞杆的头部，另一端使用特制的拉锚器、锚定板等连接器与箱连接，水平千斤顶固定在墩身特制的台座上，同时在梁位下设置滑板和滑块。当水平千斤顶顶时，带动箱梁在滑道上向前滑动，拉杆式顶推装置。

多点顶推在国外称 SSY 顶推施工法，顶推装置由竖向千斤顶、水平千斤顶和滑动支撑组成。施工程序为落梁、顶推、升梁和收回水平千斤顶的活塞，拉回支撑块，如此反复作业。如图 5-30 为多点顶推施工图。

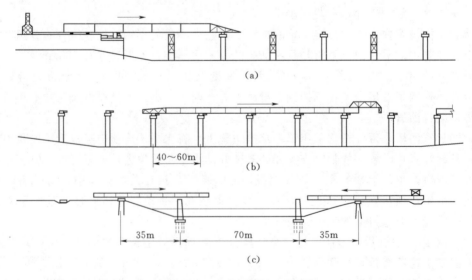

图 5-30　多点顶推施工顺序图

多点顶推施工的关键在于同时。因为顶推水平力是分散在各桥墩上的，一般均需通过中心控制室控制各千斤顶的出力等级，保证同时启动，同步前进，同时停止和同时换向。

为保证在意外情况下，及时改变全桥的运动状态，各机组和观测点上需装置急停按钮。对于在柔性墩上的多点顶推，为尽量减小对桥墩的水平推力及控制桥墩的水平位移，千斤顶的出力按摩擦力的变化幅度分为几个等级通过计算确定。由于摩擦力的变化引起顶推力与摩擦力的差值变化，每个墩子顶推时可能向前或向后位移，为了达到箱梁匀速前进，应控制差值及桥墩位移，施工时在控制室随时调整顶力的级数，控制千斤顶的出力大小。由于千斤顶传力时间差的影响，将不可避免地引起桥墩纵向摆动，同时箱梁的悬出部分可能上下振动，这些因素对施工极其不利，要尽量减少其影响，作到分级调压，集中控制，差值限定。

多点顶推法与集中单点顶推比较，可以免去大规模的顶推设备，能有效地控制顶推梁的偏离，顶推时对桥的水平推力可以减到很小，便于结构采用柔性墩。在弯桥采用多点顶推时，由各墩均匀施工加顶力，同时能顺利施工。采用拉杆式顶推系统，免去在每一循环顶推过程中用竖向千斤顶将梁顶起使水平千斤顶复位，简化了工艺流程，加快顶推速度。但多点顶推需要较多的设备，操作要求也比较高。

多联桥的顶推，可以分联顶推，通联就为，也可联在一起顶推。两联间的结合面可用牛皮纸或塑料布隔离层隔开，也可采用隔离剂隔开。对多联一并顶推时，多联顶推就位后，可根据具体情况设计解联。落梁及形成伸缩缝的施工方案，如两联顶推，第二联就位后解联，然后第一联再向前顶推就位，形成两联间的伸缩缝。

3. 其他分类的施工方法概述

(1) 设置临时滑动支撑顶推施工。

顶推施工的滑道是在墩上临时设置的，待主梁顶推就位后，更换正式支座。我国采用顶推法施工的数座连续梁桥均为这种方法。国外也有采用当主梁的滑道上顶推完成后，使用横移法就位。

在安放支座之前，应根据设计要求检查支座反力和支座的高度，同时对同一墩位的各支座反力按横向分布要求进行调整。安放支座也称落架，对于多联梁可按联落架，如一联梁跨较多时也可分阶段落架，这样板简便，又可减少所需千斤顶数量。更换支座是一项细致而复杂的工作，往往一个支座高度变动 1mm，其他支座反应相当敏感。据广东某桥的顶推资料：支座高程变化 10mm，45mm 跨的支座反力变动 402kN，支点弯矩变化 5552kN·m。因此，在调整支座前要周密计划，操作时统一指挥，做到分级、同步。

(2) 使用与永久支座兼用的滑动支撑顶推施工。

这是一种使用施工时的临时滑动支撑于竣工后的永久支座兼用的支持进行顶推施工的方法。它将竣工后的永久支座安装在桥墩的设计位置上，施工时通过改造作为顶推施工时的滑道，主梁就位后不需要进行临时滑动支撑的拆除作业，也不需要用大吨位千斤顶将梁顶起。

国外把这种方法定名为 RS 施工法（Ribben Sliding Mlethod）。它的滑动装置由 RS 支撑、滑动带、卷绕装置组成。RS 顶推装置的特点采用兼用支撑，滑动带自动循环，因而操作工艺简单，省工、省时，但支撑本身的构造复杂，价格较高。

此外，顶推法施工还可分为单向顶推和双向顶推施工。双向顶推施工需要从两岸同时预制，因此要有两个预制场，两套设备，施工费用要高。同时，边跨顶推数段后，主梁的倾覆稳定需要得到保证，常采用临时支柱、梁后压重、加临时支点地等措施解决。双向顶推常用于连续梁中孔跨径较大而不宜设置临时墩的三跨梁。此外，在桥长度大于 600m 时，为缩短工期，也可采用双向顶推施工。

4. 顶推施工中的几个问题

(1) 确定分段长度和预制场的布置。

顶推法的制梁有两种方法：一种是在梁的轴线的预制场上连续预制逐段顶推；另一种是在工厂制成预制快件，运送桥位连接后进行顶推，在这种情况下，必须根据运输条件决定阶段的长度和重量，一般不超过 5m 同时增加了接头工作，需要起重、运输设备，因此，以现场预制为宜。预制是预制箱梁和顶推过渡的场地，包括主梁阶段的浇制平台和模板、钢筋和钢索的加工场地，混凝土搅拌站以及沙、石、水泥的推入和运输路线用地。预制场一般设在桥台后，长度需要有预制阶段长度的 3 倍以上。如果路已选作好，可以把钢筋加工、材料堆放场地安排得更合理一些。顶推过渡场地需要布置千斤顶和滑移装置，因此它又是主梁顶推的过渡孔。主梁阶段预制完成后，要将节段向前顶推，空出浇筑平台继续浇筑下一节段。对于顶出的梁段要求顶推后无高程变化，梁的尾端不能产生转角，因此在到达主跨之前要设置过渡孔，并通过计算确定分孔和长度，如为水桥设置了两过渡孔，9.5m＋11.4m。如果在正桥之前有引桥孔，则可利用引桥作为顶推的过渡孔，如柳州二桥就是用引桥作为过渡孔。当顶推过渡孔内有多个中间支撑时，很难做到各支撑高程呈线性关系，梁段的尾段不产生转角，因此主梁在台座段和前方第一跨内可能由于上述原因产生顶推接拼的次内力，在施工内力计算只应予以考虑。

主梁的节段长度划分时，连接处不要设在连续受力最大的支点与跨中截面，同时要考虑制作加工容易，尽量减少分段，缩短工期。因此一般常取每段长 10～30m。同时根据连续梁反弯点位置，参考国外有关设计规范，连续的顶推节段长度应使每跨梁不多于 2 个接缩缝。

(2) 节段的预制工作。

节段的预制对桥梁施工质量和施工速度决定作用。由于预制工作固定在一个位置上进行周期性生产，所以完全可以仿照工厂预制桥梁的条件设临时厂房、吊车，使施工不受气候影响，减轻劳动强度，提高工效。

1) 模板制作是保证预制质量的关键。

箱梁模板由底板、侧模和内模组成。一般说，采用顶推法施工多选用等截面模板可以多次周转使用。宜使用钢模板，以保证预制梁尺寸的准确性。

底模板安置在预制平台上，平台的平整度必须严格控制，因为顶推时的微小高差就会引起梁内力的变化，而且梁底不平整将直接影响顶推工作。通常预制平台要有一个整体的框架基础，要求总下沉量不超过 5mm，其上是型钢及钢板制作的底模和在腹板位置的底模滑道。在底模和基础之间设置卸落设备放下时，底模能动脱模，将节段落在滑道上。

节段预制的模板构造与施工方法有关，一种方法是节段在预制场现浇完成后，张拉预应力筋并顶推出预制场；另一种方法是在预制场先完成底板浇筑，张拉部分预应力筋后即推出预制场，而箱梁的腹板、顶板的施工是在过渡孔上完成的，或底板和腹板第一次预制，顶板部分第二次预制。

2) 预制周期是加快施工速度的关键。

根据统计资料得知，梁段预制工作量占上部结构总工作量的 $55\%\sim65\%$，加快预制工作的速度对缩短工期具有十分重要的意义。为达到此目的，除在设计上尽量减少梁段的规格外，在施工上应采取一定的措施加快预制周期。目前国内外的预制梁周期为 $7\sim15d$，为缩短预制周期，在预制时可以考虑采取如下的措施：①组织专业化施工队伍，在统一指挥下实行岗位责任制；②采用墩头锚、套管连接器，前期钢索采用直索，加快张拉速度；③在混凝土中加入减水剂，增加施工和易性，提高和泥土的早期强度；④采用强大振捣，大型模板安装，提高机械化和装配化的程度。

（3）顶推施工中的横向导向。

为了使顶推能正确就位，施工中的横向导向是不可少的。通常在桥墩台上主梁的两侧各安置一个横向水平千斤顶，千斤顶的高度与主梁的底板位置齐平，由墩台上的支架固定千斤顶位置。在千斤顶的顶杆与主梁侧面外缘之间放置滑块，顶推时千斤顶的顶杆与滑块的聚四乙烯板形成滑动面，顶推时由专人负责不断更换滑块。

横向导向千斤顶在顶推施工中一般只控制两个位置，一个是在预制梁段刚刚离开预制场的部位，另一个设置在顶推施工最前端的桥墩上，因此两前端的导向位置将随着顶推梁的前时不断更换位置。施工中发现梁的横向位置有误而需纠偏时，必须在梁顶推前进的过程中进行调整。对于曲线桥，由于超高而形成单面横坡，横向导向装置应比直线处强劲，且数量要增加，同时应注意在顶推时，内外弧两侧前进的距离不同，要加强控制和观测。

5. 施工中的临时设施

通过计算得知，连续梁顶推施工的弯矩包络图与营运状态的弯矩包络图相差较大，为了减少施工中的内力，扩大顶推施工的使用范围，同时也可从安全施工（特别在施工初期，不致发生倾覆失稳）和方便施工出发，在施工过程中使用一些临时设施，如导梁（鼻梁）、临时墩、接索、托架及斜拉索等结构。

（1）导梁

导梁设置在主梁的前端，为等截面或变截面的钢衍架或钢板梁，主梁前端装有预埋件与钢导梁栓接。导梁在外形上，底缘与箱梁底应在同一平面上，前端底缘呈向上圆弧形，以便于顶推时顺利通过桥墩。

导梁的结构需要进行受力状态分析和内力计算，导梁的控制内力时位于导梁与箱梁连接处的最大正负弯矩和下弦杆（或下缘）承受的最大支点反力。国内外的实践经验表明：导梁的长度一般取用顶推跨径的 $0.6\sim0.7$ 倍，较长的导梁可以减小主梁悬臂负弯矩，但过长的导梁也会导致导梁与箱梁接头处负弯矩和支反力的相应增加；导梁过短（如$0.4L$），则要增大主梁的施工负弯矩值，合理的导梁长度应是主梁最大悬臂负弯矩与营运节段的支点负弯矩基本相近。

导梁的抗弯矩刚度和重量，必须在容许应力强度范围内使架设时作用在主梁上的应力最小，通过计算机和分析表明：当导梁长度为顶推跨径的 $2/3$ 时，设导梁的抗弯矩刚度不变，如果顶推梁悬臂伸出长度在跨中位置时，则在支点位置的主梁出现最大负弯矩，其值与主梁的抗弯刚度与导梁的抗弯刚度比 $E_c I_c / E I_c$ 有关，与主梁重力与导梁重力比 q_c / q_c 有关，当两者抗弯刚度比在 $5\sim20$ 范围内，重力比在 $2.5\sim5.8$ 范围内变化时，顶推梁中的弯矩在 10％范围内变化。如导梁的刚度过小，主梁内就会引起多余应力；刚度过大则支点处主梁负弯矩将剧增。在顶推过程中，主梁与导梁不同的刚度比下，主力顶推经过墩 B 点时，主梁对应截面的弯矩变化。为使导梁前端到达支点 C 之前的弯矩 M_b 与导梁前端达到 x_{max} 支点 B 处 M_{max} 比较接近，则主梁刚度与导梁刚度的最佳比值在 9～15 之间。因此，在设计中要考虑动力系数，使结构有足够的安全储备。

由于导梁在施工中正负弯矩反复出现，边接螺栓易松动，在顶推中每经历一次反复均需检查和重新拧紧。施工时要随时观测导梁的挠度。根据施工经验，实测挠度往往大于计算挠度。有的甚至大到一倍。主要原因如滑块压缩量不一致、螺栓松动、混凝土收缩及温度变化等影响。这样将会影响导梁顶推进墩，解决的办法是在导梁的前端设这一个竖向千斤顶，通过不断地将导梁断头顶起进墩，这一措施被认为是行之有效的。

顶推施工通常均设置前导梁，也可增设尾导梁。对于大桥引桥采用顶推施工时，导梁在处于主桥相接的位置时，需不断拆除部分导梁，完成顶推就位，也可在即将就位时，将导梁移至箱梁顶，然后继续顶推到位。

曲线桥顶推施工也可设置导梁，其导梁的平面线性呈圆曲线的切线反向；当曲线半径较小时，也可采用折线型导梁。

（2）临时墩。

临时墩由于仅在施工中使用，因此符合要求的前提下，要造价低，便于拆装。钢制临时墩因在荷载作用和温度变化下变形较大而较少采用，目前用得较多的是用滑升模板浇筑的混凝土薄壁空心墩、混凝土预制板或预制板拼砌的空心墩、混凝土板和轻便钢架组成的框架临时墩。临时墩的基础依地质和水深情况决定，可采用桩基础等。为了减少临时墩承受的水平力和增加临时墩的稳定性，在顶推前将临时墩与永久墩用钢丝绳拉紧。也可采用在每墩上、下各设一束钢索进行张拉，效果较好，施工也很方便。通常在临时墩上不设顶推装置而仅设置滑移装置。

施工时是否设临时墩需在总体设计中考虑，要确定桥梁跨径与顶推跨径之间关系。如卡罗尼河桥，分孔时考虑在孔内设置一个临时墩。该桥的顶推跨径选用 45m，而桥梁的跨径为 48m＋2×96m＋48m，因此，在设计中可以通过设置临时墩来调整顶推跨径，从而扩大了等跨径桥的范围。但顶推法施工绝大数为等截面梁，过分加大跨径是不经济的，目前在大跨径内最多设两个临时墩。使用临时墩要增加桥梁的施工费用，但是可以节省上部结构材料用量，需要从桥两分跨、通航要求、桥墩高度、水深、地质条件、造价、工期和施工难易等因素综合考虑。

（3）拉索、托架及斜拉索。

用拉索加劲主梁以抵消顶推时的悬臂弯矩，这样的临时设施在法国和意大利建桥中使用并获得成功。如法国的波里佛桥，$L＝286.0m$，尾跨为 $35.7m＋5×43m＋35.7m$，$B＝13.34m$，采用单箱，导梁长 25m，同时采用拉索，无临时墩。

拉索系统由钢制塔架、连续构件，竖向千斤顶和钢索组成，设置在主梁的前端。拉索的长度为两倍顶推跨径左右，塔架的集中竖向力。在顶推过程中，箱梁内力不断变化，因此要根据不同阶段的受力状态调节索力，这项工作由设在塔架下端的两个竖向千斤顶来完成。

在桥墩上设托架用以减小顶推跨径和梁的受力。如前苏联的西德维纳河桥，全长 $L=$ 231m，分跨为 33m＋51m＋63m＋51m＋33m，导梁长 30m。该桥在主墩的每侧设有 10.4m 的托架，使顶推跨径减小为 42.2m，施工后托架与主梁连成整体，形成连续撑架桥。

斜拉索在顶推时用于加固桥墩，特别对于具有较大纵坡和较高桥墩的情况，采用斜拉索可以减小桥墩的水平力，增设稳定性。这种加固方法宜在水不太深和跨山谷的桥梁上采用。

复 习 思 考 题

1. 简述先张拉预应力混凝土简支桥梁的施工工艺过程。
2. 简述后张拉预应力混凝土简支桥梁的施工工艺过程。
3. 简述常见的几种先张拉预应力筋放松方法。
4. 后张拉中孔道压浆的目的是什么？
5. 孔道压浆应注意哪些事项？
6. 现浇法施工有哪些优缺点？
7. 简述有支架就地浇筑施工的一般程序。
8. 单点顶推与多点顶推有何不同？

第6章 拱式桥施工

6.1 概　述

　　拱桥是以承受轴向压力为主的拱圈或拱肋作为主要承重构件的桥梁，主要由拱圈（拱肋）及其支座组成，如图6-1所示，拱桥在我国应用的历史悠久，也是目前公路上使用广泛的一种桥梁体系。拱桥可用砖、石、混凝土等抗压性能良好的材料建造，大跨度拱桥则用钢筋混凝土或钢材建造。

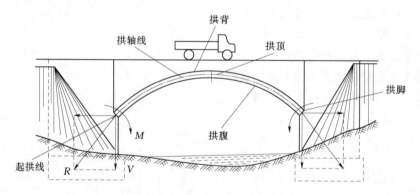

图6-1　拱桥构造图

　　据不完全统计，全国建成的跨径在70m以上的桥梁总长在1000m以上的公路大桥有230多座，其中拱桥占76%，这就说明拱桥在桥梁中的重要作用。拱桥能得到如此广泛的应用，主要因拱式体系的受力合理，拱桥与梁桥在受力性能上有较大的差别。拱式结构在竖向荷载作用下，支承处除产生竖向反力外，还产生水平力。由于存在水平推力，使拱的弯矩比相同跨径的梁桥的弯矩小很多，拱圈内主要承受压力。特别对于大跨径桥梁，静载占全部荷载中的绝大部分，当合理选择拱的轴线，使拱圈在静载作用下主要受压，这就使抗压性能良好而抗拉性能较差的石料和混凝土材料得到充分利用。由于拱桥的受力合理，外形美观，使它在桥梁方案比较中占据有利地位，常被选用。

　　从新中国成立以来，拱桥的发展过程可以分为以下几个阶段：

　　(1) 在新中国成立初期，处于经济恢复时期，钢产量很低，因此主要建造石拱桥。

　　(2) 20世纪60年代随着钢产量的提高，主要建造用钢量很少的双曲拱桥。

　　(3) 20世纪70年代又发展为桁架拱桥和钢架拱桥，使拱桥轻型化和装配化。同期又推出断面刚度大，挖空率高的箱型拱桥。箱型拱桥至今仍被广泛应用。

　　(4) 20世纪80年代初在贵州省建成第一座桁式组合拱桥。它采用悬臂拼装施工，跨越能力大，目前国内正在推广应用。

（5）20世纪90年代初在四川省建成我国第一座钢管混凝土拱桥。由于钢管拱肋吊装重量轻，可以省去拱桥的施工支架，钢管油漆后非常美观，近几年钢管混凝土拱桥在国内发展很快，至今已建成和在建的数量达50座之多。

我国在大跨径拱建造上处于世界领先水平，全世界跨径在100m以上的钢筋混凝土拱桥中，我国占有的数量超过1/3。我国列入世界跨径最大的拱桥有：

（1）湖南省乌巢和大桥为石拱桥，跨径为120m。

（2）重庆万县长江大桥为上承式钢筋混凝土箱形拱桥，跨径为420m。

（3）贵州省江界河大桥为上承式桁式组合拱桥，跨径为330m。

（4）广西邕江大桥为中承式钢筋混凝土肋拱桥，跨径为312m。

（5）广东三山西大桥为中承式钢管混凝土系杆拱桥，跨径为200m。

我国公路建设仍在高速发展，因此拱桥的新结构和跨径的新纪录仍会不断出现。

6.2　有　支　架　施　工

当拱桥的跨径不大、拱圈净高较小或孔数不多时，可以采用就地浇筑方法来进行拱圈施工。就地浇筑方法可分为两种：拱架浇筑法和悬臂浇筑法。

6.2.1　拱架

6.2.1.1　拱架的结构类型

拱架的种类很多，按其使用材料可分为木拱架、钢拱架、扣件式钢管拱架、斜拉式贝雷平梁拱架、竹拱架、竹木混合拱架、钢木组合拱架以及土牛胎拱架等多种形式；按结构形式可分为排架式、撑架式、扇形式、桁架式、组合式、叠桁式和斜拉式等。

6.2.1.2　拱架的构造

1. 木拱架

木拱架一般有排架式、撑架式、扇形式、叠桁式及木桁架式等。前四种在桥孔中间设有支架的统称满布式拱架，最后一种可采用三铰木桁架形式，在桥孔中完全不设支架。拱架的弧形木立柱等主要杆件和木桁架的各种杆件，应采用材质较强、无损伤、无腐烂及湿度不大的木材。拱架制作安装时，拱架尺寸和形状要符合设计要求，立柱位置准确且保持直立，各杆件连接接头要紧密，支架基础要牢固，高拱架应特别注意横向稳定性。拱架全部安装完成后，应全面检查，确保结构牢固可靠。

支架基础必须稳固，承重后应能保持均匀沉降且下降量不得超过设计范围。基础为石质时，将表土挖去，立柱根部岩面应凿低、凿平。基础为密实土时，如果施工期间不会被流水冲刷，可采用枕木或铺砌石块做支架基础；基础施工期间可能被流水冲刷或为松软土质时，需采用桩基、框架结构或其他加固措施施工。如采用夯填碎石补强，砂砾土用水泥固结，再在其上浇筑混凝土基座作为支架基础等措施。

拱架可就地拼装，也可根据起吊设备能力预拼成组件后再进行安装。

2．钢拱架和钢木组合拱架

（1）工字梁钢拱架。

工字梁钢拱架可采用两种形式：一种是有中间木支架的钢木组合拱架；另一种是无中间木支架的活用钢拱架。

钢木组合拱架是在木支架上用工字钢梁代替木斜梁，以加大斜梁的跨度，减少支架用量。工字钢梁顶面可用垫木垫承拱模弧形线。但在工字梁接头处应适当留出间隙，以防拱架承落实顶死。钢木组合拱架的支架常采用框架式。

工字梁活用钢拱架，构造简单，拼装方便，且可重复使用，其构造形式适用于施工期间需保持通航、墩台较高河水较深或地质条件较差的桥孔。

（2）钢桁架拱架。

钢桁架拱架的结构类型通常有常备拼装式桁架型拱架、装配式公路钢桁架节段拼装式拱架、万能杆件拼装式拱架、装配式公路钢桁架或万能杆件桁架与木拱盔组合的钢木组合拱架，如图6-2和图6-3所示。

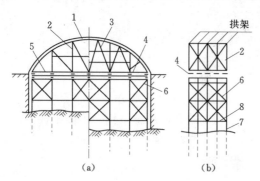

图6-2 满布式木拱架节点构造图

1—弓形木；2—立柱；3—斜撑；
4—落架设备；5—水平拉杆；6—斜夹木；7—桩木；8—水平夹木

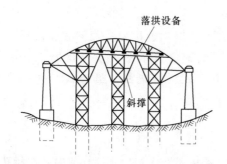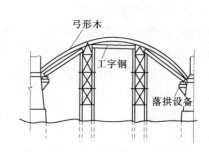

图6-3 墩架式拱架构造图

3．拱圈模板

（1）板拱模板。

板拱拱圈模板（底模）厚度应根据弧形木或横梁间距的大小来确定。一般有横梁的底模板厚度为4～5cm，直接搁在弧形木上时为6～7cm。有横梁时为使顺向放置的模板与拱圈内弧形圆顺一致，可预先将木板压弯。压弯的方法是：每四块木板一叠，将两端支起，在中间适当加重，使木板弯至正弯矩符合要求为止，施压需半个月左右的时间。40m以上跨径的拱桥模板可不必事先压弯。

石砌板拱拱圈的模板，应在拱顶预留一空档，以便于拱架的拆卸。模板顶面高程误差不应大于计算跨径的1/1000，且不应超过3cm。

（2）肋拱拱肋模板。

肋拱拱肋模板底模与混凝土或钢筋混凝土板拱拱圈底模基本相同。拱肋之间及横撑间的空档也可不铺底模。

拱肋侧面模板，一般应预先按样板分段制作，然后拼装在底模上，并用拉木、螺栓拉杆及斜撑等固定。安装时，应先安置内侧模板，等钢筋入模再安置外侧模板。模板宜在适当长度内设一道变行缝（缝宽约2cm），以避免在拱架沉降时模板间相互顶死。

拱肋间的横撑模板与上述侧模构造基本相同，处于拱轴线较陡位置时，可用斜撑支撑在底模板上。

6.2.2 拱桥有支架施工

6.2.2.1 现浇混凝土拱桥

1. 施工工序

现浇混凝土拱桥施工工序一般分三阶段进行。

第一阶段：浇筑拱圈（或拱肋）及拱上立柱的底座；

第二阶段：浇筑拱上立柱、联结系及横梁等；

第三阶段：浇筑桥面系。

前一阶段的混凝土达到设计强度的75％以上才能浇筑后一阶段的混凝土。拱架则在第二阶段或第三阶段混凝土浇筑前拆除，但必须事先对拆除拱架后拱圈的稳定性进行验算。若设计文件对拆除拱架另有规定，应按设计文件执行。

双曲拱桥的拱波，应在拱肋强度或其间隔缝混凝土强度达到设计强度75％后开始砌筑。

2. 拱圈或拱肋的浇筑

（1）浇筑流程。

满堂式拱架浇筑流程：支架设计—基础处理—拼设支架—安装模板—安装钢筋—浇筑混凝土—养护—拆模—拆除支架。满堂式拱架宜采用钢管脚手架、万能杆件拼设；模板可以采用组合钢模、木模等。

拱式拱架浇筑流程：钢结构拱架设计—拼设拱架—安装模板—安装钢筋—浇筑混凝土—养护—拆模—拆除拱架。拱式拱架一般采用六四式军用梁（三角架）、贝雷架拼设。

（2）连续浇筑。

跨径小于16m的拱圈（或拱肋）混凝土，应按拱圈全宽度、自两端拱脚向拱顶对称地连续浇筑，并在拱脚处混凝土初凝前全部完成。如预计不能在限定时间内完成，则须在拱脚处预留一个隔缝并最后浇筑隔缝混凝土。

薄壳拱的壳体混凝土，一般从四周向中央进行浇筑。

（3）分段浇筑。

大跨径拱桥的拱圈（或拱肋）（跨径≥16m），为避免拱架变形而产生裂缝以及减少混凝土的收缩应力，应采用分段浇筑的施工方法。分段长度一般为6～15m。分段长度应以能使拱架受力对称、均匀和变形小为原则，拱式拱架宜设置在拱架受力反弯点、拱架结点、拱顶及拱脚处；满堂式拱架宜设置在拱顶、$L/4$部位、拱脚及拱架节点等处。各段的接缝面应与拱轴线垂直。

分段浇筑程序应符合设计要求，且对称于拱顶进行，使拱架变形保持对称均匀和尽可能地小。填充间隔缝混凝土，应由两拱脚向拱顶对称进行。拱顶及两拱脚间隔缝应在最后封拱时浇筑，间隔缝与拱段的接触面应事先按施工缝进行处理。间隔缝的位置应避开横撑、隔板、吊杆及刚架节点等处。间隔缝的宽度以便于施工操作和钢筋连接为宜，一般为50～100cm，以便于施工操作和钢筋连接。间隔缝混凝土应在拱圈分段混凝土强度达到75%设计强度后进行；为缩短拱圈合龙和拱架拆除的时间，间隔缝内的混凝土强度可采用比拱圈高一等级的半干硬性混凝土。封拱合龙温度应符合设计要求，如设计无规定时，一般宜接近当地的年平均温度或在5～15℃之间进行。

（4）箱形截面拱圈（或拱肋）的浇筑。

大跨径拱桥一般采用箱形截面的拱圈（或拱肋），为减轻拱架负担，一般采取分环、分段的浇筑方法。分段的方法与上述相同。分环的方法一般是分成二环或三环。分二环时，先分段浇筑底板（第一环），然后分段浇筑肋墙、隔墙（第二环）。分三环时，先分段浇筑底板（第一环），然后分段浇筑肋墙、隔墙（第二环），最后分段浇筑顶板（第三环）。

分环分段浇筑时，可采取分环填充间隔缝合龙和全拱完成后最后一次填充间隔缝合龙两种不同的合龙方法。

3. 卸拱架及注意事项

采用就地浇筑施工的拱架，卸拱架的工作相当关键。拱架拆除必须在拱圈砌筑完成后20～30天左右，待砂浆砌筑强度达到强度的75%后方可拆除。此外还必须考虑拱上建筑、拱背填料、连拱等因素对拱圈受力的影响，尽量选择对拱体产生最小应力的时候卸落拱架。为了能使拱架所支承的拱圈重力能逐渐转给拱圈自身来承受，拱架不能突然卸除，而应按一定的程序进行。

6.2.2.2 石（混凝土砌块）拱桥拱圈砌筑

1. 砌筑材料

（1）拱圈及拱上建筑可按设计要求采用粗料石、块石、片石（或乱石）、黏土砖或混凝土预制砌块等。一般可在砌筑时，选择较规则和平整的同类石料稍经加工后作为镶面。如有镶面要求时，应按规定加工镶面石。各种砌块和镶面石的强度要求详见《公路桥涵施工技术规范》（JTJ 041—2000）的有关规定。

（2）拱圈砌缝可用砂浆或小石子混凝土砌筑、填塞。

砌筑拱圈用的砂浆，一般宜为水泥砂浆。小桥涵拱圈可使用水泥石砂浆。砂浆强度等级应符合设计规定。砂浆必须具有良好的和易性；砂浆应随拌随用，保持适宜的流动性。砂浆中使用的水泥、砂、水等材料质量应符合混凝土工程相应材料的质量标准。

小石子混凝土的配合比设计、材料规格和质量检验标准，应符合《公路桥涵施工技术规范》（JTJ041—2000）有关规定。小石子混凝土拌合料应具有良好的和易性和保水性。为改善小石子混凝土拌合料的和易性和保水性并节约水泥，可通过试验在拌合料中掺入一定数量的减水剂或粉煤灰等混合材料。

2. 拱圈基本砌筑方法

（1）粗料石拱圈。

拱圈砌筑应按编号顺序取用石料。砌筑时砌缝砂浆应铺填饱满。对于较平的砌缝，应先坐浆再放拱石挤砌，以利用石料自重将砂浆压实。侧面砌缝可填塞砂浆，用插刀捣实。当砌缝较陡时，可在拱石间先嵌入与砌缝同宽的木条或用撬棍拨垫，然后分层填塞砂浆捣实，填塞完毕后再抽出木条或撬棍。

（2）块石拱圈。

块石拱石的尺寸可不统一，排数可不固定，砌筑时应符合下列要求：

1）应分排砌筑，每排中拱石内口宽度应尽量一致。

2）竖缝应成辐射形，相邻两排间砌缝应相互错开。

3）石块应平砌，每层石料高度应大致相等。

（3）浆砌片石拱圈。浆砌片石拱圈的砌筑应符合下列要求：

1）石块宜竖向放置，小头向上，大面朝向拱轴。如石块厚度不小于拱圈厚度或石块较整齐，可错缝搭接、也可横向放置。

2）较大的石块应用于下层，砌筑时应选用形状及尺寸较为合适的石块，尖锐突出部分应敲除。竖缝较宽时，应在砂浆中塞以小石块，但不得在片石下面用高于砂浆砌缝的小石片支垫。

3）片石应分层砌筑，宜以2~3层砌块组成一个工作层，每一工作层的水平缝应大致找平。各工作层竖缝应互相错开、不得贯通。

4）外圈定位行列和转角石，应选择形状较为方正、且尺寸较大的片石，并长短相间地与里层砌块咬接，连成整体，特别是拱圈与拱上侧墙及护拱连接处、拱脚与墩台身连接处、拱圈上下层间及垂直路线方向应"错缝咬马"、连成整体。

5）片石拱圈靠拱腹一面，可略加锤改、打干，并用砂浆及大小合适的石块填补缺口。

6）拱石的空隙要用砂浆填实，较大的空隙应塞以坚硬片石。

在多孔连续拱桥的施工中，当桥墩不是按施工单向受力墩设计时，应考虑相邻拱圈施工的对称均衡问题，以避免桥墩承受过大的单向推力。为此，对拱式拱架应适当安排各孔的砌筑顺序；对满布式拱架应适当安排各孔拱架的卸落程序。

3. 砌筑程序

砌筑拱圈时，为了保证在整个施工过程中拱架受力均匀、变形最小，使拱圈的砌筑质量符合设计要求，必须选择适当的砌筑方法和砌筑顺序。一般根据拱圈跨径大小、构造形式（矢高、拱圈厚度）、拱架种类等分别采用下列不同的施工方法和顺序。砌筑时，必须随时注意观测拱架的变形情况，必要时，对砌筑顺序进行调整以控制拱圈的变形。

（1）拱圈按顺序对称连续砌筑。

跨径13m以下的拱圈，当用满布式拱架砌筑时，可按拱圈的全宽和全厚，由两拱脚同时按顺序对称均衡地向拱顶砌筑，最后砌拱顶石合龙。但应争取以最快的速度施工，使在拱顶合龙时拱脚处砌缝中砂浆尚未凝结。跨径10m以下的拱圈，当采用拱式拱架时，应在砌筑拱脚的同时，预压拱顶及拱跨1/4部位。

（2）拱圈分段、分环、分阶段砌筑。

1）分段砌筑。跨径在13~25m的拱圈、采用满布式拱架砌筑以及跨径在10~25m的拱圈、采用拱式拱架砌筑进，可采取每半跨分成三段的分段对称砌筑方法。分段位置一般在跨径1/4点及拱顶（3/8点）附近，每段长度不宜超过6m。当为满布式拱架时，分段位置宜在拱架节点上。先对称地砌Ⅰ段和Ⅱ段，后砌Ⅲ段，或各段同时向拱顶方向对称地砌筑，最后砌筑拱顶石合龙。

跨径大于 25m 的拱圈，应按跨径大小及拱架类型等情况，在两半跨各分成若干段，均匀对称地砌筑。每段长度一般不超过 8m。具体分段方法应按设计规定，无设计规定时应通过验算确定。

拱圈分段砌筑时，各段间应预留空缝，以防止拱圈因拱架变形而开裂，并起部分预压作用。空缝数量由分段长度而定。一般在拱脚附近、跨径 1/4 点、拱顶及满布式拱架的节点处必须设置空缝。

2）分环分段砌筑。跨径较大的石拱桥（或混凝土预制砌块拱桥），当拱圈厚度较大、由三层以上拱石组成时，可将全部拱圈厚度分成几环砌筑，每一环可对称、均衡地砌筑，砌一环合龙一环。当下环砌筑完并养护数日后，砌缝砂浆达到一定强度时，再砌筑上一环。

分环砌筑时各环的分段方法、砌筑顺序及空缝的设置等，与一次砌筑（不分环、只分段）完成时相同，但上下环间应以犬牙状相接。

3）分阶段砌筑。砌筑拱圈时，为争取时间和使拱架荷载均匀对称、拱架变形正常，有时在砌筑完一段或一环拱圈后的养护期间，砌筑工作不间歇，而是根据拱架荷载平衡的需要，紧接着将下一拱段或下一环层砌筑一部分。此种前后拱段和上下环层分阶段交叉进行的砌筑方法，称为分阶段砌筑法。

不分环砌筑拱圈的分阶段方法，通常先砌拱脚几排，然后同时砌筑拱顶、拱脚及跨径 1/4 点等拱段。上述三个拱段砌到一定程度后，再均匀地砌筑其余拱段。

分环砌筑的拱圈，可先将拱脚各环砌筑几排，然后分段分环砌筑其余环层。在砌完一环后，在其养护期间，砌筑次一环拱脚段，然后砌筑其余环段。

（3）拱圈合龙。

1）拱顶石合龙。砌筑拱圈时，常在拱顶预留一龙口，在各拱段砌筑完成后安砌拱顶石完成拱圈合龙。分段较多的拱圈以及分环砌筑的拱圈为使拱受力对称、均匀，可在拱圈两半跨的 1/4 或在几处同时完成拱圈合龙。

为防止拱圈因温度变化产生过大的附加应力，拱圈合龙应按设计规定的温度和时间进行。如设计无规定，则拱圈合龙宜选择在接近当地年平均温度时或昼夜平均温度（一般为 5～15℃）时进行。

2）刹尖封拱。对于小跨径拱圈，为提高拱圈应力和有利于拱架的卸落，可采用刹尖封顶完成拱圈合龙。此法是：在砌筑拱顶石前，先在拱顶缺口中打入若干组木楔，使拱圈挤紧、拱起，然后嵌入拱顶石合龙。刹尖木楔须用硬木制作，每组木楔由三块硬木块宽约 10cm，中间木块宽 15～30cm。

刹尖时，与拱顶石邻近的 2～3 排拱石受振动较大，其砌缝可暂时只用铁条垫隔，待刹尖后再用稠砂浆填封。其他拱段的空缝，宜在刹尖前填封。刹尖封顶应在拱圈砌缝砂浆达到设计强度的 70% 后方可进行。

3）预施压力封顶。用千斤顶施加压力来调整拱圈应力，然后进行拱圈合龙，应严格按照设计规定进行，如设计文件中无此要求时，不得采用预施压力封顶来完成拱圈合龙。

（4）砌全养护。

拱圈砌筑完成后应立即用草帘或麻袋覆盖，并于 4h 后（砂浆初凝后）经常洒水，使砌体保持湿润。养护时每天洒水的次数，以及养护天数应视水泥品种和气温情况而定，一般为 7～14d。最初三昼夜应多洒水。拱上建筑的浆砌砌体可采用上述养护方法。

6.2.2.3 拱上建筑浇筑

主拱圈拱背以上的结构物称为拱上建筑，它主要有横墙座、横墙、横墙帽或立柱座、立柱、盖梁、腹拱圈或梁（板）、侧墙、拱上结构伸缩缝及变形缝、护拱、拱上防水层、拱腔填料、泄水管、桥面铺装、栏杆系等。

1. 伸缩缝及变形缝的施工

伸缩缝缝宽 1.5～2cm，要求笔直，两侧对应贯通。如为圬工砌体，缝壁要清凿到粗料石规格，外露照口要挂线砌筑；如为现浇混凝土侧墙，须预先安设塑料泡沫板，将侧墙与墩台分开，缝内采用锯末沥青，按 1:1（质量比）配合制成填料填塞。

变形缝不留缝宽，设缝处可以干砌或用低强度等级砂浆砌筑，现浇混凝土时用毛毡隔断，以适应主拱圈变形。

当护拱、缘石、人行道、栏杆和混凝土桥面跨越伸缩缝或变形缝时，在相应位置要设置贯通桥面的伸缩缝或变形缝（栏杆扶手一端做成活动的）。

2. 拱上防水设施

（1）拱圈混凝土自防水。采用优良品质的粗、细集料和优质粉煤灰或硅灰制作高耐久性的混凝土；同时采用合适的施工方法。

（2）拱背防水层。小跨径拱桥可采用石灰土防水层。对于具有腹拱的拱腔防水可采用砂浆或小石子混凝土防水层；大型拱桥及冰冻地区的砖石拱桥一般设沥青油毛毡防水层，其做法常为三油两毡或两油一毡。

当防水层经过拱上结构物伸缩缝或变形缝时，要作特殊处理。一般采用 U 形防腐白铁皮过缝，或 U 形防水土工布过缝，或橡胶止水带过缝。泄水管处的防水层，要紧贴泄水管漏洞之下铺设，防止漏水。在拱腔填料填充前，要在防水层上填筑一层砂性细粒土，以保证防水层完好。

3. 拱圈排水处理

拱桥的台后要设排水设施，集中于盲沟或暗沟排出路基外。拱桥的桥面纵向、横向均设坡度，以利顺畅排水，桥面两侧与护轮带交接处隔 15～20m 设泄水管。拱桥除桥面和台后应设排水设施外，对渗入到拱腹内的水应通过防水层汇集于预理在拱腹内的泄水管排出。泄水管可采用铸铁管、混凝土管或者陶管。泄水管内径一般为 6～10cm，严寒地区须适当增大，但不宜大于 15cm。宜尽量避免采用长管或弯管，泄水管进口处周围防水层应作积水坡度，并以大块碎石作成倒滤层，以防堵塞。

4. 拱背填充

拱背填充应采用透水性强和内摩擦角较大的材料，一般可用天然砂砾、片石、碎石夹砂混合料及矿渣等材料。填充时应按拱上建筑的顺序和时间，对称而均匀地分层填充并碾压密实，但须防止损坏防水层、排水管和变形缝。

6.3 悬 臂 浇 筑 施 工

德国最早采用悬臂施工法修建预应力混凝土连续梁桥，后来被推广用于 T 形钢构桥、预应力混凝土悬臂梁桥、连续梁桥、斜腿钢构桥、桁架桥以及拱桥等。拱桥悬臂施工法的

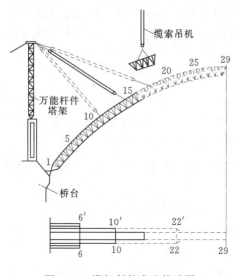

图 6-4 塔架斜拉索法构造图

出现，大大提高了施工速度。其主要工艺是将拱圈、立柱、临时斜拉杆等组成桁架，用缆索锚固于后台上，再向河中悬臂逐节地施工，最后在拱顶合龙。其主要方法有塔架斜拉索法和斜吊式悬浇法；根据拱圈构件的制作方式，又可以分为悬臂浇筑法和悬臂拼装法。

6.3.1 塔架斜拉索法

塔架斜拉索法是国外最早采用的大跨度钢筋混凝土拱桥无支架施工方法，一般采用悬臂浇筑施工和悬臂拼装施工。在拱脚墩台处安装由万能杆件拼成的临时塔架，用斜拉索一端扣住拱圈节段，另一端锚固在台后的锚碇上；用设在已浇筑好的拱段上的悬臂挂篮逐段悬臂浇筑拱圈混凝土，整个拱圈混凝土的浇筑应从两拱脚

开始对称进行，逐节向河中悬臂推进，直至拱顶合龙；在拱圈混凝土全部灌注完毕以后，在拱圈顶面安装可调整内力的液压千斤顶，最后放松拉索。施工示意图如图 6-4 所示。

6.3.2 斜吊式悬臂浇筑拱圈

这是借助于专用挂篮，结合使用斜吊钢筋将拱圈、拱上立柱和预应力混凝土桥面板等齐头并进地、边浇筑边构成桁架的悬臂浇筑方法。施工时，用预应力钢筋临时作为桁架的斜吊杆和桥面板的临时拉杆，将桁架锚固在后面的桥台（或桥墩）上。过程中作用于斜吊杆的力是通过布置在桥面板上的临时拉杆传至岸边的地锚上（也可利用岸边桥墩作地锚）。用这种方法修建大跨径拱桥时，个别的施工误差对整体工程质量的影响很大。对施工测量、材料规格和强度及混凝土的浇筑等必须进行严格检查和控制。施工技术管理方面值得重视的问题有斜吊钢筋的拉力控制，斜吊钢筋的锚固和地锚地基反力的控制，预拱度的控制，混凝土应力的控制等几项。

6.4 拱 桥 的 装 配 式 施 工

6.4.1 缆索吊装施工

在峡谷或水深流急的河段上，或在通航河流上需要满足船只的顺利通行，或在洪水季

节施工并受漂流物影响条件下修建拱桥，以及采用有支架施工将会遇到很大困难或很不经济时，就宜考虑采用无支架施工。缆索吊装施工就是无支架施工拱桥中使用最主要的方法之一。其优点是所用吊装设备跨越能力大，水平和垂直运输灵活，适应性广，施工方便、安全。自 20 世纪 60 年代以来，在全国各地用缆索吊装施工方法施工的拱桥从数量上看几乎占施工拱桥总长的 60%。它不仅用于单跨大、中型拱桥施工，在修建特大跨径或连续多孔的拱桥中更能显示其优越性。通过长期的实践，该法已得到了很大发展并积累了丰富的经验。目前，缆索吊装的最大单跨跨径已达 500m 以上，由单跨缆索发展到双跨连续缆索，其最大单跨跨径已达 400m 以上，吊装质量也达到 75t，能够顺利地吊装跨径达 160m 的分段预制箱形拱桥。缆索架桥设备也逐渐配套、完善，并已成套生产。

在采用缆索吊装的拱桥上，为了充分发挥缆索的作用，拱上建筑也应尽量采用预制装配构件，这样就能提高桥梁工业化施工的水平，并有利于加快桥梁建设的速度。例如主桥全长 1250m 的长沙湘江大桥，17 孔共 408 节拱肋和其中 8 孔 76m 跨径的拱上建筑预制构件（立柱、盖梁、腹拱圈等）全部由两套缆索吊机吊装，仅用了 65 个工作日就安装完成。这对于加快大桥建设速度、减少模板用量、降低桥梁造价等方面都起了很大的作用。

拱桥缆索吊装施工内容包括：拱肋（箱）的预制、移运和主拱圈的吊装，拱上建筑的砌筑和桥面结构的施工等主要工序。除缆索吊装设备以及拱肋（箱）的预制、移运和主拱圈的吊装以外，其余工序与有支架施工相同（或相近）。本节主要介绍缆索吊装施工的特点，其基本内容也适用于其他无支架施工方法。

6.4.1.1 缆索吊装设备

缆索吊装设备适用于高差较大的垂直吊装和架空纵向运输，吊运量自几吨至几十吨，纵向运距自几十米至几百米。公路上常将预制构件运送入桥孔安装，其设备可自行设计，就地制造安装，亦可购置现成的缆索架桥设备运往工地安装。

吊装梁式桥的缆索吊装系统是由主索、天线滑车、起重索、牵引索、起重及牵引绞车、主索地锚、塔架、风缆等主要部件组成。吊装拱桥的缆索吊装系统则除了上述各部件之外，还有扣索、扣索排架、扣索地锚、扣索绞车等部件。其布置型式如图 6-5 所示。

6.4.1.2 拱箱（肋）预制

预制拱箱（肋）首先要按设计图的要求，在样台上用直角坐标法放出拱箱（肋）的大样。在大样上按设计要求分出拱箱（肋）的吊装节段，然后以每段拱箱（肋）的内弧下弦为 x 轴，在此 x 轴上作垂线为 y 轴，在轴上每隔 1m 左右量出内外弧的坐标，作为拱箱（肋）分节放样的依据。在放样时，应注意各接头的位置力求准确，以减少安装困难。

拱箱（肋）的预制一般多采用立式预制，便于拱箱（肋）的起吊及移运。预制场多用砂砾石填筑拱胎，其上浇筑 50mm 厚的混凝土面层。在混凝土内顺横隔板及两横隔板之间中点位置埋入 80mm×60mm 木条，以便与拱箱横隔板相连系。

拱箱预制均采用组装预制。通常将拱箱分成底板、侧板、横隔板及顶板几个部分，首先预制侧板与横隔板块件，侧板块件长为两横隔板之间距（一般可将侧板上缘短 50mm，下缘短 90mm 左右，便于组装为折（曲）线形）；随后在拱胎上（先在拱胎面上放出拱箱边线，并分出横隔板中线，两侧钉好铁钉。为利于拱箱底板混凝土脱胎，可在拱胎面上铺

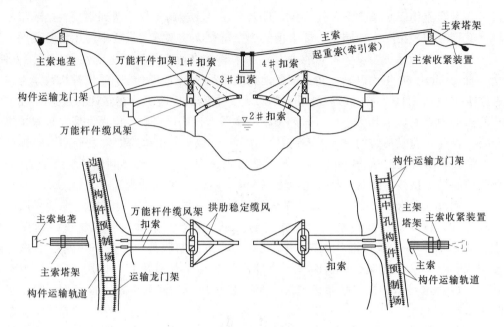

图 6-5 缆索吊装拱桥布置示意图

油毛毡或塑料薄膜一层）铺设底板钢筋（纵、横钢筋），将侧板与横隔板块件安装就位，并绑扎好接头钢筋，浇底板混凝土及侧板与横隔板接头混凝土，组成开口箱；然后在开口箱内立顶板的底模，绑扎顶板钢筋，浇筑顶板混凝土，组成闭口箱。待达到设计强度后即可移运拱箱，进行下一段拱箱的预制工作。

6.4.1.3 吊装方法

采用缆索吊装施工的拱桥，其吊装方法应根据桥的跨径大小、桥的总长及桥的宽度等具体情况而定。

拱桥的构件一般在河滩上或桥头岸边预制和预拼后，送至缆索下面，由起重车起吊牵引至预定位置安装。为了使端段基肋在合龙前保持一定位置，在其上用扣索临时系住后才能松开吊索。吊装应自一孔桥的两端向中间对称进行。其最后一节构件吊装就位，并将各接头位置调整到规定标高以后，才能放松吊索，从而合龙。最后才将所有扣索撤去。

基肋（指拱箱、拱肋或桁架拱片）吊装合龙要拟定正确的施工程序和施工细则，并坚决遵照执行。

拱桥跨径较大时，最好采用双肋或多肋合龙。基肋和基肋之间必须紧随拱段的拼装及时焊接（或临时连接）。端段拱箱（肋）就位后，除上端用扣索拉住外，并应在左右两侧用一对称风缆索牵住，以免左右摇摆。中段拱箱（肋）就位时，宜缓慢地松吊索，务必使各接头顶紧，尽量避免简支搁置和冲击作用。

例如某桥按五段吊装合龙成拱。每条拱箱的吊装程序为：

（1）吊装一端的端段就位，将拱座处与墩、台帽直接抵接牢靠。上部用扣索扣好，下面将风缆索拉好，然后松去吊索。

（2）吊运次段拱箱并与端段相接。将接头处用螺栓固定，上部用扣索扣好，下面用风缆索拉好，然后松去吊索。

（3）再按上面的程序吊装另一端的端段和中段。

（4）最后吊运合龙段拱箱至所吊孔的上空，徐徐降落并与两中段的上接头相接，然后慢慢松扣，合龙成拱。

（5）当拱圈符合设计标高后，即可用钢板楔紧接头，松吊、扣索，但暂不取掉，待全部接头焊接牢固后，方可全部取掉扣、吊索。

（6）按同样的程序，进行下根拱箱的吊装合龙。

6.4.1.4 吊装准备工作

1. 预制构件质量检查

预制构件起吊安装前必须进行质量检查，不符合质量标准和设计要求的不准使用，有缺陷的应预先予以修补。

拱肋接头和端头应用样板校验，突出部分应予以凿除，凹陷部分应用环氧树脂砂浆抹平。接头混凝土接触面应凿毛，钢筋应除锈。螺栓孔应用样板套孔，如不合适应适当扩孔。拱肋接头及端头应标出中线。

应仔细检测拱肋上下弦长，如与设计不符，应将长度大的弧长凿短。拱肋在安装后如发生接合面张口现象，可在拱座和接头处垫塞钢板。

2. 构件测量和计算

墩台拱座混凝土面要修平，水平顶面高程应略低于设计值，预留孔长度应不小于计算值，拱座后端面应与水平顶面相垂直，并与桥墩中线平行。在拱座面上应标出拱肋安装位置的台口线与中线。用红外线测距仪与钢尺（装拉力计）复核跨径，每个拱座在肋宽范围内左右均应至少测量两次。用装有拉力计的钢尺测量时，测量结果要进行温度和拉力的修正。

3. 跨径与拱肋的误差调整

每段拱肋预制时拱背弧长宜小于设计弧长的 0.5～10cm，使拱肋合拢时接合面保留上缘张口，便于嵌塞钢片，调整拱轴线。通过丈量和计算所得的拱肋长度和墩台之间净跨的施工误差，可以用拱座处垫铸铁板来调整。合龙后，应再次复核接头高程以修正计算中一些未考虑的因素造成的测量误差。

6.4.1.5 缆索设备的检查与试吊

缆索吊装设备在使用前必须进行试拉和试吊。

1. 地锚试拉

一般每一类地锚取一个进行试拉。缆风索的土质地锚要求位移小，因此在有条件时宜全部试拉，使其预先完成一部分位移。可利用地锚相互试拉，受拉值一般为设计荷载的 1.3～1.5 倍。

2. 扣索对拉

扣索是悬挂拱肋的主要设备，因此必须通过试拉来确保其可靠性。可将两岸的扣索用卸甲连在一起，将收紧索收紧对拉，这样可全面检查扣索、扣索收紧索、扣索地锚和动力装置等是否达到了要求。

3. 主索系统试吊

主索系统试吊一般分跑空载反复运转、静载试吊和吊重三步骤。必须待每一步骤检查、观测工作完成并无异常现象后，方可进行下一步骤。试吊重物可以利用钢筋混凝土预制构件、钢轨和钢梁等，一般按设计吊重的 60%、100%、130%，分次进行。

试吊后应综合各种观测数据和检查情况，对设备的技术状况进行分析和鉴定，然后提出改进措施，确定能否进行正式吊装。

6.4.1.6　拱肋缆索起吊

拱肋由预制场运到主索下后，一般用起重索直接起吊，当不能直接起吊时，可采用下列方法进行。

1. 翻身

卧式预制拱肋在吊装前，需要"翻身"成立式，常用就地翻身和空中翻身两种方法。

（1）就地翻身。先用枕木垛将平卧拱肋架至一定高度，使其在翻身后两端头不至碰到地面，然后用一根短千斤将拱肋吊点与吊钩相连，边起重拱肋边翻身直立。

（2）空中翻身。在拱肋的吊点处用一根串有手链滑车的短千斤，穿过拱肋吊环，将拱肋兜住，挂在主索吊钩上，然后收紧起重索起吊拱肋，当拱肋起吊至一定高度时，缓慢放松手链滑车，使拱肋翻身为立式。

2. 调头

为方便拱肋预制，边段拱肋有时采用同一方向预制，这样部分拱肋在安装时，调头方法常因设备不同而异：

在河中起吊时，可利用装载拱肋的船进行调头；

在平坦场地采用胶轮平车运输时，可将跑车与平车配合起吊将拱肋调头；

用一个跑车吊钩将拱肋吊离地面约 50cm，再用人工拉动麻绳使拱肋旋转 180°调头放下，当一个跑车承载力不够时，可在两个跑车下另加一钢扁担起吊，旋转调头。

3. 吊鱼

当拱肋从塔架下面通过后，在塔架前起吊而塔架前场地不足时，可先用一个跑车吊起一个吊点并向前牵出一段距离后，再用另一个跑车吊起第二个吊点。

4. 穿孔

拱肋在桥孔中起吊时，最后几段拱肋常须在该孔已合龙的拱肋之间穿过，俗称穿孔。穿孔前应将穿孔范围内的拱肋横夹木暂时拆除。在拱肋两端另加稳定缆风索，穿孔时应防止碰撞已合龙的拱肋，故主索宜布置在两拱肋中间。

5. 横移起吊

当主索布置在对中拱肋位置，不宜采用穿孔工艺起吊时，可以用横移索帮助横移起吊。

6.4.1.7　拱肋缆索吊装合龙方式

边段拱肋悬挂固定后，就可以吊运中段拱肋进行合龙。拱肋合龙后，通过接头、拱座的联结处理，使拱肋由铰接状态逐步成为无铰拱，因此，拱肋合龙是拱桥无支架吊装中一项关键工作。拱肋合龙的方式比较多，主要根据拱肋自身的纵向与横向稳定性、跨径大小、分段多少、地形和机具设备条件等，选用不同的合龙方式。

1. 单基肋合龙

拱肋整根预制吊装或分两段预制吊装的中小跨径拱桥，当拱肋高度大于（0.009～0.012）L（L 为跨径），拱肋底面宽度为肋高度的 0.6～1.0 倍，且横向稳定系数不小于 4 时，可以进行单基肋合龙，嵌紧拱脚后，松索成拱。这时其横向稳定性主要依靠拱肋接头附近所设的缆风索来加强，因此缆风索必须十分可靠。

单基肋合龙的最大优点是所需要的扣索设备少，相互干扰少，因此也可用在扣索设备不足的多孔桥跨中。

2. 悬挂多段拱脚段或次拱脚段拱肋后单基肋合龙

拱肋分三段或五段预制吊装的大、中跨径拱桥，当拱肋高度不小于跨径的 1/100 且其单肋合龙横向稳定安全系数不小于 4 时，可采用悬扣边段或次边段拱肋，用木夹板临时连接两拱肋后，单根拱肋合龙，设置稳定缆风索，成为基肋。待第二根拱肋合龙后，立即安装两肋拱顶段及次边段的横夹木，并拉好第二根拱肋的风缆。如横系梁采用预制安装，应将横系梁逐根安上，使两肋及早形成稳定、牢固的基肋。其余拱肋的安装，可依靠与"基肋"的横向连接，达到稳定。

3. 双基肋同时合龙

当拱肋跨径大于等于 80m 或虽小于 80m，但单肋合龙横向稳定安全系数小于 4 时，应采用"双基肋"合龙的方法。即当第一根拱肋合龙并调整轴线，锲紧拱脚及接头缝后，松索压紧接头缝，但不卸掉扣索和起重索，然后将第二根拱肋合龙，并使两根拱肋横向连接固定。拉好风缆索后，再同时松卸两根拱肋的扣索和起重索，这种方法需要两组主索设备。

4. 留索单肋合龙

在采用两组主索设备吊装而扣索和卷扬机设备不足时，可以先用单肋合龙方式吊装一片拱肋合龙。待合龙的拱肋松索成拱后，将第一组主索设备中的牵引索、起重索用卡子固定，抽出卷扬机并把扣索移到第二组主索中使用。等第二片拱肋合龙并将两片拱肋用木夹板横向连接、固定后，在松起重索并将扣索移动到第一组主索中使用。

6.4.1.8　拱上构件吊装

主拱圈以上的结构部分，均称为拱上构件。拱上构件的砌筑同样应按规定的施工程序对称均衡地进行，以免产生过大的拱圈应力。为了能充分发挥缆索吊装设备的作用，可将拱上构件中的立柱、盖梁、行车道板、腹拱圈等做成预制构件，用缆索吊装，以加快施工进度，但因这些构件尺寸小、质量轻、数量多，其吊装方法与吊装拱肋有所不同。常用的吊装方法有以下几种。

1. 运入主索下起吊

这种方法适用于主索跨度范围内有起吊场地时的起吊，它是将构件从预制场运到主索下，由跑车直接起吊安装。

（1）墩、台上起吊。预制构件只能运到墩、台两旁，先利用辅助机械设备，如摇头扒杆、履带吊车等，将构件吊到墩、台上，然后由跑车进行起吊安装。

（2）横移起吊。当地形和设备都受限制时，必须在横移索的辅助下将跑车起吊设备横移到桥跨外侧的构件位置上起吊。这种起吊方式对腹拱圈可以直接起吊安装；对其他构件，则须先吊到墩、台上，然后再起吊安装。

2."横扁担"吊装法

由于拱上构件数目多，横向安装范围广，为减少构件横移就位工作，加快施工进度，可采用"横扁担"装置进行吊装。

（1）构造形式。"横扁担"装置可以就地取材，采用圆木或型钢等制作。

（2）主索布置。根据拱上构件的吊装特点，主索一般有以下三种布置形式：

1）将主索布置在桥的中线位置上，跑车前后布置，并用千斤绳连接。每个跑车的吊点上安装一副"横扁担"，这种布置比较简单，但吊装的稳定性较差，起吊构件须左右对称、质量相等。多用在一组主索的桅杆式塔架的吊装方案中。

2）将一根主索分开成两组布置，每组主索上安置一个跑车，横向并联起来。"横扁担"装置直接挂在两跑车的吊点上，这种吊装的稳定性好，吊装构件不一定要求均衡对称、灵活性大，但主索布置工作量稍大，且只能安装一副"横扁担"。

3）在双跨缆索吊装中，将两跑车拆开，每一跨缆索中安装一个，用一根长钢丝绳联系起来（钢丝绳长度相当于两跨中较大一跨的长度）。这种布置，由于两跑车只能平行运行，因此两跨不能同时吊装构件。

3.吊装

用"横扁担"吊装时，应根据构件的不同形状和大小，采取不同的吊装方法。对于短立柱，可直接直立吊运。对于长立柱，因受到吊装高度的限制，常须先进行卧式吊运，待运到安装位置后，再竖立起来，放下立柱的下端进行安装。对于盖梁，一般可以直接采用卧式吊运和安装的方法。对腹拱圈、行车道板的吊装，为减少立柱所承受的单向推力，应在横桥方向上分组，沿桥跨方向逐次安装。

6.4.2 桁架拱桥与刚架拱桥安装

桁架拱桥与钢架拱桥，由于构件预制装配，具有构件质量轻、安装方便、造价低等优点，因此在我国各地及世界范围内被广泛应用。

6.4.2.1 桁架拱桥安装

1.施工安装要点

桁架拱桥的施工吊装过程包括：吊运桁架拱片的预制段构件至桥孔，使之就位合龙，处理接头，与此同时随时安装桁架拱片之间的横向联结构件，使各片桁架拱片联成整体。然后在其上铺设预制的微弯板或桥面板，安装人行道悬臂梁和人行道板。

桁架拱片的桁架段预制构件一般采用卧式预制，实腹段构件采用立式预制，故桁架段构件在离预制底座出坑之后和安装之前，需在某一阶段由平卧状态转换到竖立状态。这个转换是由吊机的操作来完成的。其基本步骤是先将桁架段构件平吊离地，然后制动下弦杆吊索，继续收紧上弦杆吊索，或者制动上弦杆吊索，缓慢放松下弦杆吊索，这样构件就在空中翻身。

安装工作分为有支架安装和无支架安装。前者适用于桥梁跨径较小和河床较平坦、安装时桥下水浅等情况；后者适用于跨越深水和山谷或多跨、大跨的桥梁。

2. 有支架安装

有支架安装时，需在桥孔下设置临时排架。桁架拱片的预制构件有运输工具运到桥孔后，用浮吊或龙门吊机等安装就位，然后进行接头和横向连接。

吊装时，构件上吊点的位置和数目与吊装的操作步骤应合理地确定和正确地规定，以保证安装工作安全和顺利地进行。

排架的位置根据桁架拱片的接头位置确定。每处的排架一般为双排架，以便分别支承两个相连接构件的相邻两端，并在其上进行接头混凝土的浇筑和接头钢板的焊接等。第一片就位的预制段常采用斜撑加以临时固定。以后就位的平行各片构件则用横撑与前片暂时联系，直到安上横向联结系构件后拆除。斜撑系支承于墩台和排架上，如斜撑能兼作压杆和拉杆，则仅用单边斜撑即可。横撑可采用木夹板的形式。

当桁架拱片和横向联结系构件的接头均完成后，即可进行卸架。卸架设备有木锲、木马或砂筒等。卸架按一定顺序对称地进行。如用木锲卸架，为保证均衡卸落，最好在每一支承出增设一套木锲，两套木锲轮流交替卸落。一般采用一次卸架。卸架后桁架拱片即完全受力。为保证卸架安全成功，在卸架的过程中，要对桁架拱片进行仔细地观测，发现问题及时停下处理。卸架的时间宜安排在气温较高时进行，这样较易卸落。

在施工跨径不大、桁架拱片分段数少的情况下，可用固定龙门架安装。这时在桁架拱片预制段的每个支承端设一龙门架。河中的龙门架就设在排架上。龙门架可为木结构或钢木混合结构，配以倒链葫芦。龙门架的高度和跨度，应能满足桁架拱片运输和吊装的净空要求。安装时，桁架拱片构件有运输工具运至固定龙门架下，然后由固定龙门架起吊、横移和下落就位，其他操作与浮吊安装相同。

当桥的孔数较多，河床上又便于沿桥纵向铺设跨墩的轨道时，可采用轨道龙门架安装。龙门架的跨度和高度，应按桁架拱片运输和吊装的要求确定。桁架拱片构件在运输时如从墩、台一侧通过，或从墩顶通过，则龙门架的跨度或高度就要相应增大。龙门架可采用单龙门架或双龙门架，根据桁架拱片预制段的质量和起吊设备的能力等条件确定。施工时，构件由运输工具或由龙门架本身运至桥孔，然后由龙门吊机起吊、横移和就位。跨间在相应于桁架拱片构件接头的部位，设有排架，以临时支承构件重力。

对多孔桁架拱桥，一般每孔内同时设支承排架，安装时则逐孔进行。但卸架须在各孔的桁架拱片都合龙后同时进行。卸架程序和各孔施工（加恒载）进度安排必须根据桥墩所能承受的最大不平衡推力的条件考虑。总的来说，桁架拱桥的加载和卸架程序不如其他拱桥要求严格。

3. 无支架安装

无支架安装，是指桁架拱片预制段在用吊机悬吊着的状态下进行接头和合龙的安装过程。常采用的有塔架斜缆安装、多机安装、缆索吊机安装和悬臂拼装等。

塔架斜缆安装，就是在墩台顶部设一塔架，桁架拱片边段吊起后用斜向缆索（扣索）和风缆稳住再安中段。一般合龙后即松去斜缆，接着移动塔架，进行下一片的安装。塔架可用 A 字形钢塔架，也可用圆木或钢管组成的人字扒杆，还可用万能杆件和贝雷梁拼装。塔架的结构尺寸，应通过计算确定。斜缆是安装过程中的承重索，一般用钢丝绳，钢丝绳的直径根据受力大小选定。斜缆的数量和与桁架拱片联结的部位，应根据桁架拱片的长度和质量来确定。一般说来，长度和质量不大的桁架拱片，只需要一道斜缆在一个结点部位联结即可；如果长度和质量比较大，可用两道斜缆在两个结点部位联结。联结斜缆时，须注意不要左右偏位，以保证桁架拱片悬吊时的竖直。可利用斜缆和风缆调整桁架拱片预制段的高程和平面位置，待两个桁架预制段都如法吊装就位并稳定后，在用浮吊等设备吊装实腹段合龙。待接头完成、横向稳住后，松去斜缆。用此法安装，所用吊装设备较少，并无需设置排架。

多机安装就是一片桁架拱片的各个预制段各用一台吊机吊装，一起就位合龙。待接头完成后，吊机再松索离去，进行下一片的安装。这种安装方法，工序少，进度快，当吊机设备较多时可以采用。

用上述两种无支架安装方法时，须特别注意桁架拱片在施工过程中的稳定性。为此，应采取比有支架安装更可靠的临时固定措施，并及时安装横向联结系构件。第一片临时固定，拱脚端可与有支架安装时一样的木斜撑固定，跨中端则用风缆固定。其余几片也可采用木夹板固定。木夹板除了在上弦杆之间布置外，下弦杆之间也应适当地设置几道。

对于多孔桁架拱桥，安装时须注意临孔间施工的均衡性。吊装过程可用支架或不用支架，接头形式可为湿接头或干接头。

6.4.2.2 刚架拱桥安装

刚架拱桥上部结构的施工分为有支架安装和无支架安装两种。安装方法在设计内力图时即已确定，施工时不得随意更改。采用无支架施工时（浮吊安装或缆索吊装），首先将主拱腿一端插入拱座的预留槽内，另一端悬挂，合龙实腹段，形成裸拱，电焊接头钢板；安装横系梁，组成拱形框架；再将次拱腿插入拱座预留槽内，安放次梁，焊接腹孔的所有接头钢筋和安装横系梁，立模浇筑接头混凝土，完成裸拱安装；将肋顶部分凿毛，安装微弯板及悬臂板，浇筑桥面混凝土，封填拱脚。

6.4.3 钢筋混凝土箱形拱桥

我国采用缆索吊装建造的上承式钢筋混凝土箱形拱桥数量较多，其中较知名的有下几座：

(1) 四川省宜宾市马鸣溪大桥，建于1979年，桥梁跨径为150m，桥面宽为10m，拱圈截面为等截面，拱箱高度为2m。拱圈横向分为5个箱室，纵向分5段预制吊装，拱箱最大吊装重力为700kN。

(2) 四川省广元市宝珠寺大桥，建于1989年，桥梁跨径为3孔120m，桥面宽为11m。拱圈截面为等截面，拱圈横向分为5个箱室，纵向分5段预制吊装，拱箱最大吊装重力为460kN。

(3) 福建省福州市水口电站闽江大桥，建于1988年，桥梁跨径为2孔132m，桥面宽为13m，拱圈截面为等截面，纵向分5段预制吊装。

以下介绍马鸣溪大桥的施工方法，主要的施工步骤为：①拱箱预制；②吊装设备的布置；③拱箱吊装。

6.4.3.1 拱箱预制场布置

马鸣溪大桥桥位北岸（宜宾岸）引桥台后地势较平坦，有一较宽的台地，南岸（塘坝岸）地形陡峻，而且有公路交叉，施工场地狭窄，因此全桥上部结构预制及主要吊装设备均布置在宜宾岸。主孔横向由 5 片拱箱组成，每片拱箱在纵向分为 5 段，拱箱全孔共 25 段，最大吊装重力为 700kN。在预制场按同类型分为 5 组，顺河平排布置。为便于施工操作，在同组中两箱间净距为 1m，组与组之间净距为 2m。拱箱在预制场由龙门架桁梁横移，然后由轨道平车顺桥向纵移至宜宾岸引桥孔下游侧，再经石砌走道向上游横移至天线下，由运输天线起吊，运输至安装位置就位安装。

1. 拱箱尺寸

拱圈采用等截面悬链线，拱箱采用 C40 混凝土。拱箱全高为 2m，预制箱高为 1.85m，底板厚 18cm，顶板预制厚 10cm，以后再现浇加厚 15cm，共 25cm。这样可以减轻拱箱的吊装重力，对于调整各片拱箱顶面的平整度和整体化也是有益的。每个预制箱的顶板和底板内各设 10Φ16 的纵向钢筋，现浇顶板内设Φ6 钢筋网一层。侧板用 4 至 5cm 的钢筋混凝土薄板，纵横配Φ6 钢筋构成 7cm 网格，先分块平浇预制，然后与横隔板组装连接，浇筑底板及接头，再浇顶板，组合成闭合箱。

2. 拱箱预制

（1）拱箱侧板有厚度 4cm 和 5cm 两种，均在混凝土地面上预制，用三脚扒杆起吊脱模，运走堆放备用。

（2）拱箱组装在拱胎上进行，拱胎系按拱箱分段放样坐标，将土石辗压筑成。为便于横隔板和侧板接头混凝土的浇筑及底板侧模安装，在土拱胎上顺横隔板埋置 6cm×8cm 方木，其高度按坐标控制。再在其上浇筑一层 8cm 厚 10 号混凝土并抹平，即组成拼装拱箱的拱胎。在拱箱吊点处的拱胎上设置 40cm×40cm 槽沟，以砂填实，供作提出拱箱时安装吊具之用。

在混凝土胎面上准确地放出拱箱底板中线及边线。为便于脱模，在胎面上铺油毛毡一层，其宽度不超过底板边线，同时在油毛毡与胎面之间撒上滑石粉。铺设拱箱底板钢筋，但暂不绑扎，将侧板运至组装位置。将侧板和横隔板准确就位，将底板钢筋与侧板及横隔板钢筋绑扎，并垫好底板钢筋保护层，点焊牢固。

（3）两段拱箱的连接是通过每段拱箱端部上下缘的预埋角钢用螺栓连接的，因此拱箱端头的准确程度是关系到吊装时两段拱箱接头能否将上下角钢的螺栓准确栓上的关键。端模采用 10mm 钢板制成，在钢板上按端头连接角钢螺栓眼孔设计位置准确钻孔。将端头角钢螺栓装在端头模板上，仔细校正端面平整度及端头的倾斜度，并使端面与拱箱中线垂直，然后与顶板和底板主筋点焊连接，再次检查、校正，最后分段对称电焊。

（4）拱箱组装成型后，仔细地对拱箱的长度、宽度、中线及端头钢模位置和倾角进行检查，检查符合要求后，浇筑底板及各接头混凝土形成槽形箱。

（5）在槽形箱内安装可拆卸的简易顶板模板。顶板模板在顶板混凝土浇筑完毕后，从横隔板的空洞中拿出拱箱。

（6）绑扎顶板钢筋和吊点及扣点牛腿钢筋，浇筑顶板混凝土。

6.4.3.2 吊装设备的布置

1. 吊装天线的布置

（1）天线布置。运输天线共布置两组，每组由 8 根Φ47.5mm 钢丝绳组成，天线跨径为 284m，设计垂度 21.34m。天线钢丝绳由引桥桥台后用循环牵引过江。钢丝绳的一端系于岸锚碇轨束梁上，另一端翻过塔顶索鞍过江。

（2）跑马滑车。采用四门三角滑车，用两个滑车分别骑在四根钢丝绳上，组成一个跑马滑车。为使两个三角滑车受力一致，通过连接钢板用 Φ150 圆钢作扁担，将其连成整体。

扁担跨中通过连接钢板与起吊滑轮组定滑车相联，每拱箱段两吊点跑马滑车之间中距为 18.2m，以 4 根 Φ30mm 钢丝绳连接。两四门三角滑车之两外端以 Φ32mm 钢丝绳将两滑车连接，并系重力 150kN 单门开口滑车作跑马牵引之转线用，转线滑车通过重力为 300kN 的卡环挂于运输天线上，防止牵引绳不受力时，滑车倒吊。为防止牵引时两组三角滑车相碰，在滑车间隔以枋木（枋木捆在一个滑车的墙板上，以便不影响三角滑车间的上下错动）。

（3）起吊滑车车组。起吊滑车车组的定滑车采用三门三轮，动滑车采用二门三轮三角滑车，用 Φ23mm 钢丝绳穿 12 线，由 80kN 电动卷扬机带动。动滑车通过午斤绳与吊具三角架相连。为了空载时动滑车可自由下降，设置混凝土配重 32kN，配重加吊具共 50kN。为吊装过程中的设备运输和操作的需要，在两组运输天线内侧布置两根 Φ43.5mm 工作天线挂以工作吊篮，以 2 台 30kN 电动卷扬机作驱动力。

2. 索塔

（1）索塔构造。塘坝岸桥头正面为陡峭山岩，可省去索塔。宜宾岸索塔设置于引桥桥台上，索塔用万能杆件组拼，平面尺寸为 2m×6m，塔高 42.78m，顺河向由两个 2m×2m 框架组成。塔顶采用钢木组合临时结构，塔脚为铰结，中部由万能杆件组拼。两框架中距 4m，框架之间每隔 8m 加一道平连，塔顶 2m 满连，将两框架联成整体。在索塔上游侧面安装升降吊篮一套，供工作人员上下索塔用。

（2）塔顶索鞍布置。为使拱段吊装尽量采用正吊正落，特别是开始吊装的 I、II 两片中箱，索鞍须特殊布置。待 I 和 II 片中箱合龙后，下游运输索不动，上游运输索向上游移动吊装第 III 片，IV 和 V 两片边箱则因索塔限制而采取斜吊斜落位。每组运输天线下置四轮滑轮，索鞍 2 个用以支承天线，要求两鞍紧靠。靠两组索鞍的内侧各置滑轮索鞍一个，用以支承宜宾岸间段拱箱扣索。

（3）索塔风缆布置。吊装时索塔上的水平力为 494kN，全部由索塔风缆承担。风缆设于塔顶，塔顶上下游端顺桥向各用 Φ47.5mm 钢丝绳做风缆。风缆的一端固定于锚碇预留环上，另一端固定于中墩顶预埋的 Φ32mm 钢筋环上。顺河方向上下游各布置滑轮组风缆，地锚设双门滑车，塔顶为两个单门开口滑车，以 Φ15.5mm 钢丝绳穿线，用 50kN 链子滑车收紧。

3. 扣索布置

（1）拱箱端段扣索。拱箱端段扣索内力为 748kN，扣索采用 Φ47.5mm 钢丝绳制作。塘坝岸利用桥台作地锚，将钢丝绳斜绕于桥台作固定千斤绳。扣索的一端绕环卡于千斤绳上，另一端通过台口木制索鞍绕过连在扣具上的承载 800kN 大滑轮，再返回索鞍与固定于千斤绳上六门滑车组连接，以 Φ19.5mm 钢丝绳穿 12 线，80kN 电动卷扬机带动。

宜宾岸利用引桥桥台作扣索地锚，用 Φ47.5mm 钢丝绳平绕在桥台拱座骊作固定千斤绳，扣索的一端固定于千斤绳上，另一端翻过中墩顶面滑轮索鞍，并通过扣具上 800kN 大滑轮，返回中墩索鞍和引桥桥台上索鞍与固定于宜宾岸锚碇上的六门滑轮组相连，用 φ19.5mm 钢丝绳穿 12 线，80kN 电动卷扬机带动。

（2）拱箱中间段扣索。塘坝岸扣索的一端绕固于轨束梁上，另一端通过扣具上 800kN 大滑轮，再返回通过轨束梁上 800kN 转向大滑轮与固定于桥台千斤绳上的六门滑车组连接，穿 12 线，80kN 卷扬机带动。由于主孔跨径较大，必须采用双片拱箱合拢，故扣索布置两套。

4. 拱圈风缆布置

拱圈风缆共布置 8 组，用短钢丝绳捆在拱箱端头的第 2 块横隔板位置。短钢丝绳两端从拱箱底面伸出，每端挂承载力为 56kN 单门开口滑轮一个，抗风绳用二线 φ15.5mm 钢丝绳，用 50～100kN 摇车收紧，50kN 链子滑车调整。

5. 锚碇

锚碇受力按一片拱箱已合拢调整，第二片中段拱箱吊运至跨中时，运输天线产生的最大内力，以及在此状态时，各有关段扣索、索塔风缆、工作天线等传于锚碇的最大拉力为 500kN 设计。宜宾岸锚碇为重力式锚碇，平面尺寸为 6m×8m。锚碇内设索洞两个，断面为 0.8m×1m，中距为 4m。运输索通过索洞系于挡板后轨束梁上，轨束梁由 20 根 43 号钢轨组成半圆形，其平面一边紧靠挡板。

塘坝岸锚碇利用桥头正面陡峭山岩，采用嵌入式锚碇，共设两个锚洞。洞深为 9m，洞口断面为 1.6m×1.8m，洞底为 3m×2.5m，呈口小内大的葫芦状。两洞中距为 4m，洞轴线水平夹角为 22°。每洞内用 Φ32mm 圆钢做拉环，每 3 根焊成一组，共 10 组。两拉环内穿上由 56 根 38 号钢轨组成的轨束梁，运输天线绕过轨束梁，不设索塔。

6.4.3.3 拱箱吊装

1. 吊装前的准备工作

对拱箱尺寸进行检查和修凿，使其符合设计尺寸。对拱座表面清凿，放出起拱线和拱箱中线及边线。在起拱线处焊以 50mm×50mm 角钢，用以临时支承端段拱箱，进行拱箱预顶，以消除拱箱底板与混凝土胎面间的粘着力，以免因吊点受力不均拉坏箱体。认真检查吊装设施、动力电路是否符合要求，并进行空载运转。对拱箱进行原地试吊，固定跑马牵引绳，用人力晃动拱箱，以增加冲力。同时观测锚碇、索塔、各卷扬机地锚、运输天线、钢丝绳接头索卡等重要部位有无不正常现象，如有不正常现象应及时分析处理。

2. 拱箱吊装

（1）中片拱箱吊装。

1）先吊装塘坝岸拱箱端段，当端段就位后，将拱箱两侧 75mm×75mm×10mm 的角钢点焊于拱座钢板上，以固定端头位置。拉好八字风缆并调整拱箱中线位置，固定八字风缆，安装好扣具并转换由扣索受力。

先收紧扣索并暂时固定，以水平仪观测下接头的（端段与中间段接头处）高程。当下接头开始上升时，表示扣索初步受力，停止收紧扣索，缓缓放松吊点，控制端头高程升降在 10cm 范围。按上述步骤反复进行，直至全部转换到扣索受力，端头预抬高度 20cm。以同样方法安装宜宾岸端段。

2）吊运塘坝岸中间段。以吊点控制中间段上接头（中间段与中段接头处）的预抬高量为 30～40cm 与端段接头相接，装上接头螺栓。将下缘螺栓稍紧，上缘螺栓旋上螺帽，预留螺杆空隙 1～2cm，这主要是使两构件暂时连接，使合龙后拱轴线调整时，构件端头不受损伤。安装好扣具，穿好扣索，拉好八字风缆，进行扣索和吊点的受力移交。在移交转换中必须严格控制上接头高程在 5cm 范围内变动，并随时调整端段和中间段的拱箱中线。上接头预抬高量视下接头实际高度确定，其高度大致为下接头抬高量的 2 倍。以同样方法吊装宜宾岸中间段拱箱。

3）中段拱箱在吊运中，因宜宾岸中间段扣索阻挡，需在上游两岸对称设置横拉绳，将拱箱向上游横拉越过扣索。横拉绳需系于吊点滑车组动滑车下，使拱箱始终保持正吊。中段拱箱运至安装位置后，固定好跑马滑车，慢慢放松吊点，使拱箱缓缓下落，以水平仪控制拱顶高程，使之较设计高 2～3cm，注意两端接头缝隙，不得碰到中间段拱箱。两岸对称按先端段后中间段慢慢放松扣索，往返进行，使两岸中间段端面接头逐步靠拢中段端面至完全接触后，安装接头螺栓，同时全面利用八字风缆调整各段拱箱中线，使一片拱箱完成合龙。

4）拱箱合龙后应进行松索及中线调整，施工中松索调整与中线调整同时进行。松索由水平观测资料通知各卷扬机采用定长松索方法进行。中线调整则由专人指挥各组人员同时松紧八字风缆使拱箱段至设计标高。这样可加快安装进度，亦可确保拱圈稳定。松索程序仍按端段扣索、中间段扣索、中段吊点的顺序往返进行。松索时力求相对接头高程一致，每次松索接头标高下降不超过 2cm。当接头达到设计标高后，在各接头处填塞钢板，拧紧接头螺栓。仍按上述松索程序再次松索，使各接头钢板抵紧，直至各接头标高不再发生变化为止。最后松吊，使吊点受力至 30% 即开始电接头。电焊接头从跨中向两岸对称同时进行，最后焊拱座。由于一片拱箱合龙时，稳定安全系数仅为 0.97，因此吊点和扣索均不拆除。按相同程序吊装第Ⅱ片拱箱。

（2）两片拱箱横联。

当Ⅰ和Ⅱ两片拱箱完成合龙、调整、接头处理后，首先将两片拱箱的顶部和底部预埋横向联系件电焊连接，安装侧板螺栓，接头灌注环氧树脂，然后将上接头和下接头及拱座接头混凝土灌满。同时在顶板每一横联处将两箱间纵缝现浇 40 号混凝土 60cm，以加强两箱的稳定。待所浇混凝土达到一定强度后，将上游组运输天线吊点和扣点全部松掉，并向上游移动索鞍，进行第Ⅲ片拱箱吊装。待第Ⅲ片拱箱的端段或中间段就位后，才将相应位置的扣索转移过来。由于两片拱箱合龙横向连接后稳定系数为 3.22，仍小于稳定系数应大于 4 的要求，故风缆均不拆除。

（3）边拱箱吊装。

边拱箱吊装程序与中拱箱相同，但因运输天线正对第Ⅱ和Ⅲ片拱箱，这就要求边拱箱落位斜距 1.52m。因此在天线运输中，需将拱箱向上游或下游外侧横拉，横拉距离达 2m。横拉卷扬机 50kN，上下游各布置一台，以 Φ21.5mm 钢丝绳穿线。边拱箱吊装完成后，拱箱吊装工作即全部完成。

6.4.4 桁架组合拱桥

桁架组合拱桥是由两个悬臂桁架支承一个桁架拱组成，它除保持桁架式拱结构用料省、跨越能力大、竖向刚度大等特点外，更具有桁梁的特性和可以采用无支架悬臂安装的方法施工，使桁架组合拱桥具有一定的竞争能力。我国贵州省建造桁式组合拱桥数量最多，国内较知名的有以下几座：

(1) 贵州省剑河大桥，桥梁跨径为 150m，桥面宽为 11m，建于 1985 年。

(2) 四川省牛佛大桥，桥梁跨径为 160m，桥面宽为 11m，建于 1990 年。

(3) 贵州省江界河大桥，桥梁跨径为 330m，桥面宽为 12m，建于 1995 年。

6.4.4.1 桁式组合拱桥构造特点

为了减轻自重，保证截面的强度和整体刚度，桁式组合拱桥的上下弦杆和腹杆及实腹杆段的截面，一般均采用闭合箱型截面，并按照吊装顺序，分次拼装组合而成。为了增强构件的整体性，在所有箱型杆件内均设有隔板加固，隔板间距为 4～5m。

6.4.4.2 桁式组合拱桥施工

桁式组合拱桥能迅速得到发展，除结构受力的合理性带来材料的节省外，其主要原因是它可采用无支架悬臂安装进行施工，这是最突出的优点。安装时常采用钢桁构人字桅杆吊机作为吊运工具，避免了缆索和塔架等安装设备，给施工带来了方便。

1. 上部构件预制

主孔桁架的构件分段，主要是根据吊机的起重能力和起重臂的有效伸臂范围确定。将主孔桁片分为几段，每段桁片再按悬拼次序及工艺要求分为单杆和三角形单片及梯形单片。分段名称按拱脚至拱顶称为脚段、二段、三段、四段和实腹段。脚段和二段分成下弦杆、斜杆、上弦杆、竖杆。三段分成下弦杆、斜杆及竖杆组成的三角形桁片和上弦杆单杆。四段由上弦杆、下弦杆及临时杆组成梯形单片。

2. 人字桅杆吊机

人字桅杆吊机特点是设备简单，制作与安装容易，操作方便，起重能力大，适应性强，工作速度低，振动小，吊装运转安全可靠。但因桅杆较高，整体移动不灵活。

(1) 起重系统由起重臂、卷扬机、滑轮组组成。由两肢主弦组成人字桅杆，主弦采用 4 肢角钢组成。底部设特制的连接段和底座，用 M100 螺栓与底座连接，使桅杆可以灵活俯仰。每侧底座设多个螺孔，使桅杆能可靠地与安装点构筑物牢固连接。

(2) 稳定和变幅系统。

1) 背索：背索系人字桅杆的重要稳定和变幅系统，用一部电动慢速卷扬机配滑轮组牵引变幅。

2) 侧浪风：桅杆顶部两侧各设一组浪风索，以平衡构件横向所产生的水平力。浪风索由水平力之大小经计算决定。

3) 前浪风：为防止桅杆在前倾角很大时承载，以及整体移动时向后倾倒，在桅杆前方设一根浪风索以防安全。

4) 地锚：背索地锚与桅杆安装点的距离，由桅杆受力分析决定。当桅杆吊装重量大，前倾角小时，背索受力很大，地锚需要很强固。一般在桥台和中墩上埋放锚环，利用构件自锚。浪风索地锚一般受力不大，在两侧挖坑埋设即可。前浪风索可锚固在对岸预埋设的锚环上。

3. 悬拼施工

（1）构件就位与稳定。构件吊运至安装位置，其平面位置一律用横浪风索控制。横浪风索用电动慢速卷扬机牵引，使用卷扬机上的点动微调装置进行平面位置控制，高程一律用起重绳微动控制。单杆拼装就位后的稳定，各段下弦杆的纵向和高程用专设的临时钢丝束张拉固定，待斜杆就位及预应力束张拉后即可撤除。横向用一组浪风索稳定，待两边下弦及斜杆就位，安装横向连接系后撤除竖杆，按计算的支撑点高程设刚性连接杆与斜杆连接，构成临时稳定体系，待上弦杆全部就位、张拉预应力束和横向联结系安装完成后撤除。一般上弦杆只设一组横向浪风索。

（2）构件安装精度控制。对中精度以拼接时不影响预应力钢筋的连接为准，一般为5mm。安装高程除按设计计算的包括预拱度值在内的施工安装标高控制以外，考虑到非弹性挠度的影响，将安装高程略为提高，其值一般为10mm。设计预拱度，拱顶为150mm，其余各段按直线分配。

6.5 钢管混凝土拱桥施工

钢管混凝土拱桥是以钢管为拱圈外壁，在钢管内浇筑混凝土，使其形成由钢管和混凝土组成的拱圈结构。由于管壁内填满混凝土，提高了钢管壁受压的稳定性，钢管内的混凝土受钢管的约束，提高了混凝土的抗压强度和延性。在施工上，由于钢管的质量轻，刚度大，吊装方便，钢管的较大刚度可以作为拱圈施工的劲性骨架，钢管本身就是模板，这些优点给大跨度拱桥施工创造了十分有利的条件。钢管混凝土拱桥断面尺寸较小，结构轻巧，钢管外壁涂以色彩美丽的油漆，使拱桥建筑造型极佳。由于有上述这些优点，使钢管混凝土拱桥在全国各地很快得到推广使用。值得一提的是，钢管混凝土结构由于钢管吊装质量轻、安装方便、刚度大等优点，近年来大跨度钢筋混凝土拱桥施工中常采用钢管混凝土结构作为拱圈施工的劲性骨架。如图 6-6 所示为钢管混凝土拱桥实例。

图 6-6　钢管混凝土拱桥实例

6.5.1 中承式、下承式钢管混凝土拱桥

6.5.1.1 施工程序及要点

1. 施工程序

首先分段制作钢管及加工腹杆、横撑等，然后，在样台上拼接钢管拱肋，应先端段，后顶段逐段进行；接着吊装钢管拱肋就位合龙，从拱顶向拱脚对称施焊，封拱脚使钢管拱肋转为无铰拱。同时，从拱顶向拱脚对称安装肋间横梁、X撑及K撑等结构；第三步可按设计程序浇筑钢管内混凝土；最后，安装吊杆、拱上立柱及纵横梁和桥面板，浇筑桥面混凝土。

2. 施工要点

（1）用钢板制作钢管时，下料要准确，成管直径误差应控制在±2mm范围内。

（2）拱肋拼接应在1:1大样的样台上进行。焊接时应采取措施减少焊接变形，并严格保证焊接质量。

（3）由于钢管直径大，一次浇筑混凝土数量多，为避免浇筑过程中钢管混凝土出现过大的拉应力及保证管内混凝土的浇筑质量，每根钢管混凝土的浇筑应连续进行，上下钢管、相邻钢管内混凝土按一定程序或设计要求进行。

（4）为保证空间桁架拱肋在施工中的纵横向稳定性，拱肋间应设置横梁、X撑、K撑、八字浪风，调整管内混凝土的浇筑程序等措施。

（5）钢管的防锈和柔性吊杆的防护和更换应有一定的措施。

（6）必须在钢管混凝土达到设计强度后才能进行桥面系的安装。如图6-7所示为钢管混凝土拱桥构造图。

图6-7 钢管混凝土拱桥构造图

6.5.1.2 钢管拱肋制作

钢管混凝土拱桥所用的钢管直径大，材料一般采用A3钢16Mn钢，钢管由钢板卷制成型，管节长度由钢板宽度确定，一般为120~180cm。采用桁式截面时，上下弦之间的

腹杆由于直径较小，可以直接采用无缝钢管。在有条件的情况下，优先选用符合国家标准系列的成品焊接管。拱肋制作的关键在于拱肋在放样平台上的精确放样和严格控制焊接质量，应尽量减少高空焊接。严格控制钢管拱肋的制作质量，为拱肋的安装和拱肋内混凝土浇筑，提供了安全保证。

1. 钢管卷制和焊接

钢板利用焰割机切割，但应将热力影响宽度3~5mm去掉。拱肋及横撑结构外表面均应先喷砂除锈，按一级表面清理。钢板卷制前，应根据要求将板端开好坡口，将钢板送入卷板机卷成直筒体，卷管方向应与钢板压延方向一致。钢板卷制焊接管可采用工厂卷制和工地冷弯卷制。前者卷制质量便于控制，检测手段齐全，为推荐方法。轧制的管筒的失圆度和对口错边偏差应施工规程要求。根据不同的板厚和管径，可采用螺旋焊缝和纵向直焊缝将卷成的钢管缝焊接成直管。由于钢管对混凝土的起套箍作用，宜采用螺旋焊缝。对焊成的直钢管应进行检查和校正，以确保卷制的精度。

2. 拱肋放样

卷制后的成品管通为8~12m长的直管，一般在工地进行接头、弯制、组装，形成拱肋。首先根据设计图的要求绘制施工详图（包括零件图、单元构件图、节段单元图及组焊、拼装工艺流程图），然后将半跨拱肋在现场平台上按1:1进行放样，注意考虑温度和焊接变形的影响，放样的精度需达到设计和规范要求。沿放样的拱肋轴线设置胎架，在大样上放出吊杆位置及段间接头位置以及混凝土灌注孔、位置。拱肋分段的长度应考虑从工厂到工地的运输能力。分段的长度可以适当变化，主要分段接头应避开吊杆孔和混凝土灌注孔位置。

按拱肋加工段长度进行钢管接长。首先应对两管对接端进行校圆，除成品管接相应的国家标准外，失圆度一般不大于3D/1000（D为钢管直径），达不到要求必须进行调校。接下来进行坡口处理，包括对接端不平度的检查，然后焊接。工地弯管宜采用加热预压方式，加热温度不得超过800℃。钢管的对接焊缝可采用有衬管的单面坡口焊和无衬管的双面熔透焊。两对接环焊缝的间距，应符合设计要求，设计没有规定时，直缝焊接管不小于管的直径，螺旋焊接管不小于3m。对接径向偏差不得超过壁厚的0.2倍。纵向焊缝各管节应相错，施工时应严格进行控制；而且将纵向焊缝全部置于两肋板中间，以免外表面焊缝影响美观。焊接完成后严格按照设计要求对管缝焊接质量进行超声探伤和X光拍片检查。

3. 拱肋段的拼装

（1）精确放样和下料。

（2）对管段涂刷油漆作防锈（喷砂）防护处理。

（3）在1:1放样台上组拼拱肋，然后作固定性点固焊接，在拱肋初步形成后，详细检查，调校尺寸。

（4）精度控制。精度控制着眼于节段的制作精度。

（5）防护。钢管防护的好坏直接影响钢管混凝土拱桥的使用寿命。首先对所有外露面作喷砂除锈处理。然后作防护处理，目前一般采用热喷涂，喷涂工艺以及厚度均应符合设计要求。

6.5.1.3　拱肋安装和拱肋混凝土浇筑

1. 拱肋安装

钢管拱肋的安装，我国已建成的钢管混凝土拱桥中采用最多的施工方法为少支架或无支架缆索吊装、转体施工或斜拉扣索悬拼法施工。钢管拱肋成拱过程中，应同时安装横向联结系，未安装联结系的不得多余一个节段，否则应采取临时横向稳定措施；节段间环焊缝应对称进行，施焊前需保证节段间有可靠的临时连接并用定位板控制焊缝间隙，不得堆焊。

2. 拱肋混凝土浇筑

根据钢管拱肋的截面形式及施工设备，钢管混凝土的浇筑可采用以下两种浇筑方法：

（1）人工浇筑法。这种方法是用索道吊点悬吊活动平台，在钢管拱肋顶部每隔 4m 开孔作为灌注孔和振捣孔。混凝土由吊斗运至拱肋灌注孔，混凝土由人工铲进，插入式和附着式振捣器振捣。

（2）泵送顶升浇筑法。这种方法适用于桁架式钢管拱肋内混凝土的浇筑，也可用于单管、哑铃形等实体形拱肋截面的混凝土浇筑。一般输送泵设于两岸拱脚，对称均衡地一次压注混凝土。在钢管上应每隔一定距离开设气孔，以减少管内空气压力，泵送之前，应先用压力水冲洗钢管内壁，再水泥砂浆通过，然后连续泵送混凝土。

灌注混凝土的配合比除满足强度指标外，尚应注意混凝土坍落度的选择。对于泵送顶升浇灌法粗集料粒径可采用 0.5～3cm，水灰比不大于 0.45，坍落度不小于 15cm；对于吊斗浇捣法粗集料粒径可采用 1～4cm。为满足上述坍落度的要求，应掺入适量减水剂。为减少收缩量，可掺入适量的混凝土微膨胀剂。

3. 浇筑混凝土注意事项

钢管混凝土填充的密实度是保证钢管混凝土拱桥承载能力的关键问题。钢管内混凝土是否灌满，混凝土收缩后与钢管壁形成空隙往往是问题所在。质量检测办法以超声波检测为主，人工敲击为辅。采用小铁锤敲击钢管听声音的方法是十分简单和有效的，通过检测，有空隙部位必须进行钻孔压浆补强。施工中除应按设计要求进行外，还应注意以下几点：

（1）每根钢管的混凝土须由拱脚至拱顶一次连续浇筑完成，不得中断，且浇筑完成时间不宜超过第一次入管混凝土的初凝时间，当钢管直径较大，混凝土初凝时间内不能浇完一根钢管时，可设隔板把钢管分为 3 段或 5 段、分段灌注。隔板钢板厚度应大于 1.5 倍钢管壁厚。下一段开口应紧靠隔板，使两段混凝土通过隔板严密结合。隔板周边应与钢管内壁焊接。

（2）浇筑入口应设在浇筑段根部，应从两拱脚向拱顶对称浇筑。用顶升法浇筑，严禁从中部或顶部抛灌。

（3）浇筑混凝土的前进方向，应每隔 30m 左右设一个排气孔，有助于排出空气，加强管内混凝土的密实度。

（4）桁式钢管拱肋混凝土的浇筑顺序，一般为先下管、后上管或上、下管和相邻管的混凝土浇筑按一定程序交错进行或按设计要求进行。

（5）浇筑时环境气温应大于 5℃。当环境气温高于 40℃，钢管温度高于 60℃时，应采取措施降低钢管温度。

（6）因浇筑管道较小，要求混凝土有较高的和易性，为减小混凝土凝结时收缩，施工时应加入适量的减水剂和微膨胀剂；并注意振捣密实。

（7）管内混凝土的配合比及外掺剂等，应通过设计、试验来确定。施工中须严格管理，以确保钢管混凝土的质量。

大跨径钢管混凝土拱桥，混凝土灌注可以分环或分段浇筑，灌注时应从拱脚向拱顶对称进行。大跨径拱肋灌注混凝土时应对拱肋变形和应力进行观测，并在拱顶附近配置压重，以保证施工安全。

6.5.2 中承式和下承式系杆施工

6.5.2.1 施工程序

（1）搭架浇筑两边跨半拱。

（2）拱肋制作，吊装。

（3）杆安装。拱肋合龙后安装横撑，穿系杆钢绞线，安装张拉设备，张拉部分系杆，以平衡钢管拱肋产生的水平推力。

（4）浇筑拱肋钢管内混凝土，安装桥面系（吊杆、横梁、纵梁及桥面板）并同步张拉系杆，要求按设计程序浇筑管内混凝土，同时按增加的水平推力张拉系杆，以达到推力平衡。按一定的加载程序安装横梁、桥面板、吊杆及桥面系其他部分，同步张拉系杆，最后封固系杆，形成系杆拱桥。

（5）拆除边跨支架，安装边跨支座。

6.5.2.2 施工时注意事项

（1）钢管拱肋合龙时，系杆因无法马上张拉，因此主墩必须能承受空钢管拱肋产生的水平推力或采取临时措施使主墩能承受此水平推力；如为单跨系杆拱桥，则在钢管拱肋吊装合龙且安装好横撑后，在封拱脚同时，浇筑拱脚两端的系杆锚墩，完成主拱拱脚固结。

（2）对拱肋加载应与系杆张拉同步进行。施工中应严格控制主墩（或锚墩）的水平位移以确保施工安全。

（3）桥面系施工、吊杆安装程序等应按设计程序对称、均衡施工。

（4）加载程序为先灌注拱肋钢管内混凝土，然后施工桥面系，张拉竖向吊杆及水平向系杆钢束。

（5）钢管内混凝土浇筑可通过压浆、微膨胀混凝土、泵送连续浇筑等措施保证管内混凝土的密实性及与管壁的紧密结合，完成后，要检查其质量及密实度。

（6）应采取措施使吊杆与后浇筑的系杆混凝土隔离。

6.5.3 钢管混凝土劲性骨架

钢管混凝土结构，由于钢管吊装质量轻，钢管内灌注混凝土后刚度大，钢管对混凝土的约束作用提高了混凝土的强度和变形能力。以上这些突出的优点使钢管混凝土结构适宜作为大跨径钢筋混凝土拱桥的施工劲性骨架。这已成为一个发展趋势。

此法采用不同形状的钢管（如单管形、哑铃形、矩形、三角形或集束形），或者以无缝钢管作弦杆，以槽钢、角钢等作为腹杆组成空间桁架结构，先分段制作成钢骨架，然后吊装合龙成拱，再利用钢骨架作支架，浇筑钢管内混凝土，待钢管内混凝土达到一定强度后，形成钢管混凝土劲性骨架，然后在其上悬挂模板，按一定的浇筑程序分环（层）分段浇筑拱圈混凝土直至形成设计拱圈截面。先浇的混凝土凝结成形后可作为承重结构的一部分与劲性骨架共同承受后浇各部分混凝土的重力；同时，钢管中混凝土也参与钢骨架共同承受钢骨架外包混凝土的重力，从而降低了钢骨架的用钢量，减少了钢骨架的变形。故利用钢管混凝土作为劲性骨架浇筑拱圈的方法比劲性骨架法更具优越性。

6.6　拱桥的转体施工

6.6.1　概述

转体施工法一般适用于单孔或三孔拱桥的施工。基本原理是：将拱圈或整个上部结构分为两个半跨，分别在河流两岸利用地形或简单支架现浇或预制装配半拱，然后利用一些机具设备和动力装置将其两个半跨拱体转动至桥轴线位置（或设计标高）合龙成拱。采用转体法施工拱桥的特点是：结构合理，受力明确，节省施工用材，减少安装架设工序，变复杂的、技术性强的水上高空作业为岸边陆上作业，施工速度快，不但施工安全、质量可靠，而且在通航河道或车辆频繁的跨线立交桥的施工中不干扰交通、不间断通航、减少对环境的损害、减少施工费用和机具设备，是具有良好的技术经济效益和社会效益的桥梁施工方法之一。

转体的方法可以采用平面转体、竖向转体或平竖结合转体，目前已应用在拱桥、桁架桥、T形刚构、斜拉桥、斜腿刚构等不同桥型上部结构的施工中。

1. 平面转体

本法适用于深谷、河岸较陡峭、预制场地狭窄或无法采用现浇或吊装的施工现场。在桥墩、台的上、下游两侧利用山坡地形的拱脚向河岸方向与桥轴线成一定角度搭设拱架，在拱架上现浇拱（肋）箱或组拼箱段以完成二分之一跨拱，其拱顶高程与设计高程相同（应设置预留高度）。利用转动关系，将两岸拱箱相继旋转合龙就位，要使得拱箱平衡稳定旋转就位，拱箱的平衡是平转法的关键，使拱箱旋转平衡的方法有：

（1）有平衡重转体：拱箱（肋）在平转中是利用扣索，悬扣于桥台上，在桥台后（或拱体的另一端）要加平衡重，用以平衡拱箱（肋）的重力，以达到平稳转体，平衡重一般是通过计算利用桥台坞工或在桥台配置一定重力（条块石或其他重物），待拱箱（肋）合龙，转动体系锚固后再拆除配重。

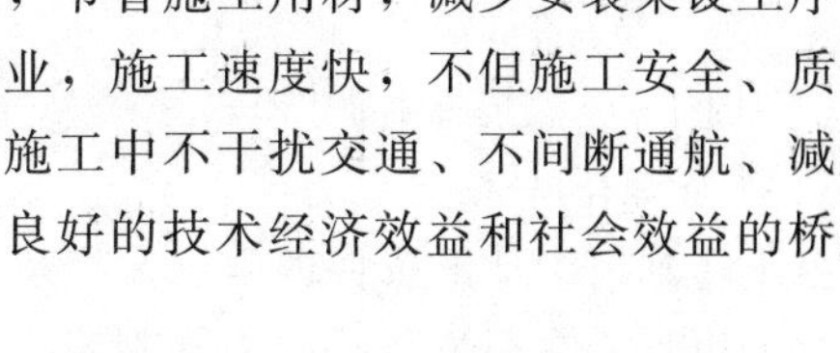

（2）无平衡重转体：由锚旋、尾管、水平撑、锚梁、斜锚索组成的锚固体系来取代转体所需的平衡重，这种转体方法不需利用（或少利用）墩、台坞工或配重如图 6-8 所示。

图 6-8　无平衡重转体施工示意图

2. 竖向转体

本法适用于桥址地势平坦，桥孔下无水或水浅，在一孔中的两端桥墩、台从拱座开始顺桥向各搭设半孔拱架（或土拱胎），在其上现浇或组拼拱箱（肋或钢管肋），利用架设在两岸桥台（或墩）上的扣索（扣索一端系在拱顶端，另一端通过桥台（或墩）顶入卷扬机），先收紧一端扣索，拱箱（肋）即以拱座铰为中心，竖直旋转，使拱顶达到设计高程，同法收紧另一端扣索，合龙。

竖向转体视拱箱（肋）预制（或现浇）的方式不同分为：

（1）俯卧预制后向上转体（如上述）。

（2）竖直向上预制后再向下转体就位：在桥孔或墩、台上、下侧均无搭设拱架进行拱箱现浇、拼装的施工现场，多采用此方法。其主要原理是：从拱座（在拱座与拱箱用铰连接），向上现浇或组拼拱箱（肋），每现浇或组拼一定长度节段后用临时扣索和风缆将其稳定，直至拱箱（肋）完成二分之一跨。在拱顶

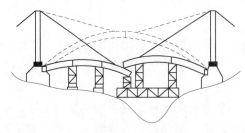

图 6-9　竖向转体施工示意图

设置转体用扣索（其一面设拉锁）及在拱箱（肋）的两侧设顶缆，将二分之一跨拱箱（肋）稳定，拆除临时扣索及临时风缆，收紧拉索，放松扣索及风缆，使拱箱（肋）徐徐向下转体，本法适用于钢管劲性骨架拱桥的预制安装。图 6-9 所示为施工示意图。

3. 平竖结合转体

由于受到河岸地形条件的限制，拱桥采用转体施工时，可能遇到既不能按设计标高预制半拱，也不能在桥位竖平面内预制半拱的情况（如在平原区的中承式拱桥）。此时，拱体只能在适当位置预制后既需平转、又需竖转才能就位。这种平竖结合转体基本方法与前面相似，但其转轴构造较为复杂。当地形、施工条件适合时，混凝土肋拱、刚架拱、钢管混凝土拱可选用此法施工。

6.6.2　平面转体施工

6.6.2.1　有平衡重平面转体施工

有平衡重转体施工的特点是转体质量大，施工的关键是转体。要把数百吨重的转动体系顺利、稳妥地转移到设计位置，主要依靠以下两项措施实现：正确的转体设计；制作灵活可靠的转体装置，并布设牵引驱动系统。目前国内使用的转体装置有两种：第一种是以四氟乙烯作为滑板的环道平面承重转体；第二种是以球面转轴支承辅以滚轮的轴心承重转体。

第一种转体装置是利用了四氟材料摩擦系数特别小的物理特性，使转体成为可能。根据试验资料，四氟板之间的静摩擦系数为 0.035～0.055，动摩擦系数为 0.025～0.032，四氟板与不锈钢板或镀铬钢板之间的摩擦系数比四氟板间的摩擦系数要小，一般静摩擦系数为 0.032～0.051，动摩擦系数为 0.021～0.032，而且随着正压力的增大而减小。

第二种转体装置是用混凝土球面铰作为轴心承受转动体系重力，四周设保险滚轮，转

体设计时要求转动体系的重心落在轴心上。这种装置一方面由于铰顶面涂了二硫化钼润滑剂，减小了牵引阻力；另一方面由于牵引转盘直径比球铰的直径大许多倍，而且又用了牵引增力滑轮组，因而转体也是十分方便可靠的，如图 6-10 所示。

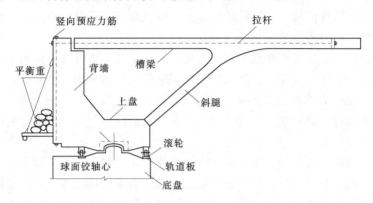

图 6-10 球面铰有平衡重平面转体施工的构造示意图

1. 拱体预制

拱体预制应按设计桥型、两岸地形情况，设置适当的支架和模板（或土胎拱），预制应按《公路桥涵施工技术规范》（JTJ041—2000）有关规定进行。同时还应注意以下几点：

（1）充分利用地形，合理布置场地，使拱体转动角度小，支架或土胎用料少，易于设置转动装置。

（2）严格控制拱体各部分标高、尺寸，特别要控制好转盘施工精度。

2. 转体拱桥的施工

有平衡重平面转体拱桥的主要施工程序如下：

制作底盘→制作上转盘→试转上转盘到预制轴线位置→浇筑背墙→浇筑主拱圈上部结构→张拉拉杆（使上部结构脱离支架，并且和上转盘、背墙形成一个转动体系，通过配重基本把重心调到磨心处）→牵引转动体系，使半拱平面转动合龙→封上下盘，夯填桥台背土，封拱顶，松拉杆，实现体系转换。

（1）制作底盘（以钢球面铰为例）。底盘设有轴心（磨心）和环形轨道板，轴心起定位和承重作用。磨心顶面上的球面形钢铰上盖要加工精细，使接触面达 70% 以上。钢铰与钢管焊接时，焊缝要交错间断并辅以降温，防止变形。轴心定位要反复核对，轨道板要求高差 ±1mm。注意板底与混凝土接触密实，不能有空隙。

（2）制作上转盘。在轨道板上按设计位置放好承重滚轮，滚轮下面垫有 2~3mm 厚的小薄铁片，此铁片当上盘一旦转动后即可取出，这样便可在滚轮与轨道板间形成一个 2~3mm 的间隙。这个间隙是保证转动体系的重力压在磨心上而不压在滚轮上的一个重要措施。它还可用来判断滚轮与轨道板接触松紧程度，调整重心。滚轮通过小木盒保护定位后，可用砂模或木模作底模，在滚轮支架顶板面涂以黄油，在钢球铰上涂以二硫化钼作润滑剂，盖好上铰盖并焊上锚筋，绑扎上盘钢筋，预留灌封盘混凝土的孔洞，即可浇上盘混凝土。

（3）布置牵引系统的锚碇及滑轮，试转上盘。要求主牵引索基本在一个平面内。上转盘混凝土强度达到设计要求后，在上转盘前方或后方配临时平衡重，把上盘重心调到轴心处，最后牵引上转盘到预制拼装上部构造的轴线位置。这是一次试转，一方面可检查、试验整个转动牵引系统，另一方面也是正式开始预制拼装上部结构前的一道工序。为了使牵引系统能够供正式转体时使用，布置转向轮时，应使其连线通过轴心且轴心距离相等，这样求得正式转体时牵引力也是一对平行力偶。

（4）浇筑背墙。上转盘试转到上部构造预制轴线位置后即可准备浇筑背墙。背墙往往是一个重力很大的实体，为了使新浇筑背墙与原来的上转盘形成一个整体，必须有一个坚固的背墙模板支架。为了保证墙上部截面的抗剪强度（主要指台帽处背墙的横截面），应尽量避免在此处留施工缝。如一定要留，也应使所留斜面往外倾斜，也可另用竖向预应力来确保该截面的抗剪安全。

（5）浇筑主拱圈上部结构。可利用两岸地形作支架土模，也可采用扣件式钢管作为满堂支架，以求节约木材。扣件式钢管能方便地形成所需要的拱底弧形，不必截断钢管，可以重复周转使用。为防止混凝土收缩和支架不均匀沉降产生的裂缝，浇半跨主拱圈时应按规范留施工缝。

主拱圈也可采用简易支架，用预制构件组装的方法形成。

（6）张拉脱架。当主拱圈混凝土达到设计强度后，即可进行安装拉杆钢筋，张拉脱架等工序。为了确保拉杆的安全可靠，要求每根拉杆钢筋都进行超荷载 50％ 试拉。正式张拉前应先张拉背墙的竖向预应力筋，再张拉拉杆。在实际操作中，应反复张拉 2～3 次，使各根钢筋受力均匀。为了防止横向失稳，要求两台千斤顶的张拉合力应在拱桥轴线位置，不得有偏心。

通过张拉，要求把支承在支架、滚轮、支墩上的上部结构与上转盘、背墙全部连接成一个转动体系，最后脱离其支承，形成一个悬空的平衡体系支承的轴心铰上。这是一个十分重要的工序，它将检验转体阶段的设计和施工质量。当拱圈全部脱离支架悬空后，上转盘背墙下的支承钢木楔也陆续松脱，根据楔子与滚轮的松紧程度加片石调整重心，或以千斤顶辅助拆除全部支承楔子，让转动体系悬空静置一天，观测各部变形有无异常，并检查牵引体系等均确认无误后，即可开始转体。

（7）转体合龙。把第一次试转时报牵引力绳按相反的力向重新穿索、收紧，即可开始正式转体。为便其平稳转体，控制角速度 0.5rad/min。当快合龙时，为防止转体超过轴线位置，采用简易的反向收紧绳索系统，用手拉葫芦拉紧后慢慢放松，并在滚轮前微量松动木楔的方法徐徐就位。

轴线对中以后，接着进行拱顶高程调整，误差要符合要求，合龙接口允许相对偏差为±1cm，在上下转盘之间用千斤顶能很方便地实现拱顶升降，只是应把前后方向的滚轮先拆除，并在上下转盘四周用混凝土预制块或钢楔等瞬时合龙措施将其楔紧、楔稳，以保证轴线位置不再变化。拱顶最后的合龙高程应该考虑桥面荷载以及混凝土收缩、徐变等因素产生的挠度，并留够预拱度。当合龙温度与设计要求偏差 3℃ 或影响高程差±1cm 时，应计算温度的影响。轴线与高程调整符合要求后，即可将拱顶钢筋用钢条焊接，以增加稳定性。

（8）封上下盘、封拱顶、松拉杆。封盘混凝土的坍落度宜选用 17～20cm，且各边应宽出 20cm，要求灌注的混凝土应从四周溢流，上下盘间密实。封盘后接着浇筑桥台后座，当后座达到设计要求强度后即可选择夜间气温较低时浇封拱顶接头混凝土，待其达到设计要求后，分批、分级松扣，拆除扣、锚索，实现桥梁体系的转化，完成主拱圈的施工。主拱圈完成后，即是常规的拱上建筑施工和桥面铺装，不再赘述。

6.6.2.2 无平衡重的平面转体施工

采用有平衡重转体施工修建拱桥，转动体系中的平衡重一般选用桥台背墙，但随着桥梁跨径的增大，需要的平衡质量急剧增加，不但桥台不需如此巨大圬工，而且转体质量太大也增加了转体难度。与有平衡重转体相比，无平衡重转体施工是把有平衡重转体施工中的拱圈扣索拉力锚在两岸岩体中，从而节省了庞大的平衡重。锚碇拉力是由尾索预加应力传给引桥桥面板（或平撑、斜撑），以压力的形式储备。桥面板的压力随着拱箱转体的角度变化而变化，当转体到位时达到最小。这样一来，不仅质量可大大减轻，而且设备简单，施工工艺得到简化；虽施工所需钢材略有增加，但全桥圬工数量大为减少。无平衡重转体需要有一个强大牢固的锚碇，因此宜在山区地质条件好或跨越深谷急流处建造大跨桥梁时选用。

根据桥位两岸的地形，无平衡重转体可以把半跨拱圈分为上、下游两个部件，同步对称转体；或在上、下游分别在不对称的位置上预制，转体时先转到对称位置，再对称同步转体，以使扣索产生的横向力互相平衡；或直接做成半跨拱体（桥全宽），一次转体合龙。

1. 无平衡重转体一般构造

拱桥无平衡重转体施工是采用锚固体系代替平衡重平转法施工，利用了锚固体系代替平衡重平转法施工，利用了锚固、转动、位控三大体系构成平衡的转体系统。

2. 无平衡重转体施工

拱桥无平衡重转施工的主要内容和工艺有以下各项。

(1) 转动体系施工：①安装下转轴、转盘及浇筑下环道；②浇筑转盘混凝土；③安装拱脚铰、浇筑铰脚混凝土；④拼装拱体；⑤设必要的支架、模板、设置立柱；⑥安装扣索；⑦安装锚梁、上转轴、轴套、环套。

这一部分的施工主要保证转轴、转盘、轴套、环套的制作安装精度及环道的水平高差的精度。转轴与轴套应转动灵活，其配合误差应控制在 0.6～1.0mm，环道上的滑道采用固定式，其平整度应控制在 ±1cm 以内；并要做好安装完毕到转体前的防护工作。

(2) 锚碇系统施工：①制作桥轴线上的开口地锚；②设置斜向洞锚；③安装轴向、斜向平撑；④尾索张拉；⑤扣索张拉。

这一部分的施工对锚碇部分应绝对可靠，以确保安全。尾索张拉是在锚块端进行，扣索张拉在拱顶段拱箱内进行。张拉时，要按设计张拉力分级、对称、均衡加力，要密切注意锚碇和拱箱的变形、位移和裂缝，发现异常现象应仔细分析研究，处理后再转入下一工序，直至拱箱张拉脱架。

(3) 转体施工。正式转体前应再次对桥体各部分进行系统、全面地检查，检查通过后方可转体。拱箱的转体是靠上、下转轴事先预留的偏心值形成的转动力矩来实现。启动时放松外缆风索，转到距桥轴线约 60° 时开始收紧内缆风索，索力逐渐增大，但应控制在 20kN 以下，如转不动则应以千斤顶在桥台上顶推马蹄形下转盘。为了使缆风索受力角度合理，可设置两个转向滑轮。缆风索走速，启动时宜选用 0.5～0.6m/min，一般行走宜选用 0.8～1.0 m/min。

（4）合龙卸扣施工。拱顶合龙后的高差，通过张紧扣索提升拱顶、放松和索降低拱顶来调整到设计位置。封拱宜选择低温时进行。先用 8 对钢楔楔紧拱顶、焊接主筋、预埋铁件，然后先封桥台拱座混凝土，再浇封拱顶接头混凝土。当混凝土达到 70% 设计强度后，即可卸扣索，卸索应对称、均衡、分级进行。

6.6.3 竖向转体施工

当桥位处无水或水很少时，可以将拱肋在桥位进行拼装成半跨，然后用扒杆起吊安装。当桥位处水较深时，可以在桥位附近进行拼装成半跨，浮运至桥轴线位置，再用扒杆起吊安装。

6.6.3.1 钢管拱肋竖转扒杆吊装的计算

钢管拱肋竖转扒杆吊装的工作内容为，将中拱分成两个半拱在地面胎架上焊接完成，经过对焊接质量、几何尺寸、拱轴线形等验收合格后，由竖在两个主墩顶部的两副扒杆分别将其拉起，在空中对接合龙。由于两边拱处地形较高，故边拱拱肋直接由吊车在胎架上就位拼装。扒杆吊装系统设计的主要工作为：起吊及平衡系统的计算（含卷扬机、起重索、滑轮、平衡梁、吊索、吊扣等）；扒杆的计算；扒杆背索及主地锚的计算；设置拱脚旋转装置等。

6.6.3.2 钢管拱肋竖转吊装

1. 转动体系

转动体系由转动铰、提升体系（动、定滑车组，牵引绳等）、锚固体系（锚索、锚碇等）等组成。

2. 竖转吊装的工作顺序

安装拱肋胎架→安装拱脚旋转装置→安装地锚→安装扒杆及背索→拼装钢管拱肋→安装起吊及平衡系统→起吊两侧半拱→拱肋合龙→拱肋标高调整→焊接合龙接头→拆除扒杆→封固拱脚。

3. 扒杆安装

为了便于安装，扒杆分段接长，立柱钢管以 9m 左右为一节，两节之间用法兰连接。安装时先在地面将两根立柱拼装好，用吊车将其底部吊于墩顶扒杆底座上，并用临时轴销锁定，待另一端安装完扒杆顶部横梁后，由吊车抬起扒杆头至一定高度，再改用扒杆背索的卷扬机收紧钢丝绳将扒杆竖起。

4. 拱肋吊装

起吊采用慢速卷扬机，待拱肋脱离胎架 10cm 左右，停机检查各部运转是否正常，并根据对扒杆的受力与变形，钢丝绳的行走，卷扬机的电流变化等情况的观测结果，判断能否正常起吊。当一切正常时，即进行拱肋竖向转体吊装。拱肋吊装完成后，进行拱肋轴线调整和跨中拱肋接头的焊接。

第7章 斜拉桥施工

7.1 概　述

斜拉桥是一个由索、梁、塔三种基本构件组成的结构，是一种桥面体系受压，支承体系受拉的桥梁。斜拉桥桥面体系用加劲梁构成，支承体系由钢索组成，属组合体系桥，其主要组成部分为主梁、斜拉索和索塔（图7-1）。可以看到，从索塔上用若干斜拉索将梁吊起，使主梁在跨内增加了若干弹性支点，从而大大减小了梁内弯矩，使梁高降低并减轻重量，提高了梁的跨越能力。

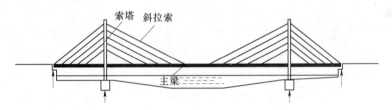

图7-1　斜拉桥概貌

斜拉桥的构想比较古老，在17～19世纪之间曾经出现过一些人行斜拉桥，但由于材料原因和复杂超静定结构的计算手段等原因，建成不久便遭破坏，未能得到发展。但随着高强材料的使用，结构分析方法的进步，以及施工手段的进步。近代第一座钢斜拉桥是1955年建造的瑞典斯特姆松特桥，它是一座稀索辐射式的斜拉桥，中孔跨度185.5752m，边孔74.676m。我国1975年建成的四川阳桥，是国内斜拉桥的第一个代表作。从20世纪80年代开始，斜拉桥以其独特优美的造型及优越的跨越能力在中国迅速推广，特别在城市桥梁和公路桥梁中被广泛采用，如图7-2、图7-3所示。其材料结构多以预应力混凝土结构为主，部分为钢叠合梁、混合梁或钢梁形式。桥型有双塔与独塔、双索面与单索面、固结与漂浮等。主跨跨径双塔形式已达400m以上，其中上海杨浦大桥为叠合梁形式，主跨跨径达602m，预应力混凝土（PC）梁结构的重庆长江二桥达444m；独塔形式的主跨跨径单幅已达160m以上，其中安徽黄山太平湖桥单索面单幅跨径（PC梁）达190m，武汉汉江月湖桥（非对称性PC梁）单幅跨径达232m。

至今，全国已修建了大跨径斜拉桥110多座，斜拉桥的设计与施工都跨进了世界先进行列，并取得了以下几个方面的成就。如表7-1所示为近几年斜拉桥跨度排名。

（1）斜拉索防护技术的不断完善及制索工艺逐步实现专业化和工厂化。

（2）斜拉桥主梁的施工工艺日趋成熟。

（3）塔柱锚固区采用箱型断面。

图7-2 杭州湾大桥南航道桥独塔斜拉桥

图7-3 独塔双索面无背索斜拉桥

表7-1 斜拉桥跨度排名

排名	桥　　名	主跨（m）	国别	时间（年）
1	苏通长江大桥	1088	中国	2008
2	香港昂船洲大桥	1018	中国	2008
3	多多罗桥	890	日本	1998
4	诺曼底桥（Normandie）	856	法国	1994
5	南京长江二桥	628	中国	2000
6	武汉长江三桥	618	中国	2000
7	青州闽江大桥	605	中国	2000
8	上海杨浦大桥	602	中国	1993
9	中央名港大桥（Meiko—Chuo）	590	日本	1996
10	上海徐浦大桥	590	中国	1997

（4）大吨位张拉、牵引设备的研制成功，为大跨度、大吨位拉索的斜拉桥提供了必要的施工手段。

（5）高强度低松弛钢绞线在拉索中的应用。

（6）施工过程控制。

（7）拉索可在营运状态下进行调索和更换。

斜拉桥的施工，一般可分为基础、墩塔、梁、索四部分。其中基础施工与其他类型的桥梁的施工方法相同，墩塔和梁的施工已在前面章节介绍。经过20年来的发展、探索、实践与总结，目前中国斜拉桥的施工技术已日趋成熟，且具有其独特性和先进性。无论梁、塔、索或基础，仍将不断被注入新的方法、采用新的工艺，使建造斜拉桥的施工技术越来越完善。

7.2 索 塔 施 工

索塔的材料常用金属、钢筋混凝土或预应力混凝土。索塔的构造远比一般桥墩复杂，塔柱可以是倾斜的，塔柱之间可能有横梁，塔内须设置前后交叉的管道以备斜拉索穿过锚固，塔顶有塔冠，并须设置航空标志灯及避雷器，沿塔壁须设置检修攀登步梯，塔内还可建设观光电梯。因此塔的施工必须根据设计、构造要求统筹兼顾。

7.2.1 主塔施工测量控制

斜拉桥主塔一般由基础、承台塔座、下塔柱、下横梁、中塔柱、上横梁、上塔柱（拉索锚固区）、塔顶建筑八大部分或其中几部分组成。由于主塔的建筑造型及断面形式各异，在主塔各部位的施工全过程中，除了应保证各部位的倾斜度、铅直度和外形几何尺寸正确之外，更重要的是应该进行主塔局部测量系统的控制，并与全桥总体测量控制网联网闭合。

主塔局部测量系统的控制基准点，应建立在相对稳定的基准点上，如选择在主塔的承台基础上，进行主塔各部位的空间三维测量定位控制。测量控制的时间，一般应选择夜晚22：00至上午7：00日照之前的时段内，以减少日照对主塔造成的变形影响。此外，随着主塔高度不断地升高，也应选择风力较小的时机进行测量，并对日照和风力影响予以修正。

在主塔八大部位的相关位置和转换点进行测量控制，应根据实际施工情况及时进行调整，避免误差的累计。随着主塔的高度增高及混凝土收缩、徐变、沉降、风荷载、温度等因素的影响，基准点必然会有微小的变化。为此，应该在上述八大部位的相关转换点上，与全桥总体测量坐标系统"接轨"，以便进行总体坐标的修正，进行测量的系统控制。

主塔局部测量系统的量测，一般常采用三维坐标法或天顶法。

7.2.2 钢主塔施工要点

钢主塔施工，应对垂直运输、吊装高度、起吊吨位等施工方法作充分的考虑。钢主塔应在工厂分段立体试拼装合格后方可出厂。主塔在现场安装，常常采用现场焊接接头、高强度螺栓连接、焊接和螺栓混合连接的方式。经过工厂加工制造和立体试拼装的钢塔，在正式安装时，应予以测量控制，并及时用填板或对螺栓孔进行扩孔来调整轴线和方位，防止加工误差、受力误差、安装误差、温度误差、测量误差的积累。

钢主塔的防锈措施，可用耐锈钢材，或采用喷锌层。但绝大部分钢塔都采用油漆涂料，一般可保持的使用年限为10年。油漆涂料常采用二层底漆，二层面漆，其中三层由加工厂涂装，最后一道面漆由施工安装单位完成。

7.2.3 混凝土主塔施工要点

典型的混凝土主塔施工，可参照如图7-4所示工艺流程实施。

7.2.3.1 下塔柱、中塔柱、上塔柱的施工

混凝土下塔柱、中塔柱、上塔柱一般可采用支架法、滑模法、爬模法施工。在塔柱内，在塔壁中间常常设有劲性骨架，劲性骨架在工厂加工，现场分段超前拼接，精确定位。劲性骨架安装定位后，可供测量放样、立模板、拉索钢套管定位用，也可供施工受力用。劲性骨架在倾斜塔柱中，其功能作用很大，应结合构件受力需要而设置。当塔柱为倾斜的内倾或外倾布置时，应考虑每隔一定的高度设置受压支架（塔柱内倾）或受拉拉条来保证斜塔柱的受力、变形和稳定性。塔柱的混凝土浇筑可采用提升法输送混凝土，有条件

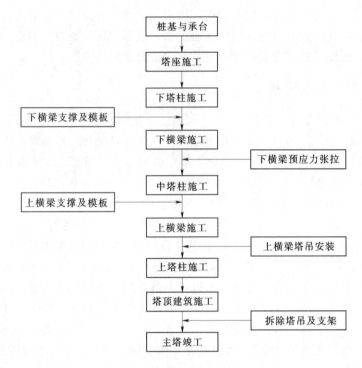

图 7 - 4　混凝土主塔施工工艺流程图

时应考虑商品泵送混凝土方法。

7.2.3.2　下横梁、上横梁的施工

在高空中进行大跨度、大断面现浇高强度等级预应力混凝土横梁，其难度很大。施工时要考虑到模板支撑系统和防止支撑系统的连接间隙变形、弹性变形、支承不均匀沉降变形，混凝土梁、柱与钢支撑不同的线膨胀系数影响，日照温差对混凝土钢筋的不同时间差效应等产生的不均匀变形的影响，以及相应的变形调节措施。每次浇筑混凝土的供应量应保证在混凝土初凝前完成浇筑，并且采取有效措施，防止在早期养护期间及每次浇筑过程中由于支架的变形影响而造成混凝土梁开裂。

7.2.3.3　主塔混凝土施工

主塔混凝土常用的施工工艺采取现场搅拌、吊斗提送的方法。当主塔高度较高时，用吊斗提送的混凝土，供应速度难以满足设计及施工的要求，有条件时，应采用商品泵送大流动度混凝土。为了改善混凝土可泵性能并达到较高的弹性模量和较小的混凝土收缩、徐变性能，应采用高密度集料、低水灰比、低水泥用量、适量掺加粉煤灰和泵送外加剂，以便满足缓凝、早强、高强的混凝土泵送要求。

7.2.3.4　泵送混凝土施工工艺特点及要求

在满足设计提出的混凝土基本性能要求的前提下，泵送混凝土工艺应根据主塔施工的不同季节、不同的缓凝时间、不同的高度泵送混凝土的要求来确定。一般应考虑混凝土泵送设施的布置，即根据不同的部位、泵送高度，每段浇筑时间，每段浇筑混凝土工程量，考虑混凝土泵送设施来综合布置。

7.2.3.5　泵送混凝土配合比的设计

泵送混凝土配合比的设计步骤如下：

（1）按混凝土抗压强度、弹性模量、水泥等级、粉煤灰掺加量、碎石粗集料用量、初凝时间来设计混凝土配合组成。

（2）优选原材料。应对水泥、砂、碎石、粉煤灰、泵送剂、外加剂等材料，进行优化选择。

混凝土可泵性优化技术的研究。要获得较高的早期强度，应尽可能减少用水量、降低水灰比，但这会导致可泵性指标降低，故应从改善混凝土拌和物的可泵性来进行混凝土配合比设计，对混凝土砂要认真比选。

（3）确定配合比。经确定的配合比，在正式使用前，均应经过试验室试拌、工程现场配合比调整（集料含水量情况），以确保主塔泵送混凝土施工质量达到设计要求。

（4）制定混凝土的施工工艺和严格的质量保证和监控体系。

实践证明，采用商品泵送混凝土施工工艺，可以达到一次泵送 200m 的高度，混凝土强度等级达到 C50，其性能均能满足设计主塔混凝土的基本要求，并且性能稳定，施工速度快，机械化、自动化程度高，造价省，是桥梁混凝土施工工艺的发展方向。

7.2.4　主塔内拉索张拉施工工艺要求

7.2.4.1　主塔内拉索张拉的特点与要求

当主塔为空心塔柱断面时，常常采用拉索对称锚固的钢横梁构造及平面预应力钢束布置构造。拉索可在梁内张拉，也可采用在塔内张拉的方法。现代的大跨径斜拉桥，以对称悬臂拼装的施工方法为主。当塔有足够大的抗弯刚度和能承受较大的不平衡拉索水平力时，可采用单边不平衡的张拉方法。但从斜拉桥便于施工控制，减小主塔的施工阶段弯矩考虑，往往更多地采用主塔两侧对称张拉拉索的施工方法，这也要求主塔内部要有足够的空间，以满足拉索施工工艺的要求，及施工过程中施工机具、材料、设备、人员的施工需要。

7.2.4.2　斜拉桥成型拉索的施工工艺

斜拉桥成型拉索的施工工艺，主要分为挂索、穿索、拉索及换索等部分。而这些施工工艺的完成，除必要的起重吊机设备之外，大部分都依靠主塔内的设施来实现。

斜拉索施工安装应具备以下的基本设备：

（1）垂直提升成品拉索盘。

（2）水平运输设备系统。

（3）卷扬机挂索系统。

（4）塔外活动提升平台系统。

（5）塔内提升系统。

（6）千斤顶及高压油泵车。

（7）桥面起吊系统。

（8）塔吊。

1. 挂索

当成盘的斜拉索在桥面上放盘后,即进入挂索安装阶段。这也是斜拉桥施工的难度之一,尤其是长索,重量大、长度长、垂度大。故一般挂索可根据短索、中索、长索来制定挂索方案。

短索,其索重不超过 6t。可用塔吊直接放盘,并将拉索张拉端先与在主塔张拉千斤顶的牵引钢绞线连接,在桥面吊机的配合下,将拉索锚固端安装到主梁内完成挂索。

中索,可用在主塔内的卷扬机的滑轮组进行牵引,并与主塔内的拉索张拉千斤顶牵引钢绞线连接,完成挂索。

长索,挂索要注意可能发生钢丝绳旋转、扭曲的现象。长索挂索仍采用与主塔内拉索张拉千斤顶牵引钢绞线连接的方法来完成挂索。由于长索对牵引力要求高,必须经过计算挂索设备满足要求后方可施工。

2. 穿索

斜拉索穿索的牵引,采取刚性张拉杆张拉,以钢绞线柔性连接及牵引的特点,根据"VSL"锚具体系的原理,在锚头探杆与千斤顶钢绞线连接后,收紧钢绞线,当其牵引完成后,拆除钢绞线,安装千斤顶,牵引锚头,直至永久螺母旋转到位锚固。在斜拉索施工中,对于每根索与其永久螺母带上时的牵引力是不同的,长索牵引力很大,而钢绞线牵引力有限。因此,在牵引穿索的过程中,应尽可能使钢绞线的牵引力减小,而将牵引力大的穿索阶段由千斤顶的探杆来承受。在拉运锚具牵引并进入拉索钢套管及拉出拉索套管时,均应将千斤顶严格对中,并有导向装置来调整拉索的不同角度,防止拉索锚具碰、撞、损伤、影响施工。

3. 拉索

拉索张拉工艺、索力及标高的施工控制,是斜拉桥施工的关键所在,应按设计指令进行施工,由施工单位配合执行指令,并将施工控制的实际效果快速反馈给设计单位,以便及时调整,指导下一步骤施工。拉索的张拉,一般应考虑在主塔两侧平衡、对称、同步张拉,或相差一个数量吨位差以利施工控制和减小主塔内力。必要时也可考虑单边张拉,但必须经过仔细的计算。由于不同的斜拉桥,梁体的重量、构造各异,拉索锚具、千斤顶的引伸量,应能适应设计的指令要求,特别是长索的非线性影响,大伸长量及相应的各种因素影响,设计与施工都应予以充分的考虑和采取有效的技术措施。

4. 换索

设计应考虑在通车条件下,更换斜拉桥任何一根拉索的可能性。并且应在塔内留有必要的预埋件和起重设备设施,以便换索时能顺利地进行施工操作。

7.2.5 主塔的养护与维修

主塔是斜拉桥的一个重要组成部分,可以说整个上部结构就维系在此一"塔"之上,且主塔上斜拉索的锚固构造较为复杂。因此,在设计斜拉桥时,应重视主塔的构造及相应的维修与养护措施。

7.2.5.1 主塔的材料要求及养护维修要求

主塔所用的材料,有钢主塔和混凝土主塔两种类型。混凝土材料因其良好的抗压性能和低廉的价格，较为适合我国的国国情，因此国内的斜拉桥主塔多为混凝土结构。就塔身的混凝土而言，成桥后一般无需再作养护和维修。

主塔的养护及维修主要针对斜拉索的锚头而言，其次还包括其他需要进行维修养护的构件、塔上的航空障碍标志灯、避雷装置其他管线等。在塔上锚固的斜拉索的锚头，虽然在设计时已采取了一定的防护措施，但其毕竟是暴露在大气中的，不可避免地会受到侵蚀，需要定期进行检查与维修。

由于斜拉桥的主塔为高耸建筑物，对其上的锚头或其他构件进行检查和维修养护是比较困难的，因此在设计主塔时，在不影响结构受力和美观的前提下，应尽可能为今后的维修养护提供方便，确保桥梁的使用寿命和安全。

7.2.5.2 构造与布置

斜拉桥的塔柱可分为实心和空心两大类。早期的小跨度斜拉桥多为实心塔柱，且塔的高度较低，可以在塔身上直接设置攀登梯级以作检修之用，也可不设攀登梯级而在将来检修时采用简易脚手架或其他措施。

随着斜拉桥跨度的不断增大，主塔的高度也相应地越来越高。如上海南浦大桥的塔高为 108m（自下横梁算起），重庆长江二桥和上海杨浦大桥的主塔分别为 120m 和 163m（均自下横梁算起）。这样高的主塔给将来的维修养护工作造成了更多的困难。

从国内的情况来看，对于大跨度斜拉桥的主塔，以空心塔柱的为多。从斜拉桥锚头的养护、主塔结构的外观来看，空心塔柱都较实心塔柱为佳。

当采用空心塔柱时，就可以在塔柱内设置检修爬梯。检修爬梯一般采用钢结构，沿着塔柱内壁布置，优点是所占空间少，结构紧凑，缺点是攀登费力。如果能采用电动的升降设备，则上下检修就更方便了。但一般来说，塔柱内部的空间都比较小，结构布置是非常紧凑的，较难容纳这样的设备，在构造布置上除了满足检修人员的上下之外，还应考虑到检修用设备的垂直搬运需要，在设计时要为此提供方便。

7.2.5.3 拉索更换

斜拉索是暴露在大气中的，虽有 PE 材料等保护层，但这些材料都会随着时间发生变化，最终导致斜拉索的钢丝产生锈蚀。另外斜拉索也可能因意外事故而遭到破坏。因此，斜拉桥在设计时需要考虑将来的拉索更换问题。

从设计的角度来看，在确定塔柱尺寸及塔上的斜拉索的锚固间距时，要考虑构造布置及施工时的需要，还要考虑到将来更换拉索时要有足够的操作空间，使人员、设备等能方便地上下提升。

作主塔的受力计算时，还要考虑到将来的更换拉索的影响。根据一次允许更换的斜拉索根数及换索时对桥上车辆等荷载的限制情况，详细分析计算换索对主塔受力产生的不利影响。

7.2.6 质量要求

7.2.6.1 基本要求

（1）索塔的索道孔及锚箱位置以及锚箱锚固面与水平面的交角均应控制准确，锚板与孔道必须互相垂直，符合设计要求。

（2）分段浇筑时，段与段之间不得有错台，新旧混凝土接缝表面必须凿毛，以便新旧混凝土接合良好。

（3）混凝土强度不得低于设计强度。

（4）塔柱倾斜率不得大于 $H/2500$ 且不大于 30mm（H 为桥面上塔高）；轴线允许偏位：±10mm；段面尺寸允许偏差：±20mm；塔顶高程允许偏差：±10mm；斜拉索锚具轴线允许偏差：±5mm。

（5）塔柱全部预应力束布置准确，轴线偏位不得大于 10mm，张拉要求双控，以延伸量为主，延伸量误差应控制在 −5％～＋10％ 以内，在测定延伸量时，扣除非弹性因素引起的延伸量。

张拉同一截面的断丝不得大于 1％。

7.2.6.2　外观要求

（1）混凝土表面平整、线形顺直。

（2）混凝土蜂窝麻面不超过该面面积的 0.5％，深度不超过 10mm。

（3）锚箱混凝土不得有蜂窝。

7.3　主 梁 施 工

7.3.1　主梁施工方法

斜拉桥主梁施工方法与梁式桥基本相同，大体上可以分以下四种：

（1）顶推法。

（2）平转法。

（3）支架法。

（4）悬臂法。

7.3.1.1　顶推法

顶推法的特点是施工时需在跨间设置若干临时支墩，顶推过程中主梁反复承受正、负弯矩。该法较适用于桥下净空较低、修建临时支墩造价不大、支墩不影响桥下交通、抗压和抗拉能力相同能承受反复弯矩的钢斜拉桥主梁的施工。对混凝土斜拉桥主梁而言，由于拉索水平分力能对主梁提供预应力，如在拉索张拉前顶推主梁，临时支墩间距又超过主梁负担自重弯矩能力时，为满足施工需要，需设置临时预应力束，在经济上不合算。所以，迄今国内尚无用顶推法修建斜拉桥主梁的施工。

7.3.1.2　平转法

平转法是将上部构造分别在两岸或一岸顺河流方向的矮支架上现浇，并在岸上完成所有的安装工序（落架、张拉、调索）等，然后以墩、塔为圆心，整体旋转到桥位合龙。平转法适用于桥址地形平坦、墩身矮和结构系适合整体转动的中小跨径斜拉桥。我国四川马尔康地区金川桥是一座跨径为 68m＋37m，采用塔、梁、墩固体体系的钢筋混凝土独塔斜拉桥，塔高 25m，中跨为空心箱梁，边跨是实心箱梁，该桥是采用平转法施工的。

7.3.1.3 支架法

支架法是在支架上现浇、在临时支墩间设托架或劲性骨架现浇、在临时支墩上架设预制梁段等几种施工方法。其优点是施工最简单方便，能确保结构满足设计线形，但又适用于桥下净空低、搭设支架不影响桥下交通的情况。例如我国的天津永和桥是在临时支墩上拼装主梁；昆明市圆通大桥是一座跨径为 70.5m＋70.5m、全宽 24m ［2×7.5m＋3m（拉索区）＋2×3m］独塔单索面斜拉桥，采用支架法现浇。

7.3.1.4 悬臂法

悬臂法可以是在支架上修建边跨，然后中跨采用悬臂拼装法和悬臂施工的单悬臂法；也可以是对称平衡方式的双悬臂法。悬臂施工法分为悬臂拼装法和悬臂浇筑法两种。

悬臂拼装法，一般是先在塔柱区现浇一段放置起吊设备的起始梁段，然后用各种起吊设备从塔柱两侧依次对称安装节段，使悬臂不断伸长直至合龙。

悬臂浇筑法，是从塔柱两侧用挂篮对称逐段就地浇筑混凝土。我国大部分混凝土斜拉桥主梁都采用悬臂浇筑法施工。

综上所述，支架法和悬臂施工法是目前混凝土斜拉桥主梁施工的主要方法，前者适用于城市立交或净高较低的岸跨主梁施工；后者适用于净高很大的大跨径斜拉桥主梁的施工。

7.3.2 斜拉桥主梁施工特点

斜拉桥与其他梁桥相比，主梁高跨比很小，梁体十分纤细，抗弯能力差。当采用悬臂施工时，如果仍采用梁式桥传统的挂篮施工方法，由于挂篮重量大，梁、塔和拉索将由施工内力控制，很不经济，有时还很难过关。所以考虑施工方法，必须充分利用斜拉桥结构本身特点，在施工阶段就充分发挥斜拉索的效用，尽量减轻施工荷载，使结构在施工阶段和运营阶段的受力状态基本一致。

对于单索面斜拉桥，一般都需采用箱形断面。如全断面一次浇筑，为减少浇筑重量，要在一个索距内纵向分块，并需额外配置承受施工荷载的预应力束。所以，一般做法是将横断面适当地分解为三部分，即中箱、边箱和悬臂板。先完成包含主梁锚固系统的中箱，张拉斜拉索，形成独立稳定结构，然后以中箱和已浇节段的边箱依托，浇筑两侧边箱，最后用悬挑小挂篮浇筑悬臂板，使整体箱梁按品字形向前推进。

对于双索面斜拉桥，主梁节段在横断面方向分为二个边箱和中间车行道板三段，边箱安装就位后就张拉斜拉索，利用预埋于梁体内的小钢箱来传递斜拉索的水平分力，使边箱自重分别由二边拉索承担，从而降低了挂篮承重要求，减轻了挂篮自重，最后安装中间桥面板并现浇纵横接缝混凝土。

7.3.3 塔梁临时固结

为了保证大桥在整个梁部结构架设安装过程中的稳定、可靠、安全，要求施工安装时采取塔梁临时固结措施，以抵抗安装钢梁桥面板及张拉斜拉索过程中可能出现的不平衡弯矩和水平剪力。

上海杨浦大桥施工中的临时固结装置，主要是将 0 号钢主梁与主塔下横梁刚性固结，使大桥在悬臂拼装施工阶段成为稳定结构。临时固结装置是以直径为 609mm 的钢管组成刚性的空间框架结构。其上与钢主梁底板外伸钢板焊接，下与主塔下横梁上的预埋钢板和钢筋焊接。临时固结装置，按能承受最大抗倾覆弯矩 27MN·m、最大抗不平剪力 10MN 设计。

杨浦大桥的临时固结措施，吸取了南浦大桥的成功经验，而且固结位置更加合理，安装、拆除都很方便。特别是在中孔合龙后，在很短时间内就顺利解除了临时固结，满足了大桥结构体系转换的需要。施工实践证明，该临时固结措施在整个架设过程中稳定可靠，满足了设计要求，达到了预期效果。

7.3.4　中孔合龙

为保证大格中孔能顺利合龙，根据以往斜拉桥的成功经验，一般选择自然合龙的方法，如上海杨浦大桥。

自然合龙的方法，需要考虑以下几个方面：

（1）合龙温度的确定：大桥能否在自然状态下顺利合龙，关键是要正确选择合龙温度。该温度的持续时间，应能满足钢梁安装就位及高强螺栓定位所需的时间。

（2）全桥温度变形的控制：由于大桥跨度大，温度变形对中跨合龙段长度的影响相当敏感，因此在整个施工过程中应对温度变形进行监测，特别是对将接近合龙段时的中孔梁段和温度变形更应重点量测，找出温度变形与环境湿度的关系，为确定合龙段钢梁长度提供科学依据。

（3）合龙段钢梁长度的确定：设计合龙段长度原定为 5.5m，在实际施工时再予以修正。其实际长度应为合龙湿度下设计长度加减温度变形量。

（4）合龙段的安装：合龙段钢梁的安装是一个抢时间、抢速度的施工过程，必须在有限的时间里完成，因此，在合龙前必须做好一切准备工作。钢梁应预先吊装就位，一旦螺孔位置平齐，即打入冲钉，施拧高强螺栓，确保合龙一次成功。

（5）临时固结的解除：中孔梁一旦合龙，必须马上解除临时固结，否则由于温度变化所产生的结构变形和内力，会使结构难以承受，因此在合龙段钢梁高强螺栓施拧完毕后，立即拆除临时固结。

7.4　斜 拉 索 施 工

7.4.1　概述

斜拉索是斜拉桥的一个重要组成部分，并显示了斜拉桥的特点。斜拉桥桥跨结构的重量和桥上活载，绝大部分或全部通过斜拉索，传递到塔柱上。

在历史上，初始的斜拉桥曾采用铁链、铁连杆来制作拉索。现代斜拉索全部使用高强度钢筋、钢丝或钢绞线制作拉索。当代斜拉桥对拉索的防护手段，几乎一律使用高强度的钢绞线或钢丝制作拉索，轧制的粗钢筋已淘汰。拉索的防护手段，随着材料和工艺的进步，也日趋简单有效。和过去相比，当代使用的斜拉索的特点是更轻、更强、更可靠。

目前，单根斜拉索的破断索力已达到 30000kN，耐疲劳应力幅值达到 200～250MPa。良好而有效的防护，能保证拉索的使用寿命超过 30 年。为求拉索的质量更为稳定可靠，拉索的生产已日趋工厂化，出现了专业化的制作工厂。

配合我国斜拉桥建设，经过 10 多年开发、研究，已建成了专业的制索工厂，拉索的质量已达到国际水平。

7.4.2 钢索的种类、构造和性能

钢索作为斜拉索的主体，必须用高强度的钢筋、钢丝或钢绞线制作，这点已成为现代斜拉桥设计师的共识。

钢索主要有如下几种形式（见图 7-5）：

（1）平行钢筋索；

（2）平行（半平行）钢丝索；

（3）平行（半平行）钢绞线索；

（4）单股钢绞缆；

（5）封闭式钢缆。

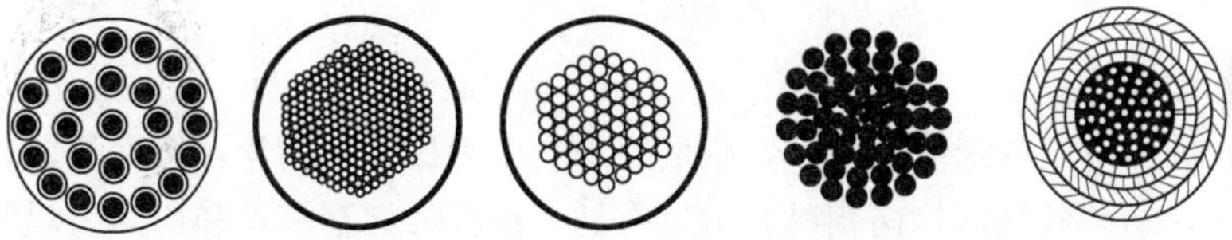

（a）　　　　　（b）　　　　　（c）　　　　　（d）　　　　　（e）

图 7-5　钢索的几种形式

（a）钢筋索；（b）钢丝索；（c）钢绞线索；（d）单股钢绞缆；（e）封闭式钢缆

7.4.2.1　平行钢筋索

平行钢筋索由若干根高强钢筋平行组成，钢筋的直径有 $\phi 10 \sim 16\text{mm}$，其标准强度 R_y^b 不宜低于 1470MPa，索中各根钢筋借孔板彼此分隔，所有钢筋全穿在一根粗大的聚乙烯套管内，索力调整完毕后，在套管中注入水泥浆对钢筋进行防护。

这种钢索配用夹片式群锚。平行钢筋索必须在现场架设过程中形成，操作过程繁杂，而且由于钢筋的出厂长度有限，用于大跨斜拉桥时，索中钢筋存在接头，从而疲劳强度受到影响。

进入 20 世纪 80 年代，钢筋拉索已很少采用。

7.4.2.2　钢丝索

将若干根钢丝，平行并拢、扎紧、穿入聚乙烯套管，在张拉结束后注入水泥浆防护，就成为平行钢丝索。这种索适宜于现场制作。

将若干根钢丝，平行并拢，同心同向作轻度扭绞，扭绞角 $2° \sim 4°$，再用包带扎紧，最外层直接挤裹聚乙烯索套作防护，就成为半平行钢丝索。这种索挠曲性能好，可以盘绕，具备长途运输的条件，宜在工厂中机械化生产。

钢丝索配用镦头锚或冷铸锚。目前钢丝索普遍使用中 5 或中 7 钢丝制作，要求钢丝的标准强度 R_y^b 不低于 1570MPa。

半平行钢丝索由于可以在工厂内制作并配装锚具，不但质量有保证，而且极大地简化了施工现场的工作，因此正在逐步取代平行钢丝索。

7.4.2.3　钢绞线索

钢绞线的标准强度尺已达到 1860MPa，用钢绞线制作钢索可以进一步减轻索的重量。

索中的钢绞线可以平行排列，也可以集中后再加轻度扭绞，形成半平行排列。平行钢绞线索的防护有两种形式：一种是将整束钢绞线，穿入一根粗的聚乙烯套管，然后压注水泥浆；另一种是将每一根钢绞线，涂防锈油脂后挤裹聚乙烯护套，再将若干根带有护套的钢绞线，穿入大的聚乙烯套中，并压注水泥浆。集束后轻度扭绞的半平行钢绞线索的防护，采用热挤裹聚乙烯护套最为方便。

一般而言，平行钢绞线索多半在现场制作，半平行钢绞线索则在工厂制作好后运至工地。平行钢绞线索通常配用夹片群锚，先逐根张拉，建立初应力，然后整索张拉至规定应力。半平行钢绞线索也可以配用冷铸镦头锚。

7.4.2.4 单股钢绞缆

以一根钢丝为缆心，逐层增加钢丝，同一层内的钢丝直径相同，但逐层钢丝的捻向相反，最后形式一根单股钢绞缆。

用作斜拉索时，钢缆采用镀锌钢丝制作，最外层加涂防锈涂料。这种只能在工厂中生产的钢缆柔性好，可以盘绕起来运输。单股钢绞缆配用热铸锚。使用单股钢绞缆作拉索的斜拉桥较少。

7.4.2.5 封闭式钢缆

以一根较细的单股钢绞缆为缆心，逐层绞裹断面为梯形的钢丝，接近外层时，绞裹断面为Z形的钢丝，相邻各层的捻向相反，最后得到一根粗大的钢缆。和用圆钢丝制成的单股钢绞缆不用，这种钢缆中的梯形或Z形钢丝相互间基本是面接触，各层钢丝的层面上也是面接触。这种钢缆结构紧密，具有最大的面积率，水分不易侵入，因此称为封闭式钢缆。

封闭式钢缆使用镀锌钢丝，绞制时还可以在钢丝上涂防锈脂，最外层再涂防锈涂料防护。

封闭式钢缆配用热铸锚具。封闭式钢缆只能在工厂中制作，盘绕后运送到施工现场。

7.4.3 斜拉索制作有关要求

7.4.3.1 斜缆索色彩要求与制作

由聚乙烯材料作护套的斜缆索均为黑色。当设计要求采用涂料成彩色外套时，应在斜缆索安装调试完成后进行，所用涂料必须具有抗老化的能力；当设计要求在工厂制索时直接制成彩色外套时，则可采用两次挤塑的工艺，在黑色护套挤塑完成后，继续加挤所需彩色护套。

7.4.3.2 平行钢丝索的制作

(1) 调直与防锈。未经镀锌的高强钢丝应堆放于室内，并防止潮湿锈蚀。使用前须注意调直，用调直机进行调直和除锈。经调直的钢丝其弯曲矢高不大于5mm/m，表面不能有烧伤发蓝的痕迹，并在调直后的钢丝表面均匀涂抹防锈油脂。

(2) 确定标准钢丝。每束斜缆索中应有1根钢丝 $0.1R_y^b$（R_y^b 为钢丝标准强度）应力下换算标准温度时的长度予以精确丈量后切断，作为该索的标准丝（样板丝），并在该丝两端涂色，用以区别于其余钢丝。其余各丝可略长于标准丝。

(3) 钢丝排列夹紧定位。在编索平台上按锚板孔的位置将钢丝分层排列，并注意将标准丝安排在最外层，不可错位，然后用梳板将钢丝梳理顺直；再用特别的夹具，将梳理顺直的钢索夹紧定位；夹具间距一般可为 2m。夹紧的钢索断面应符合设计形状，且能保证钢丝之间相互密贴，无松动现象。

（4）内防腐处理。在夹紧定位后的钢丝束上须进行内防腐处理，一般可采用涂刷橡胶沥青防水涂料和包以玻璃纤维布的做法要求涂料涂刷均匀，无空白漏涂现象。玻璃纤维布的包裹则应紧密重叠。

（5）平行索的内防护。平行钢丝索的外防护有多种处理方法，一般宜采用聚乙烯管作护套，安装后再在护套内压注特种水泥砂浆。因此，护套须能承受一定的内压并具有一定的防老化的能力。可根据设计所要求的直径与管壁厚度，由专业工厂制作，其分节长度可视工地现场及运输条件确定。

（6）护套安装。平行钢丝索的外防护是在内防护完成后，即可套入聚乙烯套管，要求将每节聚乙管接顺，并保持其接缝平整严密。

（7）堆放要求。平行索应保持顺直、平放、支点间距一般不应大于 4m，堆放场地要求干燥阴凉处所。堆放工地现场须有保护措施，以防碰撞、破损缆索表面。

7.4.3.3 钢绞线索的制作

（1）防锈、防伤。绞制钢索所用高强钢丝为未镀锌时，应用除锈、防锈油等作临时防腐措施；当采用镀锌钢丝时，亦须注意在放丝绞制过程中防止擦伤镀锌表层。

（2）绞制要求。钢丝应按设计断面进行排列定位，不能错位。钢索绞制的角度须严格控制在 $2°\sim4°$ 以内。

（3）缠绕紧密。钢索绞制成型后立即绕上高强复合带 $2\sim4$ 层，要求绕缠紧密，经绕缠后的钢束断面形状应正确，且钢丝紧密无构动现象。

（4）热挤护套要求。热挤护套可采用低密度聚乙烯或高密度聚乙烯材料。根据设计决定的材料性能选用。聚乙烯材料中应掺有一定比例的炭黑，以提高抗老化能力。

聚乙烯护套应紧裹在钢丝索外，在正常生产、运输、吊装过程中，不应脱壳。护套外观应光滑圆整，厚度偏差不大于 1mm。

（5）斜索长度。挤好护套后的缆索长度应大于成品索的设计长度，换算成标准温度在无应力状态下的长度，经精确丈量复核无误后将两端切齐，要求端面与缆索垂直，不能歪斜。

7.4.4 锚具

7.4.4.1 锚具种类

斜拉索上的锚具，目前常用的有四种：热铸锚、镦头锚、冷铸镦头锚、夹片群锚。前三种锚具都可以事先装固在拉索上，称拉锚式锚具。配装夹片群锚的拉索，张拉时千斤顶直接拉钢索，张拉结束后锚具才发挥作用，所以夹片群锚又称拉丝式锚具。

1. 热铸锚

将一个内壁为锥形的钢质套筒套在钢索上，然后将钢索端部钢丝散开，在套筒中灌入熔融的低熔点合金，合金凝固后，即和散开的钢丝的套筒内形成一个头小尾大的塞子。钢索受拉后，这一塞子在钢筒内越楔越紧，外界的拉力，就可以通过钢筒，传递给钢索。习惯上，把套在钢索上的这个套筒称为锚杯。锚杯可以用螺纹、销接、垫块等多种方式定着在工程结构上。定着方式不同，锚杯的具体构造也不同（见图 7-6）。用于张拉端的锚杯，必须备有能和张拉设备相连接的内螺纹。

热铸锚适用于单股钢缆和封闭式钢缆。在热铸锚的设计计算中，要进行验算锚杯的环向和轴向应力、支承面的抗压强度、螺纹强度。在热铸锚中，即便使用的是低熔点合金，浇铸时的温度仍超过 400℃，这一温度对钢丝的力学性能会带来不利的影响。因此，又出现了镦头和冷铸镦头锚。

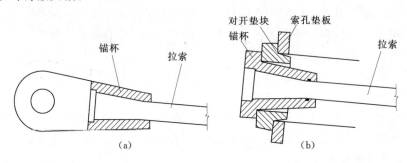

图 7-6　锚杯构造

（a）销接式；（b）垫块式

2. 镦头锚

取一根钢丝，穿过孔板后，将末端镦粗，由于镦出来的疙瘩头已通不过板上的孔眼，钢丝的拉力就可传递到孔板上。

当孔板上的孔眼数和钢索中的钢丝数相当时，这块孔板就能锚固整根钢索，国内均称这种锚具为镦头锚（见图 7-7）。

设计镦头锚时，要验算镦头锚最外圈孔眼处的材料抗剪强度，并据此选定镦头锚锚板的厚度。

镦头锚根据不同的使用场合，可以有不同的形式。用于张拉端镦头锚，一定要备有能和张拉设备相连接的螺纹，通常均留有内螺纹。镦头锚适用于钢丝索，具有良好的耐疲劳性能。使用镦头锚时，必须选用具有可镦性的钢丝。

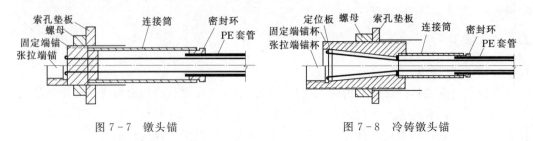

图 7-7　镦头锚　　　　　　　　　　　　　图 7-8　冷铸镦头锚

3. 冷铸镦头锚

冷铸锚具的构造和热铸锚具相似（见图 7-8），只是在锚杯锥形腔的后部增设了一块钢丝定位板，钢索中的钢丝线通过锚杯后，再各个穿过定位板上的对应孔眼镦头就位。锚杯中的空隙，用特制的环氧混合料填充。环氧固化后，即和锚杯中的钢丝结合成一个整体。

环氧混合料中必须加入铸钢丸，铸钢丸在混合料中形成承受荷载的构架。钢索受拉后，由于楔形原理，铸钢丸受到锚杯内壁的挤压，对索中的钢丝形成啮合，使钢丝获得锚固。

环氧混合料的固化温度不超过180℃，不会对钢丝的力学性能带来不利的影响。

配装冷铸锚的拉索具有优异的抗疲劳性能，其耐疲劳应力幅大于200MPa，完全能满足斜拉桥的要求。

4. 夹片群锚

在后张预应力体系中，用于锚固钢绞线束的夹片群锚已是成熟的技术。但在有粘结预应力筋中，对锚具的疲劳性能要求较低，而在斜拉桥中，粗大斜拉索类似一根体外预应力索。在拉索上使用夹片群锚时，必须提高锚具的抗疲劳性能。为此用于斜拉索的夹片群锚具备一些特殊的构造。钢绞线索在进入群锚的锚板前必定要穿过一节钢筒，钢筒的尾端和群锚锚板间有可靠的连接，在斜拉索的索力调整完毕后，在钢筒中注入水泥浆。这样，拉索的静载由群锚承受，

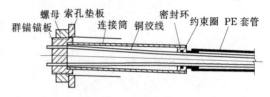

图 7-9 夹片群锚

动载则在拉索通过钢筒时，获得缓解，从而减轻了群锚的负担（见图 7-9）。

7.4.4.2 锚具配置有关要求

1. 成品索的检验与编号

长度切割正确的缆索，应在两端配置锚具，锚具配置完成后即为成品索。每根索经检验合格后应按编号挂牌，并附检验资料作为产品合格证书的附件。

2. 冷铸锚具的组成及其相关要求

斜缆索的锚具大都采用冷铸锚具，每副冷铸锚具主要由锚环、锚板、约束圈、连接筒、螺母、后盖等部分组成。其所用钢材质量应符合有关标准。锚环、螺母是冷铸的主要受力部件，应经探伤检验合格。冷铸锚具的主要部件的金加工误差应符合有关设计规定，同一规格冷铸锚具的同类部件，应具有互换性。

3. 表面处理

锚环、螺母、接口、后盖等部件，当设计需要镀锌时，其镀锌量应不少 $150g/m^2$。不镀锌的部件应妥善堆放于室内，避免生锈；如设计采用发黑工艺时，则应注意润色一致。

4. 钢丝镦头技术要求

钢丝穿过镦板后应进行镦头，镦头直径要求不小于钢丝直径的1.5倍，高度不小于钢丝直径；头形目视正直；允许有小于0.1mm纵向裂纹，不得有横向裂纹；钢丝在镦头夹紧部位不得有削弱断面。锚环孔眼直径应大于钢丝直径但不得超过0.4mm。

5. 冷铸料的组成和要求

冷铸锚具所有的冷铸料由环氧树脂、固化剂、稀释剂、增塑剂以及钢球等组成，所有的化工原料应符合有关工业标准，钢球应符合有关铸钢球的标准。

6. 冷铸料的级配和要求

冷铸料的级配应经计算确定，并应先作试块，当力学指标达到设计要求后方可采用。要求固化后的冷铸料在25℃时的抗压强度不应小于120MPa，60℃时不应小于70MPa。

每灌制 1 只锚具应制作试块 2 组，在同等条件下升温固化。

7. 冷铸料的浇筑

浇筑冷铸料时，应先将锚具和钢丝束洁净无油垢（如锚环内应无锈、无油污，钢球应去锈去污等），并做好准备工作后，方能拌制冷铸料。冷铸料的配合比应该精确计量，确保拌和均匀，然后浇筑。冷铸料和钢球的浇筑，须配备振动设备，确保浇筑密实。

8. 已浇筑锚具的升温固化

将已浇筑完成的锚具垂直吊放入烘箱进行升温固化，烘箱宜有自动控制温度的装置，以控制温度的升降，对于升降温速度必须按下列要求予以控制：

$$\underset{\text{室温}}{} \xrightarrow{1\text{h}} \underset{70℃}{} \xrightarrow{2\text{h}} \underset{140℃}{} \xrightarrow{4\text{h}} \underset{180℃}{} \xrightarrow{4\text{h}}$$

然后冷却至室温。

7.4.4.3　缆索预拉及成盘（成圈）要求

1. 斜索预拉及预拉索力

无论是工地现场制作的平行钢丝缆索还是工厂绞制的钢缆索，在两端配置上冷铸锚具后，每根缆索均应经过预拉，预拉索力一般为设计索力的 150%。经预拉后测定锚板的内缩值，不应大于 7mm（或根据设计规定），螺母与锚环应能灵活旋动。

2. 预拉加荷要求及索长塑性变形量

预拉所用的千斤顶应按规定校验、标定。加荷要缓慢、均匀。加荷速度应不大于 100MPa/min。加荷至初应力时（一般为预拉荷载的 5%~10%），测量该索长度，当加荷至设计索力的 150% 时，持荷 5min，放松至初应力，再测量该索长，并计算其塑性变形量。

3. 斜索实际长度及容许差值 ΔL

经预拉后缆索的长度即为该索的实际长度，应将该长度记入产品合格证书中，要求缆索的实际和设计长度的差符合下列规定：

$$索长 L \leqslant 100\text{m}, \Delta L \leqslant 200\text{mm}；L > 100\text{m}, \Delta L \leqslant L/5000$$

4. 斜索的荷载试验

为检验缆索质量，可根据设计要求对缆索进行静载和动载试验。进行静载试验时，要求实际破断索力不小于钢丝束设计破断索力的 95%，破断时钢丝束的延伸率不小于 2%。钢丝束的破断索力根据钢丝的标准抗拉强度及所有钢丝的截面积计算而得。在进行动载试验时，加载的上限应满足设计要求。

5. 斜索成盘中成圈及其吊运绑扎要求

平行钢丝束应保持顺直平放，而工厂制的绞制钢索，则可按要求进行成盘或成圈，无论为成盘或成圈，其索圈的直径不能太小，一般宜大于索的直径 30 倍。

当缆索成圈运输时，每盘索圈的绑扎不应少于 4 道，并为保护缆索表面不致受损，必须在索圈的外面包裹麻布之类的包装材料二层，要求包扎紧密，不露缆索表面。然后再在包装材料之外，在绑扎处垫衬橡胶之类的弹性材料，绑扎时考虑吊点布置，以免另设吊点，有损索面。

7.4.4.4　索长计算

索长计算的结果是要得出制作拉索的下料长度 L。

每一根拉索的长度基数，是该拉索上下两个索孔出口处锚板中心的空间距离 L_0。对这一基数进行若干修正即可得到下料长度。

对于使用拉锚工锚具的拉索，需要修正的有：

ΔL_e——弹性拉伸修正；

ΔL_f——拉索垂度修正；

ΔL_{ML}——张拉端锚具位置修正；

ΔL_{MD}——固定端锚具位置修正。

弹性拉伸量和垂直修正值分别按下式计算：

$$\Delta L_e = L_0 \frac{\sigma}{E}$$

$$\Delta L_f = \frac{\omega^2 L_x^2 L_0}{24 T^2}$$

上二式中 σ——拉索设计应力；

E——拉索的弹性模量；

T——拉索设计索力；

L_0——拉索长度基数；

L_x——L_0 的水平投影长；

ω——拉索每单位长度重力。

锚具的位置修正量 ΔL_{ML} 及 ΔL_{MD} 取决于该型锚具的构造尺寸和锚具的最终设定位置。以冷铸锚具为例，张拉端锚具的最终位置可设定螺母定位于锚杯的前 1/3 外，固定端可设定螺母定位于锚杯的正中。根据锚具制作厂商提供的锚具构造尺寸，就可推算出索钢丝端头与锚板平面间的距离。对于镦头锚，每一个镦头需要的钢丝长度为 1.5d，d 为钢丝直径（见图 7-10）。

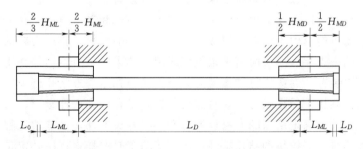

图 7-10 索长计算

最后得拉索下料长度 L，即

$$L = L_0 - \Delta L_e + \Delta L_f + \Delta L_{ML} + \Delta L_{MD} + 2d$$

对于使用拉索丝式锚具的拉索，要加上满足张拉千斤顶工作所需的拉索操作长度 ΔL_J，即

$$L = L_0 - \Delta L_e + \Delta L_f + \Delta L_{ML} + \Delta L_{MD} + \Delta L_J$$

若工厂落料时的温度和桥梁设计中取定标准温度不一致，则在落料时还应考虑温度修正。若采用应力下料，则要考虑应力下料修正。

拉锚式拉索的长度要求相当严格。通常，对于短索，要求其误差不大于 30mm；对于长索，则不大于索长的 0.03%。对于重要的桥梁，也可以根据具体情况，制定更高的标准。

拉丝式拉索的长度误差要求稍低，但要按宁长毋短的原则掌握。

对于大跨和特大跨的斜拉桥，拉索的制作，宜和挂索协调进行。要时刻注意上一阶段挂索的情况，根据反馈的信息，对下一阶段拉索的长度，决定是否需要调整。

7.4.4.5 挂索及张拉

1. 施工技术要点

挂索是将拉索的两端，分别穿入梁上和塔上预留的索孔，并初步固在索孔端面的锚板上。

张拉是用千斤顶对拉索的索力进行调整。索力的大小，根据不同的情况，经计算后确定。

不同的拉索，不同的锚具，不同的斜拉桥设计，要求采用不同的挂索和张拉方式。

配装拉锚式锚具的拉索，可以借助卷扬机，直接将锚具拉出索孔后螺母固定。

当拉索长度超过百米，重量超过 5t，直接用卷扬机锚具拉出洞口就困难。这时，可以将张拉用的连接杆，先装在拉索锚具上，用卷扬机拉至连接杆露出洞口，即可完成挂索。对于更长更重的拉索，由于卷扬机的牵引力有限，连接杆的长度就要相应加大。

根据拉索的长度 L，上下两端索孔锚板中心的几何距离 L_0，可以估算出牵引力。拉索上端离塔柱上相应索孔锚板端面的距离为 ΔL。即：

$$\Delta L = L_0 - L + \frac{\omega^2 L_x^2 L_0}{24 T^2} - \frac{TL}{AE}$$

根据算出的 ΔL，选定连接杆的长度，最好能使牵引力为 T 时，连接杆能在张拉千斤顶的后方露出，由千斤顶接替卷扬机继续牵引，完成挂索。

较长的连接杆，可以由几节组成，千斤顶拉出一节，卸去一节，比较方便。对于特长特重的拉索，卷扬机的牵引力有限，连接杆的长度也不能太长，要采用新的对策。

在塔上的索孔中先穿入一束由若干根钢绞线组成的柔性牵引索，并在千斤顶上附设一套钢绞线束的牵引装置。卷扬机将拉索提升，至连接杆到达塔外索孔进口附近，即可和钢绞线束连接，从而利用千斤顶的力量，将连接杆拉入索孔，完成挂索。

除了事先进行计算确定所需的卷扬机能力和连接杆长度外，在挂索过程中还应校验计算值是否和实际相符。斜拉桥的结构特性，决定了施工时的挂索程序必定是由短到长。因此，根据先期挂索的实践，可以预计到下一根较长索的情况，及时对卷扬机的能力和连接杆的长度作调整。

上海南浦大桥最长的拉索长 228m，每延米重 86kg。挂索时所用的连接杆由 3 节组成，长度接近 4m，牵引束由 7 根 φ15mm 钢绞线组成，张拉千斤顶为带有钢绞线牵引装置的 YQL—600 型。由于事先对挂索方案、程序、机具作了统筹安排，所以全桥的挂索过程安全顺利，如期完成。杨浦大桥的拉索更长更重，最长的达 331m，每延米重 98kg，利用上述方法，也顺利完成挂索。

对于配装拉丝式夹片群锚锚具的钢绞线拉索，挂索时先要在拉索上方设置一根粗大钢缆作为辅助索，拉索的聚乙烯套管先悬挂在辅助索上，然后逐根穿入钢绞线，用单根张拉的小型千斤顶调整好每根钢绞线的初应力，最后用群锚千斤顶整体张拉。新型的夹片群锚拉索锚具，第一阶段张拉用拉丝方式，调索阶段可以使用拉锚方式。张拉及调整索力的过程中，要校核索力的增量和拉伸值的对应关系。

拉索的引申量由两部分组成：拉索的弹性伸长量 ΔL_e 和拉索的垂度修正值 ΔL_f。

当索中应力由 σ_1 增至 σ_2 时，只要分别计算 σ_1 和 σ_2 时的 ΔL_e 和 ΔL_f，由其差值，即可得到相应的计算伸长量 ΔL，即

$$\Delta L = (\Delta L_e)_2 - (\Delta L_e)_1 + (\Delta L_f)_1 - (\Delta L_f)_2$$

实际上，张拉时索力增加，还会使桥面抬高，塔柱也向受力一方倾斜，这样就会使以张拉端索孔端板为基准，量出的拉索伸量有所增大，具体的影响，要另作专门计算。

大部分斜拉桥采用塔上的张拉方式，也有部分斜拉桥采用梁上张拉，但先挂索、后张拉索的程序不变。

挂索、张拉属于起重和高空作业，必须周密考虑，采用最安全可靠的方案，确保人员安全，顺利完成作业。所有的机具、设备、连接件，均应根据负荷选用。

2. 斜缆索的安装要求

(1) 安装方法和选用。

斜缆索的安装，可根据索塔高度、斜缆索长度、缆索的刚柔程度、起重设备等条件和缆索护套的性能等情况选用。选用的安装方法，一般可为单点吊法、多点吊法、脚手架法、起重机吊装法及钢管法等。对于已制成的较硬或脆的外防护缆索，不得采用单吊点法安装。

(2) 在塔上张拉并向上安装斜拉索。

如在塔上张拉并向上安装斜拉索时，塔上张拉端锚头上应安装连接器与引出杆，从锚箱管内伸出（引出杆所需长度与直径应根据计算确定），缆索吊升至引出杆的连接器外时，可即与缆索端的锚具连接。再由塔上锚箱内张千斤顶，将缆索张拉就位。缆索锚引出就位后应将引出的千斤顶、引出杆、连接器等拆除，再按设计要求的索力进行纠正张拉。

(3) 在塔上张拉并向下安装斜拉索。

如在塔上张拉并向下安装斜缆索时，可待缆索吊升至安装高度后，牵引钢丝绳可自塔上锚箱管道内引出并栓住张拉端锚具，配合起重机的提升将锚具自锚箱管道中伸出，并旋紧锚具的螺母，使之初步定位，然后再用特制的夹具将锚固端锚具伸入主梁锚箱的管道内并预以初步旋紧定位，然后再按设计要求的索力进行张拉。

(4) 斜拉索安装、张拉顺序与张拉力控制。

各斜缆索的安装、张拉顺序以及张拉力的调整次数应按照设计规定办理；

各斜缆索的张拉应按设计规定的张拉力控制，以延伸值作为校核指标。在斜缆索的张拉过程中，必须同时进行梁段高程和索塔变位的观测并与设计变位值比较。如果标高与张拉力有矛盾时，一般以标高为主，但当实际张拉力与设计张拉力相差过大（一般误差控制在 10% 以内），应查明原因，并与设计单位商讨，采用适当方法进行控制调整。

(5) 同步张拉的要求。

索塔顺桥向两侧和横桥向两侧对称的缆索组应同步张拉，中孔无挂梁的连续梁与两端

索塔和主梁两侧对称位置的缆索亦应同步张拉，同步张拉的缆索，张拉中不同步拉力的相对差值，不得超过设计规定。如设计无规定时，不得大于张拉力的 10%，不同步拉力使塔顶产生的顺桥向偏移值不得大于 $H/1500$（H 为桥面起算的索塔高度）。两侧不对称的缆索或设计拉力不同的缆索，应按设计规定的拉力，分阶段同步张拉。

（6）各斜索的拉力测定和调整。

斜缆索张拉完成后，应使用振动频率测力计（或索力测定仪、钢索周期仪、数字测力仪等可选用其一）测验各缆索的张拉力值，每组及每索的拉力误差均应控制在 10% 内（如设计有规定时应按设计规定办理）。如有超过应进行调整。调整时可从超过设计拉力值最大或最小的缆索开始调整（放松或拉紧）到设计拉力。在调整拉力时应对索塔的和相应梁段进行位移观测。各斜缆索的拉力调整值和调整顺序应会同设计单位决定。

（7）锚具安装轴线与临时防护。

斜缆索两端锚具轴线和孔道轴线容许偏差为 5mm。锚具的孔道在未封口前，应做临时防护，防止雨水侵入和锚头被撞击。

（8）聚乙烯护套内压注水泥浆时的要求。

由平行钢丝束作缆索，如采用聚乙烯护套时，一般在索力调整完成后用套管内压注水泥浆防护法。所用水泥采用 52.5 级，水灰比不宜大于 0.35；为尽量减少水泥浆的收缩率，宜掺入有微膨胀功能、又不腐蚀钢材的外掺剂。水泥浆的抗压强度应不小于 30MPa（或根据设计要求）。水泥浆的压注压力一般可控制在 0.6～0.7MPa 之间，并应自下向上压注；当索高度超过 50m 时，可分段向上压注。每次压注均应在压注段上端的透气孔溢出与压入相似稠度的水泥浆时，方能表明该段索长已压注密实。压注完成后应及时清除（冲洗干净）残留在缆索表面、塔身的水泥浆。

7.5 斜拉桥施工控制与施工质量要求

7.5.1 施工管理

施工控制贯彻于斜拉桥施工的全过程，与结构形成的历程紧密相连。它不仅仅是一个理论上的课题，管理工作在施工控制中的作用同样应给予充分的重视。

（1）主梁恒载的误差对结构内力和变形的影响较为显著，应在技术上、管理上采取有效的措施将误差减小到最低程度。同时对施工荷载也要严加管理，因为它在施工期间对结构内力和变形的影响同样不容忽视。

（2）及时完成各项施工测试任务，采集的数据应准确、可靠，它们是施工控制的主要依据。

（3）严格按规定的施工程序进行安装架设。施工中如出现施工荷载或架设方案发生较大变更，则应根据变更后的施工荷载或架设方案重新进行施工计算，以便获得与此相应的施工控制参数理论值，从而保证理论计算模式与实际施工过程的一致。

工程实践表明，斜拉桥施工中理论值与实测值偏离的程度不仅与测量、千斤顶张拉存在的误差，以及理论计算时所采用的弹性模量、徐变系数、结构自重、施工荷载等设计参数与实际工程中表现出来的参数不一致等随机因素有关，而且与施工中是否严格按预定的施工顺序进行架设，以及施工临时荷载的控制、测量时机的选择等人为因素密切相关。管理控制的严格与否往往直接影响到主梁线型和拉索索力偏离程度的大小。

7.5.2　施工测试

施工测试是施工控制的重要组成部分。通过测试所获得的斜拉桥在施工各阶段结构内力和变形的第一手资料是施工控制、调整的主要依据，同时它也是监测施工、改进设计、确保结构在施工过程中安全的重要手段。施工测试的内容主要包括如下几个方面：

（1）变形测试：主要观测主梁挠度、主梁轴线偏差和塔柱水平位移的变化情况。通常使用（精密）水准仪、经纬仪、倾角仪等测量仪器。

（2）应力测试：主要测定斜拉索索力、支座反力和主梁、塔柱的应力在施工过程中的变化情况。一般使用千斤顶油压表、荷载传感器或激振法、随机振动法等测定斜拉索的索力，主梁塔柱应力的测试则使用各种应变仪（应变片）或测力计等。

（3）温度测试：主要观测主梁、塔柱和斜拉索的温度（温度场）以及主梁挠度、塔柱位移等随气温和时间变化的规律。斜拉桥的主梁为预制钢梁时，合龙段施工前温度测试对于合龙温度的选择和合龙段预制长度的确定具有重要的指导作用。

7.5.3　施工质量要求

有关斜拉桥施工的部分质量要求，已于前述各节中有所述及，对于斜拉桥主要组成部分的索塔、主梁及斜缆索的各部容许偏差，现摘引上海市政工程管理局 1993 年《市政工程施工及验收技术规程》的有关规定如下表 7-2 所示。

表 7-2　　　　　　　　　　索塔、主梁斜缆索的容许偏差

项目	序号	检查内容	容许偏差（m）	检验频率	检验方法
索塔	1—1	轴线偏位	10	每一对索距检验纵、横轴线各一次	用经纬仪
	1—2	横截面尺寸	±20	每一对索距检验一次	用尺量
	1—3	倾斜度	1.5H‰且≤40	每一对索距检验一次	用经纬仪
	1—4	塔顶高程	±20	塔顶检验	用水准仪
	1—5	斜缆索锚固点高程	±10	每根索检验	用水准仪
	1—6	斜索顶预埋管轴线偏位	±10	每根索检验	用经纬仪
	1—7	梁横截面尺寸	±10	每根横梁检验两点	用尺量
	1—8	横梁高程	±10		用水准仪

复 习 思 考 题

1. 斜拉桥主梁施工采用自然合龙的方法，应注意哪些问题？

2. 叙述斜拉桥施工控制的要点？

3. 斜拉桥施工测试的内容包括哪几方面？

4. 简述钢绞线的制作工艺。

5. 简述塔的施工方法、主梁施工的施工方法。

6. 斜拉桥中的主塔在立面和横断面布置形式？

第8章 悬索桥施工技术

8.1 概　述

8.1.1 悬索桥的结构形式和构造特点

悬索桥也称吊桥，主要组成有主缆、锚碇、索塔、加劲梁、吊索，如图 8-1 所示。具有特点的细部构造还有：主索鞍、散索鞍、索夹等，如图 8-2 所示。

图 8-1　悬索桥组成

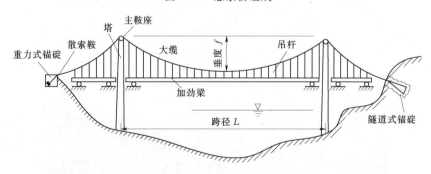

图 8-2　悬索桥主要构造

吊桥的组成部分包括以下几方面：

（1）主缆是悬索桥的主要承重结构，可有钢丝绳组成。大跨度悬索桥的主缆普遍使用平行钢丝式，可采用预制平行钢丝索股架设方法（PPWS法）架设，也可采用空中纺丝法（AS）架设。

（2）锚碇是锚固主缆的结构，主缆的丝股通过散索鞍分散开来锚于其中。根据不同的地质情况可修成不同形式的锚碇，如重力锚（图 8 - 3）、隧道锚等。

图 8 - 3　润扬长江大桥的重力锚

（3）索塔是支承主缆的结构。主缆通过主索鞍跨于其上。根据具体情况可用不同的材料修建，国内多为钢筋混凝土塔，而国外钢塔较多。

（4）加劲梁是供车辆通行的结构。根据桥上的通车需要及所需刚度可选用不同的结构形式，如桁架式加劲梁、扁平箱形加劲梁等。

（5）吊索是通过索夹把加劲梁悬挂于主梁上。

大跨径悬索桥的结构形式根据吊索和加劲梁的形式可分为以下几种：

1）竖直吊索，并以钢桁架作加劲梁，如图 8 - 4、图 8 - 5 所示。

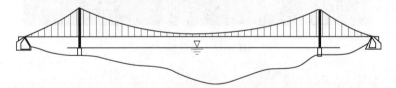

图 8 - 4　竖直吊索悬索桥构造

图 8 - 5　竖直吊索悬索桥构造实例（刘家峡大桥）

2）采用三角形布置的斜吊索，以扁平流线型钢箱梁作加劲梁，如图8-6所示。

图8-6　斜吊索钢箱加劲梁的悬索桥构造实例

3）前两者的混合式，即采用竖直吊索和斜吊索，流线型钢箱梁作加劲梁。除了有一般悬索桥的缆索体系外，还设有若干加强用的斜拉索，如图8-7所示。

图8-7　纽约布鲁克林大桥

231

无论采用上述何种结构形式，如果按加劲梁的支撑构造，又可分为单跨两铰加劲梁悬索桥、三跨两铰加劲梁悬索桥及三跨连续加劲梁悬桥等，如图 8-8 所示。

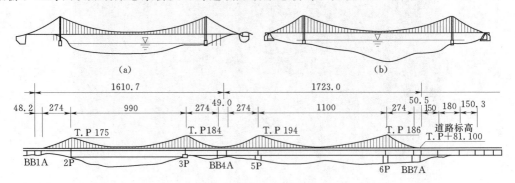

图 8-8　悬索桥结构形式（单位：m）

（a）北备赞大桥；（b）南备赞大桥

8.1.2　悬索桥的施工工序

不同结构形式的悬索桥在施工方法上也有一定的差异，本书主要介绍采用竖直吊杆的大跨径悬索桥的施工方法。

施工单位到现场，进一步调查，合理布置施工场地；根据架设地点的地形条件、气象条件、作业环境及国内外的技术成果确定施工方案，完成施工设计。

悬索桥施工一般分下部工程和上部工程。先行施工的下部工程包括锚碇基础、锚体和塔柱基础。下部工程施工同时要做上部工程施工准备，其中包括施工工艺设计、施工设备购置或制造、悬索桥构件加工等，上部工程施工一般分为：主塔工程、主缆工程和加劲梁工程施工，如图 8-9 所示。

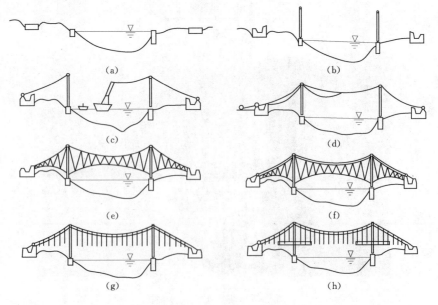

图 8-9（一）　悬索桥架设顺序图

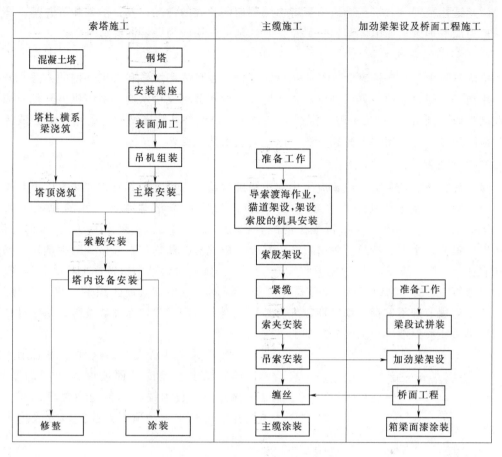

图 8-9（二）　悬索桥架设顺序图

在施工过程中要特别注意委托加工件的工作，如钢塔、锚架和锚杆、索鞍、索股、索夹、吊索、加劲梁的加工，这些构件一定要提前做好准备，以免影响工期。

8.2　锚　碇　与　塔　施　工

8.2.1　锚碇施工

8.2.1.1　锚碇的结构类型

锚碇是悬索桥的主要承重构件，要抵抗来自主缆的拉力，并传递给地基基础。锚碇按受力形式可分为重力式和隧道式两种。重力式锚碇是依靠其巨大的重力抵抗主缆拉力，而隧道式锚碇的锚体嵌入基岩内，借助基岩抵抗主缆拉力，故隧道式锚碇只适合于基岩坚实完整的地区，其他情况下大多采用重力式锚碇。

8.2.1.2　锚碇基础施工

1. 基础类型及适用范围

（1）基础类型。锚碇的基础有直接基础、沉井基础、复合基础和隧道基础等几种。

（2）适用范围：直接基础适用于持力层距地面较浅的情况；复合基础和沉井基础适用于深持力层的地区；如山体基岩坚实完整时，则可采用较为经济的隧道基础。

2. 基坑施工特点

锚碇基坑由于体积较庞大，可采用机械开挖，也可采用爆破和人工开挖的方法。开挖应采用沿等高线自上而下分层进行，并在坑外和坑底分别设排水沟。采用机械开挖时应在基底高程以上预留 15～30cm 厚土层用人工清理，以免破坏基底结构。采用爆破方法施工时对深陡边坡，应使用预裂爆破方法，以免对边坡造成破坏。

3. 边坡支护

对于深大基坑及不良土质，应采用支护措施保证边坡稳定，其支护方法有以下几种：

（1）喷射混凝土。其水泥强度等级不低于 42.5 的硅酸盐水泥，沙的粒径不大于 2.5mm，石子粒径小于 5mm，混凝土的配合比为 1∶2∶2.5，水灰比为 0.4～0.5，宜采用喷射机喷浆，水泥、沙、石等材料进入料斗前应充分拌和均匀，并做到随拌随用，喷浆气压宜在 0.3～0.7MPa，喷射距离宜在 0.5～1.5m，喷射角度应保持在 90°±4.5°，喷射混凝土厚度一般为 50～150mm，必要时可加钢筋网，以增加混凝土层的强度和整体性。其适用于岩层节理不发育、稳定性较好的地层。对于节理发育、有掉块危险、稳定性中等的岩层可采用喷射混凝土加锚杆支护的方法。

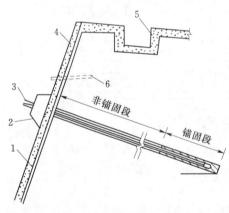

图 8-10 喷锚网联合支护

1—钢筋网；2—锚固台座；3—锚索；4—喷射混凝土层；5—排水沟；6—排水管

（2）喷锚网联合支护。这种方法适用于岩体破碎、稳定性差或坡面坡度大而高的基坑。其中锚杆分为普通锚杆和预应力锚杆两类。普通锚杆采用螺纹钢，预应力锚杆多数采用钢绞线，如图 8-10 所示。

喷锚网联合支护的施工程序：开挖→清理边坡→喷射底层混凝土→钻孔→安装锚杆（锚索）→注浆→编护面挂网→喷射面层混凝土（若是预应力锚杆则还有张拉锚固→二次注浆→封锚等工作）。

4. 地下连续墙

地下连续墙是沿着深开挖的周边，按类似于钻孔灌注桩的施工方法，用泥浆护壁开挖出的一条狭长深槽，在槽内放置钢筋笼后灌注水下混凝土，筑成一个单元槽段，如此逐段浇筑，以一定的方式在地下形成一道连续的钢筋混凝土墙壁。连续墙基础适用于锚碇下方持力层高程相差很大，不适宜采用沉井基础的情况。其适应面广，可用于各种黏性土、砂土、冲填土及 50mm 以下的砂砾层中，不受深度限制。

地下连续墙按槽孔形式可分为壁板式和桩排式两种。作为锚碇基础，一般采用环形连续墙，可起到防水、防渗、挡土和保证大面积干施工的作业，也有设计成方形的。地下连续墙的施工请参阅本教材桥梁墩台施工的相关内容。图 8-11 所示为地下连续墙槽孔形式。

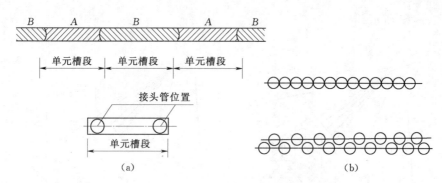

图 8-11 地下连续墙槽孔形式

5. 沉井基础

在覆盖层较厚、土质均匀、持力层较平缓的地区可采用沉井基础，如图 8-12 所示。

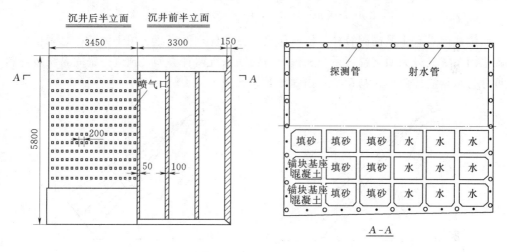

图 8-12 沉井基础施工图（单位：mm）

由于悬索桥锚碇的基础极为庞大，设计和施工均有一定难度，因此，在施工中要根据现场的情况仔细研究施工方案。例如江苏江阴长江大桥北锚碇施工的一些特点可以借鉴。该工程由于沉井庞大，又处于软土地基，在下沉过程中地表一定范围内承载力不足，采用砂桩进行临时加固。

沉井内设置了各舱内填充不同容量的填充物，以获得相当的稳定力矩。沉井隔墙内设置连通管，以便下沉过程中平衡各隔舱内的水位。井壁内设置了探测管和高压射水管，以控制沉井下沉。为了不影响基础对水平力的传递效果，防止对土体产生扰动，使用了空气幕助沉而不采用泥浆套助沉，同时当沉井下沉到设计高程后，进行压浆等措施以加速土体固结。

8.2.1.3 主缆锚固体系

1. 锚固体系的结构类型

根据主缆在锚块中的锚固位置可分为前锚式和后锚式。前锚式就是索股锚头在锚块前锚固，通过锚固系统将缆力作用到锚体；后锚式是将索股直接穿过锚块，锚固于锚块后面，如图 8-13 所示。

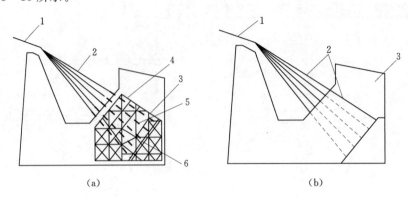

图 8-13　主缆锚固系统

(a) 前锚；(b) 后锚

1—主缆；2—索股；3—锚块；4—锚支架；5—锚杆；6—锚梁

前锚式因具有主缆锚固容易、检修保养方便等优点而广泛运用于大跨径悬索桥中。前锚式锚固系统又分为型钢锚固系统和预应力锚固系统两种类型。预应力锚固系统按材料不同可分为粗钢筋锚固形式与钢绞线锚固形式，如图 8-14 所示。

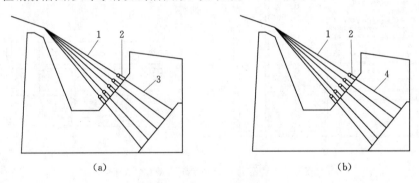

图 8-14　预应力锚固系统

(a) 粗钢筋锚固；(b) 钢绞线锚固

1—索股；2—螺杆；3—粗钢筋；4—钢绞线

2. 型钢锚固系统施工

型钢锚固系统主要由锚架和支架组成。锚架包括锚杆、前锚梁、拉杆、后锚梁等，是主要传力构件。支架是安放锚杆、锚梁并使之精确定位的支撑构件。

(1) 施工程序。施工程序如下：

锚杆、锚梁等工厂制造→现场拼装锚支架→安装后锚梁→安装锚杆与锚支架→安装前锚梁→精确调整位置→浇筑锚体混凝土。

(2) 施工要求。所有构件安装均应按照钢结构施工规范要求进行。

锚支架安装，将散件运到现场拼装而成，也可将若干杆件先拼装成片，再逐片安装。锚杆由下至上逐层安装，每安装完一层需拼装相应的支架与托架后才能安装另一层锚杆。

由于锚杆与锚梁质量较大，应加大锚支架及锚梁托梁的刚度，以防止支架变形，以免影响锚杆位置。

（3）质量要求。

1）构件质量要求。由于锚杆、锚梁为永久受力构件，制作时必须进行除锈、表面涂装和焊接件探伤工作。出厂前，应对构件进行试拼，以保证安装质量。

2）安装精度。锚杆、锚梁安装精度应满足《公路桥涵施工技术规范》（JTC041—2000）的规定要求。

3. 预应力锚固体系施工

（1）施工程序。施工程序如下：

基础施工→安装预应力管道→浇筑锚体混凝土→穿预应力筋→安装锚固连接器→预应力筋张拉→预应力管道压浆→安装与张拉索股。

（2）施工要求。预应力张拉与压浆工艺，应严格按设计与施工规范要求进行。前锚面的预应力锚头应安装防护帽，并向帽内注入保护性油脂。构件应进行探伤检查，运输及堆放过程中应避免构件受损。

8.2.1.4 锚碇体施工

由于悬索桥属于大体积混凝土构件，尤其是重力式锚碇，其体积十分庞大。在施工阶段水泥会产生大量的水化热引起体积变形及变形不均，产生温度应力及收缩应力，易使混凝土产生裂缝，并影响其质量，因此，水化热的控制是锚碇混凝土施工的关键。

1. 大体积混凝土的温度控制

水化热越大，混凝土的温升越高，致使混凝土的温度应力增大，从而是混凝土产生裂缝，降低混凝土温升主要有以下措施：

（1）选用低水化热品种的水泥。一般来说，矿渣水泥、火山灰水泥、粉煤灰水泥等具有较低的水化热，施工时宜尽量采用。对于普通硅酸盐水泥应经过水化热试验后才可选用。

（2）减少水泥用量。使用粉煤灰作外加剂，可代替部分水泥，以减少水泥的用量，且混凝土的后期强度仍有较大的增长。其粉煤灰的用量一般为水泥用量的 $15\%\sim20\%$，亦可使用缓凝剂型的外加剂以延缓水化热峰值产生的时间，有利于减少混凝土的最高温升。对于低强度等级的混凝土，掺加一定量的片石亦是减少水泥用量的有效办法。

（3）减低混凝土的入仓温度。不要使用刚出厂的高温水泥，也可采用冷却水作为混凝土的拌和用水，以达到直接对混凝土降温的效果。对砂、石料，应防止日光直照，可采用搭遮阳棚和淋水降温的方法。

（4）在混凝土结构中布置散热水管。

2. 大体积混凝土施工

（1）施工要求。大体积混凝土应采用分层施工，每层厚度一般为 1～2m。浇筑能力越大，降温措施越充足，则分层厚度可适当大一些。分层浇筑时，要求后一层混凝土必须在前一层未初凝前加以覆盖，以防止出现施工裂缝。亦可采用预留湿接缝法浇筑混凝土，各块分别浇筑，分别冷却至稳定温度，最后在槽缝内浇筑微膨胀混凝土，如图 8 - 15（a）、（b）所示。

3. 养护及保温

混凝土浇筑完并终凝后要覆盖麻袋、草垫等，并洒水保持表面湿润，一方面是对混凝

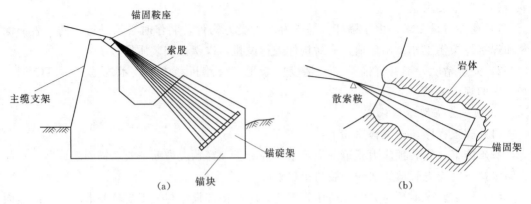

图 8-15 大体积混凝土施工

土进行养护，另一方面是为减少混凝土表面与内部的温差。可覆盖塑料布等保温材料对混凝土进行保温，通过内散外保的方法使混凝土整体上均匀降温，并对混凝土内部最高温度、相邻两层及相邻两块之间的温差进行监测。

8.2.2　索塔施工

8.2.2.1　索塔的结构类型

索塔有钢筋混凝土塔和钢塔两种类型：

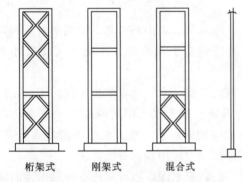

图 8-16　钢塔形式

（1）钢筋混凝土塔一般为门式钢架结构，由两个箱形空心塔柱和横系梁组成。

（2）钢塔的结构形式较多，常见的有桁架式、刚架式和混合式，如图 8-16 所示。钢塔塔柱的截面形式如图 8-17 所示。

8.2.2.2　混凝土塔柱施工

悬索桥混凝土塔柱施工工艺与斜拉桥塔身基本相同。

塔身施工的模板主要有：滑模、爬模和翻模三大类型。塔柱竖向主钢筋的接长可采用冷压管连接、电渣焊、气压焊等方法。混凝土应采用泵送或吊罐浇筑。当施工至塔顶时，应注意预埋索鞍钢框架支座螺栓和塔顶吊架、施工锚道的预埋件。

8.2.2.3　钢塔施工

根据索塔的规模、结构形式和架桥地点的地理环境以及经济性等，钢索塔的施工可选用浮吊、塔吊和爬升式吊机三种有代表性的施工架设方法。

1. 浮吊法

浮吊法是将索塔整体一次性起吊的大体积架设方法。该施工方法的特点是可显著缩短工期，但由于浮吊的起重能力和起吊高度有限，因而使用时以 80m 以下高度的索塔为宜。

2. 塔吊法

塔吊法是在索塔旁边安装与索塔完全独立的塔吊进行索塔架设。由于索塔上不安装施

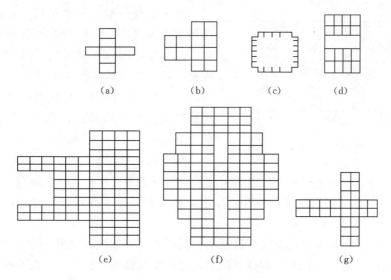

图 8-17　钢塔塔柱截面形式

工用的机械设备，因而施工方便，施工精度易于控制，但是塔吊及基础费用较高。

3. 爬升式吊机法

这种方法是现在已架设部分的塔柱上安装导轨，使用可沿导轨爬升的吊机进行索塔架设。爬升式吊机施工顺序如图 8-18 所示。

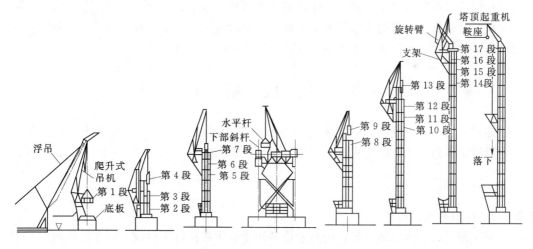

图 8-18　爬升式吊机施工顺序

这种方法由于爬升式吊机安装在索塔柱上，因此对索塔柱铅垂度的控制就需要较高的技术，但吊机本身较轻，又可用于其他桥梁的施工，因此，这种方法现已成为大跨度悬索桥索塔架设的主要方法。

8.2.2.4　主索鞍施工

1. 主索鞍施工程序

（1）安装塔顶门架。按照鞍体质量设计吊装支架及配置起重设备。支架可选用贝雷架、型钢或其他构件拼装，固定在塔顶混凝土中的预埋件上，如图 8-19 所示。

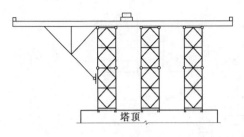

图 8-19 塔顶门架安装示意图

起重设备一般采用卷扬机、滑轮组。当构件吊至塔顶时,以手拉葫芦牵引横移到塔顶就位。近年来,国内开始采用液压提升装置作为起重设备,即在横联梁上安装一台连续提升的穿心式千斤顶,以钢绞线代替起重钢丝绳。液压提升设备具有较轻便、安全等优点,有广阔的发展前景。

(2)钢框架安装。钢框架是主索鞍的基础,要求平整、稳定,一般在塔柱顶层混凝土浇筑前预埋数个支座,以螺栓调整支座面高程至误差小于 2mm。然后将钢框架吊放在支座上,并精确调整平面位置后固定,再浇筑混凝土,使之与塔顶结为一体。

(3)吊装上下支承板。首先检查钢框架顶面高程,符合设计要求后清理表面和四周的销孔,然后吊装下支承板。下支承板就位后,销孔和钢框架对齐销接。在下支承板表面涂油处理后安装上支承板。

(4)吊装鞍体。因鞍体质量较大,吊装时应认真谨慎,吊装过程中需体现稳、慢、轻,并注意不得碰撞。鞍体入座后用销钉定位,要求底面密贴,四周缝隙用黄油填塞。

2. 主索鞍施工要点

(1)吊架及所有吊具要经过验算,符合起重要求。

(2)吊装过程中须由专人指挥,中途要防止扭转、摆动、碰撞。

(3)所有构件接触面销孔系精加工表面,必须清理干净,不得留有沙粒、纸屑等,并在四周两层接缝处涂以黄油,以防水汽侵入而锈蚀构件。

8.3 主 缆 施 工

锚碇和索塔工程完成后,紧接着就是主缆施工。主缆工程包括主缆架设前的准备工作、主缆架设、防护及收尾工作,工程难度大,工序繁多。

8.3.1 牵引系统

8.3.1.1 牵引系统的形式

牵引系统是架于两锚碇之间,跨越索塔的用于空中拽拉的牵引设备,主要承担猫道架设、主缆架设以及部分牵引吊运工作。常用的有循环式和往复式两种。

1. 循环式牵引系统

把牵引索的两端插接起来,形成环状无极索,通过一台驱动装置和必要的支承滚筒做循环运动,包括大循环和小循环,大循环一般是水平设置,供上下游索股架设适用,如图 8-19 所示。

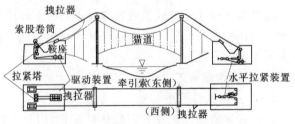

图 8-20 大循环牵引系统示意图

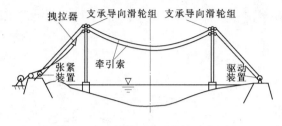

图 8-21 小循环牵引系统示意图

小循环一般是分别在上下游按竖直设置，如图 8-21 所示。

循环式牵引系统的牵引索是靠驱动装置滚筒以摩擦方式驱动，牵引速度连续性好，但牵引力较小。适用于 AS 法主缆架设和悬索桥跨径较小时的 PPWS 索股架设。

2. 往复式牵引系统

牵引索的两端分别卷入主、副卷扬机，一端用于卷绳进行牵引，另一端用于放绳，牵引所作往复运动。往复式牵引系统是把钢丝绳直接卷在卷扬机上，其牵引力的大小容易实现，跨径大的悬索桥索股架设需要较大的牵引力时可采用往复式牵引系统。

8.3.1.2 牵引系统的架设

牵引系统的架设是以简单经济，并尽量少占用航道为原则。通常的方法是先将比牵引索细的先导索渡海，再利用先导索将牵引索由空中架设。先导索渡海（江）的方法有水下过渡法、水面过渡法与空中过渡法几种。

1. 水下过渡法

水下过渡法是先导索的前端跨过塔顶由牵引船牵着直接过水的方法，如图 8-22 所示。

2. 水面过渡法

水面过渡法是渡海的先导索上按适当间距系上浮子，使其呈在水面上漂浮状态，由牵引船牵引渡海的方法，如图 8-23 所示。

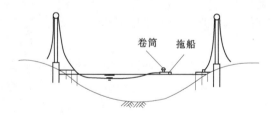

图 8-22 先导索水下过渡法

图 8-23 先导索水面过渡法

3. 空中过渡法

空中过渡法是在不封航的情况下，将先导索由空中牵引过海（江）的方法，如图 8-24 所示。

8.3.2 猫道

8.3.2.1 猫道的构造

猫道是供主缆架设，索缆、索夹安装，吊索以及主缆防护用的空中作业脚手架。其主要承重结构是猫道承重索，一般按三跨分离式设置，边跨的两端分别锚于锚碇与索塔的锚固位置上，中跨两端分别锚于两索塔的锚固

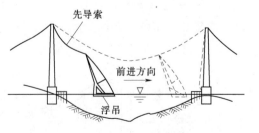

图 8-24 先导索空中过渡法

位置上。其上有横梁、面层、横向通道、扶手绳、栏杆立柱、安全网等，如图 8 - 25、图 8 - 26 所示。

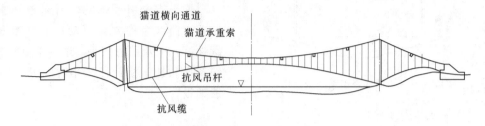

图 8 - 25　猫道构造图

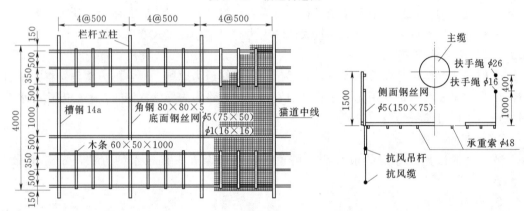

图 8 - 26　猫道面层布置（单位：mm）

8.3.2.2　猫道承重索的制作

猫道承重索可以采用钢丝绳，也可以采用钢绞线制作，一般采用钢丝绳。

1. 预张拉

预张拉荷载不小于各索破断荷载的 1/2，保持 6min，并进行两次，应在温度稳定的夜间进行。当场地受限制时，可分段进行。

2. 端部处理

承重索按指定的长度切断后，其端部灌铸锚头。

3. 中跨猫道承重索的架设

中跨猫道承重索的架设分别如图 8 - 27 ～图 8 - 29 所示。

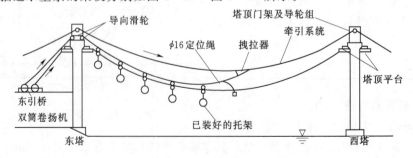

图 8 - 27　托架的安装

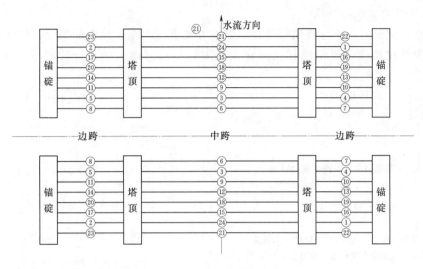

图 8 - 28 猫道承重索架设顺序

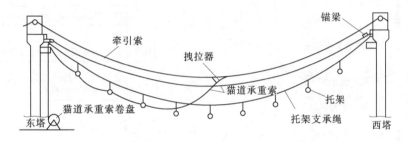

图 8 - 29 中跨猫道承重索架设

承重索架设之前，安装好固定在承重索的锚杆、锚梁。猫道承重索一般是按边跨与中跨分别架设。边跨架设较简单，下面着重介绍中跨猫道承重索的架设方法。中跨猫道承重索的架设有水下过渡法、直接拖拉法和托架法三种。其中水下过渡法同先导索过江法。

（1）直接拖拉法。简称直接法，即将猫道承重索前端由牵引系统中的拽拉器牵引，后端由另一牵引卷扬机托架反拉力，在维持通航高度的情况下，牵引过江。该方法不需辅助设备，但需主、副卷扬机的功率大。

（2）托架法。托架法借助牵引系统在事先架好的托架上牵引猫道承重过江。这种方法所需主、副卷扬机功率小，但需增加辅助设备。

4. 猫道面层、横向通道及栏杆安装

猫道面层一般是由上、下两层粗细钢丝网组成，可先在平地上将这两层钢丝网及其上的防滑条按要求的位置用铁丝绑扎好，并卷成卷，借助吊机，将预制卷安放在塔顶平台的临时支架上，再在平台上将面层逐渐摊开安装栏杆和扶手索，并将面层前端铺放于猫道承重索上，带上猫道面层同承重索的连接螺栓，使猫道面层沿承重索逐渐下滑，其中的横向通道可在适当位置与猫道面层连接，同猫道面层一起下滑就位，然后紧扣面层、型钢横梁及安装侧面的安全网如图 8 - 30 所示。

5. 抗风缆的架设与拆除

猫道面层架设后，进行抗风缆架设。架设时先进行内侧抗风缆的架设，然后再进行外侧。架设内侧抗风缆时要借助接长绳将吊杆安装到猫道内侧的设计位置上，如图 8 - 31 所示。

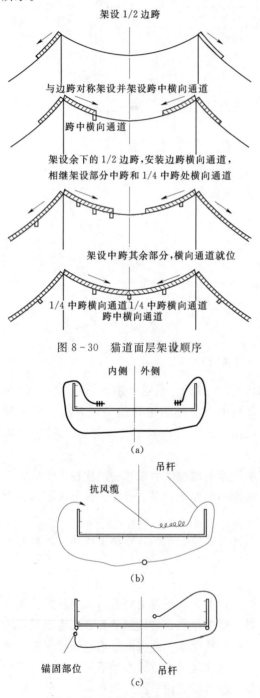

图 8 - 30　猫道面层架设顺序

图 8 - 31　中跨内侧抗风缆架设

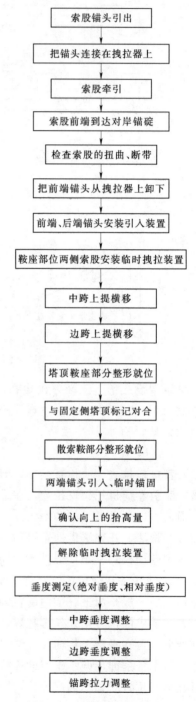

图 8 - 32　索股架设作业程序图

（1）抗风缆的架设方法。将抗风缆引上猫道面层，同时在设计位置安装吊杆，将吊杆的另一端与猫道上的设计连接。

将抗风缆从猫道外侧向下抛，下抛时中跨部分是从塔顶位置向跨中进行，边跨是从塔顶向锚碇方向进行，同时由塔顶卷扬机放下抗风缆锚头，并引入锚固机构，并将抗风缆导入张力。

（2）抗风缆的拆除。先放松中跨抗风缆的张力，将锚头取出，然后用塔顶吊机将锚头吊起，并将抗风缆拉紧，当起吊高度超过猫道栏杆后，将抗风缆移到猫道面上，将抗风吊杆从猫道上拆除，并将抗风缆和吊杆收起。

（3）猫道拆桥。当主缆防护工程完成后，便可进行猫道拆除工作：

1）解除系于主缆上的吊绳。

2）拆除猫道面层。

3）拆除猫道承重索。

8.3.3　主缆架设

锚碇和索塔工程完成，主索鞍和散索鞍安装就位，牵引系统建立后，便可进行主缆架设工作。其架设方法主要有空中纺丝法（AS 法）和预制平行索股法（PPWS 法）两种。下面介绍工程中常用的 PPWS 法作业顺序和施工工艺。

8.3.3.1　索股架设

索股架设作业程序如图 8-32 所示，步骤如下：

（1）索股前端锚头的引出。索股前端锚头的引出，有吊机吊起，把索股从卷筒上放出一定长度，并放在卷筒的前面的水平滚筒上，应避免钢丝的弯折、扭转，如图 8-33 所示。

（2）锚头与拽拉器连接。把锚头牵引到拽拉器的位置后，与拽拉器进行连接，连接后检查拽拉器的倾斜状况。要防止连接部位使用的夹具、螺栓、销子松动、滑脱。

（3）索股牵引。把锚头连接于拽拉器上后，把索股向对岸锚碇牵引，牵引工作要在由索股卷筒对索股施加反拉力的情况下进行，如图 8-34 所示。

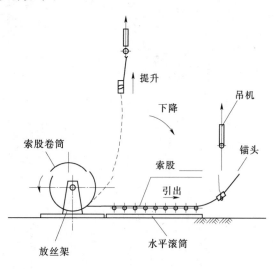

图 8-33　索股前端锚头引出

（4）前端锚头从拽拉器上卸下。当拽拉器达到对岸锚碇所制定的位置后，用吊机把锚头吊起从拽拉器上卸下。

（5）锚头引入装置的安装。牵引完成后，安装锚头引入装置，见图 8-34 所示。

（6）索股的横移、整形。

1）索股的横移如图 8-35、图 8-36 所示。

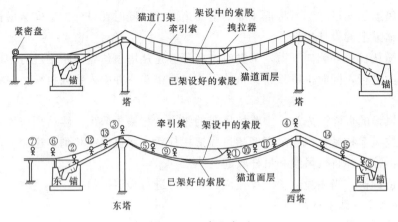

图 8-34　索股牵引

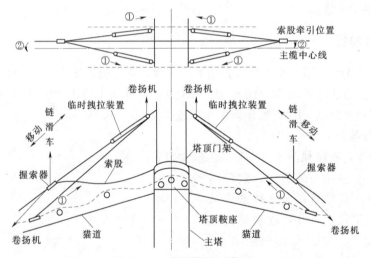

图 8-35　索股横移（塔顶）

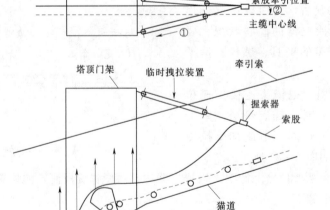

图 8-36　索股横移（散索鞍）

2）索股的整形入鞍。索股横移后，在鞍座部位把索股整成矩形，整形后索股空隙率为15％，放入鞍座索规定的位置，如图8-37、图8-38所示。

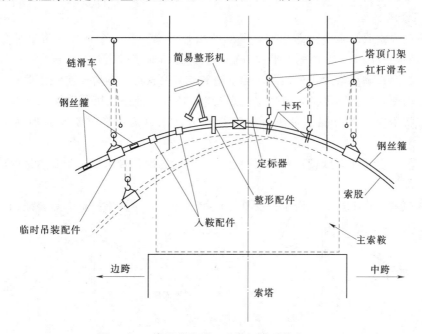

图 8-37 索股的整形、入鞍（塔顶鞍座）

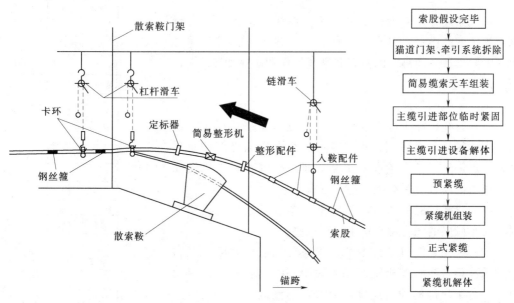

图 8-38 索股的整形、入鞍（散索鞍）　　　　图 8-39 紧缆作业流程图

8.3.4 紧缆

索股架设完成后，为把索股整成圆形需进行紧缆工作，其大致分为：准备工作、预紧缆和正式紧缆，其作业程序如图8-39所示。

1. 准备工作

准备工作主要是紧缆作业、索夹安装、吊索架设提供运载、起吊设备。

2. 预紧缆

为使主缆索股沿全桥分布均匀、钢丝的松弛不集中在一个地方，将全长分成约 40m 左右的间隔，按图 8-40 所示的顺序进行。具体操作时应按下列顺序进行：

（1）沿全长确认索股排列情况，若不整齐或有交叉时，应移动主缆索股分隔器修正。

（2）为使索股排列不乱，应把主缆索股以 510m 间隔用加压器固扎。

（3）将主缆索股分隔器邻近部位进行预紧，并用钢带临时紧固后拆除主缆索股分隔器。

（4）预紧缆要在温度较稳定的夜间进行，索股的绑扎带采取边预紧边拆除的方法，不要一次全部拆光。

预紧缆就是将上述工序沿全长反复进行的过程，直至把索股群大致整成圆形为止。

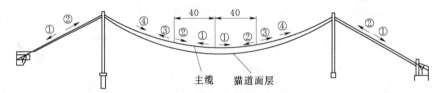

图 8-40　预紧缆顺序图（单位：m）

3. 正式紧缆

正式紧缆是用专业的紧缆机把主缆整成圆形，并进行到所规定的空隙率，其作业一般在白天进行。正式紧缆是由跨中向索鞍方向进行的。正式紧缆的作业顺序如图 8-41 所示。

正式紧缆的作业要领如下：

（1）紧缆机在主缆上安装之前要进行试拼、试机，然后由塔顶吊机吊至塔顶，利用简易天车将紧缆机部件运到各跨中点进行拼装，紧缆机组装完毕后，调整紧缆机轴线和主缆中心吻合及紧缆机的左右平衡。

（2）紧缆机的移动由简易缆索天车进行。紧缆机移动时，天车倾斜的场合用平衡重进行调整。

（3）采用紧缆机进行主缆加固时首先启动紧缆机左右液压千斤顶，当紧缆机轴线和主缆中心线重合后，在启动其他 4 台千斤顶的顶进速度，当 6 台达到同样冲程后，一起联动加压，如图 8-42 所示。加压过程中注意保持将近相同的油压，另外还要注意保持钢丝的平行，不能出现里外窜动和交叉现象，若出现这种情况要及时纠正。

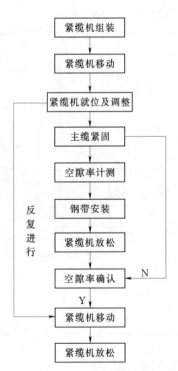

图 8-41　正式紧缆作业顺序图

（4）在紧缆过程中值得注意的是由于主缆直径偏大或偏小都会影响索夹的安装，因此应严格控制空隙率的大小，使其符合要求。关于空隙率的

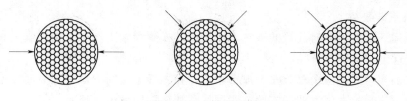

图 8-42 紧缆机油缸动作顺序图

要求及测定方法，请参观有关专业书籍，此不赘述。

8.3.5 索夹安装

1. 索夹安装作业程序

索缆完成后，把猫道改吊于主缆上，然后进行形状计测的结构，把索夹安装位置在主缆上作出标记。

索夹的安装是由跨中向塔顶进行，边跨是由散索鞍向塔顶进行。作业顺序如图 8-44 所示。

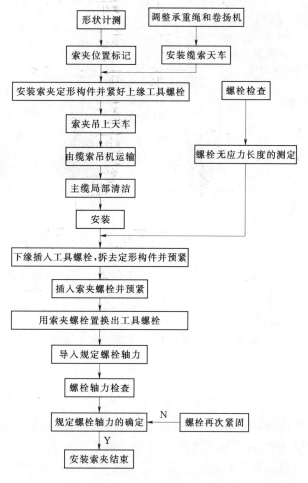

图 8-43 索夹安装作业顺序

2. 索夹安装要领

（1）搬运。把塔顶临时放置的索夹，由吊机转换到缆索天车上，由缆索天车把索夹和索夹螺栓一起运到安装位置。

（2）安装和紧固。由缆索天车上放下索夹，在主缆上进行安装。安装时在索夹的结合部位需注意不让钢丝发生弯曲。安装与紧固作业顺序如图 8-44 所示。

1）将索夹下缘孔插入工具螺钉，同时卸下装吊定形构件。

2）调整索夹位置，由工具螺钉进行预紧。

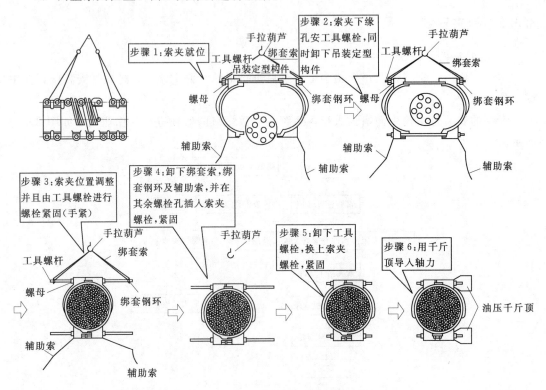

图 8-44　索夹安装顺序图

3）卸下绑套索、绑套钢环及辅助索，并在其余螺钉孔插入索夹螺钉，进行紧固。

4）卸下工具螺钉，换上索夹螺钉，进行紧固。

5）用千斤顶导入轴力。

6）用游标卡尺测长，根据螺钉有效伸长量计算出螺钉轴力，并与设计值进行比较。

8.3.6　吊索架设

1. 架设顺序

吊索是由塔顶吊机提到索塔顶部，在各塔顶用简易缆紧天车把吊索在放丝架上一边放出一边吊运到架设地点。在架设地点，预先在猫道上开孔。在开孔部位，把吊索沿导向滚筒设置，吊索锚头从开孔处落下，由缆索天车移动就位，其架设顺序如图 8-45 所示。

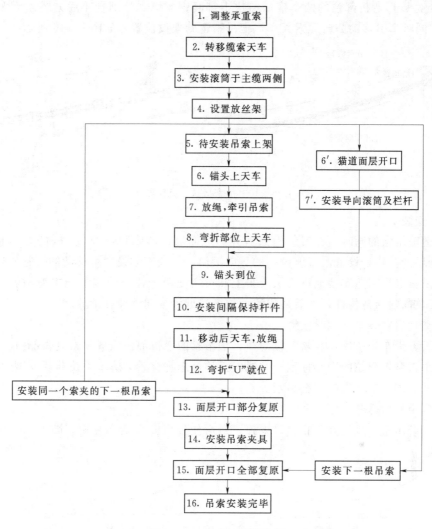

图 8-45 吊索架设顺序图

2. 架设要领

(1) 准备工作。重新调整原天车承重的垂度,以便吊索的安装操作。用塔顶吊机移动天车位置,使每个工作点有 2 台缆索天车。

(2) 吊索的搬运。

1) 用车把吊索运到塔基部位。

2) 用塔顶吊机把吊索运到上系梁或塔顶平台上临时存放,存放数量不宜过多,以免影响工作空间。

3) 用塔顶吊机把吊索卷筒放在放丝架上。

4) 解开卷筒上的吊索,引出吊索的两个锚头,分别用钢丝绳绑套挂于前面缆索天车的手拉葫芦上。

5) 操作放丝架上的控制装置,一边放绳一边让天车牵引吊索前移。

在吊索U形弯折部位的两个锥形铸块上绑套钢丝绳,分别挂于后方缆索天车的手动葫芦上,同时牵引移动2台缆索天车,把吊索运到架设位置,如图8-46所示。

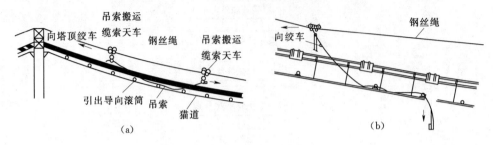

图8-46 吊索运送、就位图

(3)安装工艺。

1)运输吊索的同时,在安装地点剪开猫道面层,形成80cm×80cm的方形开口,在开口靠近塔的一边,设置吊索就位用的导向滚筒,其余三方设置可移动的钢管栏杆。

2)吊索锚头到达安装地点后从天车上卸下,把两个锚头分别置于主缆两侧,在两个锚头间安装间隔保持构件,然后从猫道面层开口处沿导向滚筒往下放。

3)移动后方天车,同时放绳。

4)后方天车到位后,放松手拉葫芦,把吊索的弯折部位骑置于索夹鞍部位。

5)吊索弯折部位的中心标记与主缆的天顶标志吻合后,解下手拉葫芦及钢丝绳。

6)安装同一个索夹的下根吊索。

7)猫道开口部分复原。

8)安装吊索夹具,并防止夹具下掉,最后使猫道开口全部复原。图8-47所示为吊索的形式。

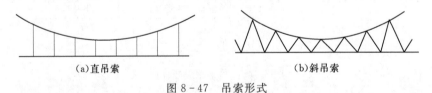

图8-47 吊索形式

8.4 加 劲 梁 施 工

8.4.1 加劲梁的架设

大跨悬索桥的加劲梁主要有桁架和箱形两种形式。

8.4.1.1 桁架式加劲梁的架设

1. 按架设单元分类

桁架式加劲梁的架设可分为单根杆件、桁片、节段三种类型。

(1)单根杆件架设方法。该方法就是将组成加劲桁架的杆件搬运到现场,架设安装在预定位置构成加劲桁架。这种架设方法以杆件为架设单元,其质量小,搬运方便,可使用小型的架设机械。但杆件数目多，费工费时，从安全和工期来说都不利，很少单独使用，可作为其他架设方法的辅助方法使用。

（2）桁片架设方法。该方法就是将几个节间的加劲桁架按两片主桁架和上、下平联及横联等片状构件运入现场逐次进行架设。桁片长度一般为 23 个节间，其质量不大，架设比较灵活，在难以限制通航的情况下，这种方法比较适用。

（3）节段架设法。该方法就是将上述的桁片在工厂组装成加劲桁架的节段，由大型驳船运至预定位置，然后垂直起吊逐次连接。这种方法在质量和工期方面都可得到保证。但架设时必须封航或部分封航，对吊机能力要求较高。

2.按连接状态分类

加劲桁架在架设施工中的连接方法可分为三种：全铰法、逐次刚接法及有架设铰的逐次刚接法。

（1）全铰法。即加劲桁架各节段用铰连接。这种架设施工的主梁反应单纯，不需对构件进行特别补强，但架设过程中抗风性能差，其施工架设顺序如图 8-48 所示。

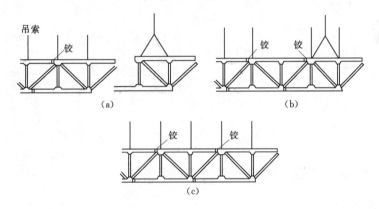

图 8-48 全铰法

（2）逐次刚接法。就是将节段与架设好的部分刚接后，再用吊索将其固定。这种方法架设中刚性大，抗风稳定性好，但架设时在加劲桁架中会产生由自重引起的局部变形和桁设应力，当这些值超过设计容许值时，还要采取必要的措施，其作业顺序如图 8-49 所示。

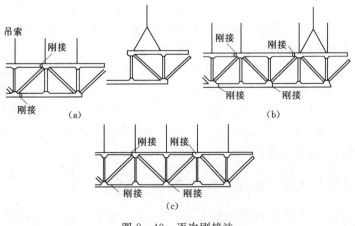

图 8-49 逐次刚接法

（3）有架设铰的逐次刚接法这种方法是上述两者的折中方法，即在应力过大的区段设置减小架设应力的架设铰，如图 8-50 所示。

8.4.1.2 箱形加劲梁的架设

箱形加劲梁的架设一般采用节段架设方法，即在工厂预制成梁段，并减小预拼，然后将梁段用驳船运到现场，用垂直起吊法架设就位，吊装至一定程度后进行焊接。

8.4.1.3 节段的架设顺序

根据架设中桥塔和加劲梁的结构特性、人员、机械配置、工作面的开展、运输路线、海象、气象等条件由设计部门综合考虑决定，一般架设顺序如图 8-51 所示。

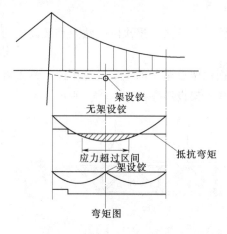

图 8-50 有架设铰的逐次刚接法

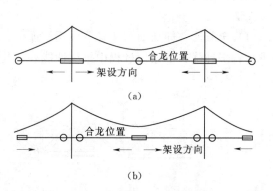

图 8-51 架设顺序和闭合位置图

8.4.2 加劲梁吊装过程中航道的疏通和航行安全

8.4.2.1 航道的疏通

吊装的单元的不同对航运的影响也不同，以单根构件为吊装单元时对航运是影响不大，如以节段为单元进行吊装，一般是采用垂直起吊的方法，即将要吊装节段的驳船托运到架设位置的正下方，这样就要占用航道，且随着架设作业的进展所占用的区域随之变化。在不同的吊装的节段需要占用的作业区是有限的，因此可按照不同的架设步骤分别制定占用范围，如图 8-52 所示。在吊装作业过程中占用海面时，要在作业区域设置警戒船，防止一般船舶进入限制通航的地带，确保作业船与一般航行船舶的安全。

8.4.2.2 航道的安全措施

加劲梁吊装过程中航道的安全应取得各界人士的重视和大力支持。要及时将工程情报向社会广为通告，包括海上施工内容、过程及起吊提升作业日期等。制定警戒要领并认真实施起吊提升作业的当日，除在作业海域及其周围布置警戒船外还向周围正在进行作业的海域广播告知可航行水域，以引起注意；若架设进度变化，航道宽度及海面占用宽度也随之变化时，其警戒方式也应随之变化，以确保施工安全。

8.4.3 加劲梁节段正下方起吊的架设方法

悬索桥的加劲梁为扁平钢箱梁、预应力混凝土箱梁时，一般采用加劲梁节段正下方起

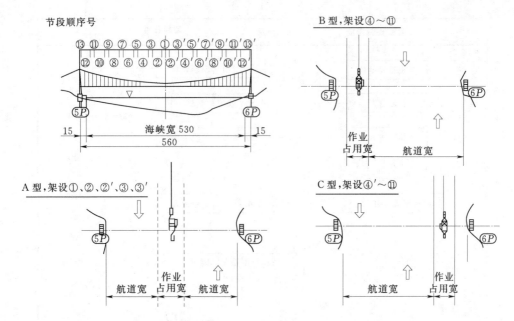

图 8-52 航道占用形式（单位：m）

吊的架设方法。吊装使用的主要机械是跨缆起重机。

8.4.3.1 跨缆起重机吊装工序

根据具体情况可采用不同的方法将跨缆起重机在主缆上安装好，吊装时可分在通航孔和非通航孔进行，在通航孔进行吊装作业时一般要实行航道管制，以确保安全。通航孔加劲梁节段吊装工序如图 8-53 所示。

(1) 跨缆起重机纵移。安装好的跨缆起重机根据吊装需要沿两条主缆行走，即纵移。纵移分向塔顶移和向跨中移，简称上移和下移。

(2) 跨缆起重机就位与调试。跨缆起重机移动就位后，吊装前对起重机要进行空载调试，确保各部分动作满足设计要求，做好下一步加劲梁节段作业的准备。

(3) 吊机吊具第一阶段下落。第一阶段吊具下放至离水面 15m 左右的高度，以便驳船抛锚定位。

(4) 吊具第二阶段的下落。驳船定位完成后，吊具继续下放，准备与钢箱梁临时吊点连接。

(5) 吊具与箱梁临时吊点连接。即进行穿销轴的连接作业。

(6) 捆绑绳具放松。钢箱节段运输使用的捆绑绳具放松，准备好提升。

(7) 钢箱梁节段提升。提升过程中，要检查吊具的工作状态是否正常、箱梁节段的位置是否水平，否则要进行调整。

(8) 节段就位及吊索安装。箱梁节段提升到可安装锚头的高度后，进行吊索的就位工作，安装箱梁节段间临时连接。跨缆起重机卸载，箱梁节段荷载转移到吊索上。

8.4.3.2 加劲梁节段提升架设

以钢箱加劲梁从跨中开始对称向两塔推进的架设顺序为例，对节段提升架设进行介绍，如图 8-54 所示。

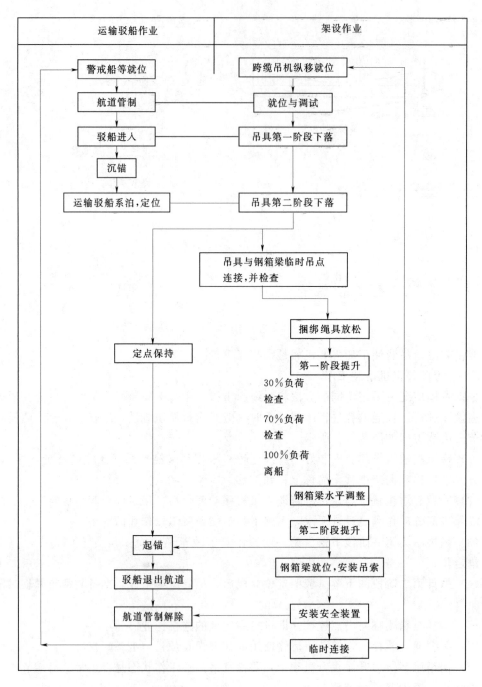

图 8-53 加劲梁节段吊装工序图

1. 跨中段、标准段提升架设

（1）跨中段和标准段一般处于深水水域，驳船在吊点正下方定位无困难，可以按常规起吊架设。

（2）用驳船将架设梁段运至桥轴线上预定位置，抛锚船定位。

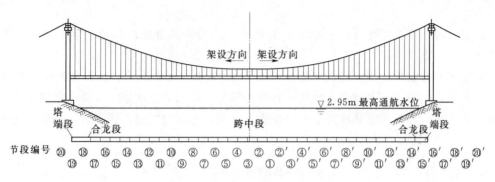

图 8-54 梁段架设顺序示意图

（3）将设置于主缆上的跨缆起重机的吊具下降，与加劲梁临时吊点连接，待定点均与受力、梁段保持平稳后提升梁段到设计位置。

（4）将吊索穿入梁段锚座内，安装锚下垫板和连接螺栓。

（5）吊具徐徐下降，把梁段转移给吊索承受。

（6）拆除临时吊点连接，完成跨中梁段安装，转移跨缆起重机至下一吊段（标准段）。

（7）垂直起吊下一梁段，待两相邻段接口对齐，安装匹配件，完成两梁端间的临时连接。

（8）用相同的方法循环作业，依次架设其他标准梁段。

2. 端梁架设（端部梁段架设）

主塔附近一般水位较浅，驳船无法停靠，此时端梁可采用垂直提升，滑轮组牵拉，转移吊点，逐步牵拉就位的架设方法。

（1）准备工作。先摸清两个塔靠河心 60m 范围的水下地形及最高水位及潮位，并处理塔附近的淤泥、大型施工坠落物、暗礁等；安装好竖向支座和抗风支座，并使跨缆起重机最大可能靠近塔进行吊装的地方就位，同时在塔底布置驳船抛锚锚固点。

（2）吊装工作。跨缆起重机放下吊具，运量驳船定点抛锚，跨缆起重机吊具就位穿销，将梁垂直吊起到设计高程，用塔吊将装入的吊笼吊到梁段顶面，并将滑轮组和梁段吊具连接，将梁段向塔方向牵拉预定距离穿好吊索及锚头垫板，慢慢放松靠河心侧的吊具钢丝绳，直到吊索完全受力，继续拉紧滑轮组将梁段向塔身牵引，同时注意调整梁段的高度和水平度将梁段平稳准确地就位。

（3）端梁架设注意事项：用于斜拉千斤绳、钢丝绳最好是新的，吊装前最好做安全检查，滑轮组与吊具连接点应采取防滑措施。

梁段就位时注意观察竖向支座抗风支座的就位情况，根据实际情况采取适当措施进行调整，准确就位。

梁段吊至接近设计高程进行水平牵拉时，必须进行梁段的水平观测，确保平移过程中梁段基本水平。

（4）合龙段架设。合龙段位置靠近索塔，水位也较浅，则不能沿竖直方向就位，一般可采用垂直提升，手拉葫芦或卷扬机水平牵拉就位的架设方法。

跨缆起重机在最大可能靠塔的地方就位；在塔底布置驳船抛锚锚固点；运梁驳船定点

抛锚。

端梁比设计位置后移 300~500mm 时固定，作为安装合拢段作业空间，顶面上设置滑轮锚固点，以供牵拉。

垂直提升合龙段，待离即设相邻梁底 1m 高左右时，用在端梁顶面设置好的手拉葫芦牵拉合龙段，如图 8-55 所示。使其达到与相邻两梁段无重叠现象时，操作跨缆起重机继续提升合龙段，当与相邻梁段持平时停止提升，穿好匹配件临时连接，然后放松跨缆起重机，梁段合龙完毕。

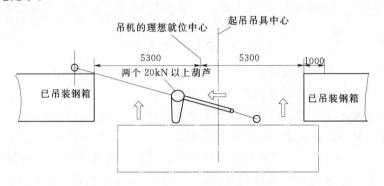

图 8-55　合龙梁段的架设

复 习 思 考 题

1. 悬索桥的组成有哪些？各有什么作用？
2. 简述悬索桥的施工程序。
3. 简述预应力锚固体系施工程序。
4. 简述大体积混凝土的温度的控制措施。
5. 钢索塔的施工架设方法有哪几种。
6. 简述中跨猫道承重索的架设方法。
7. 简述主缆架设的 PPWS 法的施工程序。
8. 简述端梁架设注意事项。

第9章 桥面系及附属工程施工

9.1 概 述

9.1.1 桥面的布置

桥面的布置应在桥梁的总体设计中考虑，它根据道路的等级、桥梁的宽度、行车的要求等条件确定。对钢筋混凝土和预应力混凝土梁式桥，其桥面布置形式有双向车道布置、分车道布置和双层桥面布置等。

9.1.1.1 双向车道布置

双向车道布置是指行车道的上下行交通布置在同一桥面上，采用画线作为分隔标记，而不设置分隔设施，分隔界限不明显。由于在桥梁上同时出现上下行车辆和机动车与非机动车，因此，交通相互干扰大，行车速度受到限制，对交通量较大的道路，还会造成交通滞留。

9.1.1.2 分车道布置

分车道布置是指将行车道的上下行交通通过分隔设施进行分隔设置。显然，采用这种布置方式，上下行交通互不干扰，可提高行车速度，有效地防治交通事故的发生，便于交通管理。但是在桥面布置上要增加一些分隔设施，桥面的宽度要相应地加宽一些。

采用分车道布置的方法，可在桥面上设置分隔带，用以分隔上下行车辆；也可以采用分离式主梁布置，在主梁间设置分隔带；或采用分离式主梁，但在两主梁间的桥面上不加联系，各自单向通行。

分车道布置除对上下行交通分隔外，也可将机动车道与非机动车道、行车道与人行道分隔。

分隔带的形式可以采用混凝土制作的护栏、钢（或题铁）制的护栏，或采用钢杆或钢索（链）分隔等。

用混凝土制作的"新泽西式护栏"，是目前应用比较广泛的一种分隔形式。由于其自重大，稳定性好，所以有较好的防撞性能，并且可以减少车辆的损坏。护栏可采用预制或现浇制作。预制的护栏由钢链相连，放在桥面上，并且不需要特殊的基础或锚固。

9.1.1.3 双层桥面布置

双层桥面布置在空间上可以提供两个不在一平面上的桥面结构。这种布置形式大多用于钢桥中，因为钢桥受力明确，构造上也较易处理。在混凝土梁桥中采用双层桥面布置的情况很少。

双层桥面布置，可以使不同的交通严格分道行驶，使高速行车与中速行车分离，机动车与非机动车分道，行车道与人行道分离，提高了车辆和行人的通行能力，并便于交通管理。同时，可以充分利用桥梁净空，在满足同样交通要求之下，减小桥梁宽度。这种布置方式在城市桥梁和立交桥中会更显示出其优越性。

9.1.2　桥面的构造组成

桥面构造直接与车辆、行人接触，它对桥梁的主要结构起保护作用。同时，桥面构造多属外露部位，其选择是否合理、布置是否恰当直接影响桥梁的使用功能、布局和美观。因此，必须要对桥面构造有足够的重视。

桥面构造包括桥面铺装、排水和防水系统、伸缩装置、人行道（或安全带）、缘石、栏杆、灯柱等，如图9-1所示。

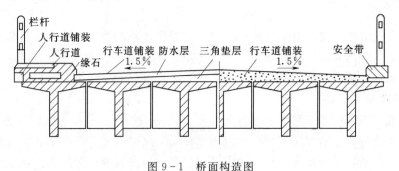

图9-1　桥面构造图

9.2　桥　面　铺　装

桥面铺装又称行车道铺装或桥面保护层，其作用是保护属于主梁整体部分的行车道板不受车辆轮胎（或履带）的直接磨耗，防止主梁遭遇雨水的浸湿，并能对车辆轮重的集中荷载起一定的分布作用。因此，桥面铺装要求有一定强度，防止开裂，并保证耐磨。高等级公路及二、三级公路的桥面铺装层一般为两层，上层为4～8cm沥青混凝土，下层为8～10cm钢筋混凝土。钢筋混凝土增加桥梁的整体性，沥青混凝土提高行车的舒适性，同时能减轻车辆对桥梁的冲击和振动。四级公路或个别三级公路为减少工程造价，直接采用水泥混凝土桥面，也有三级公路在水泥混凝土桥面上铺设一层沥青碎石或沥青表处，所以其结构形式应根据公路等级、交通量大小和荷载等级设计确定。

桥面铺装部分在桥梁恒载中占有相当的比重，特别对于小跨径桥梁，故应尽量减小铺装的重量。

9.2.1　桥面纵、横坡的设置

为了快速排出桥面雨水，桥梁设有纵向坡外，尚应将桥面铺装层的表面沿横向设置成1.5%～2.0%的双向横坡。图9-2所示为桥面排水设计图。

桥面的纵坡，一般都做成双向纵坡，坡度不超过3%为宜。

桥面的横坡通常有以下三种设置形式：

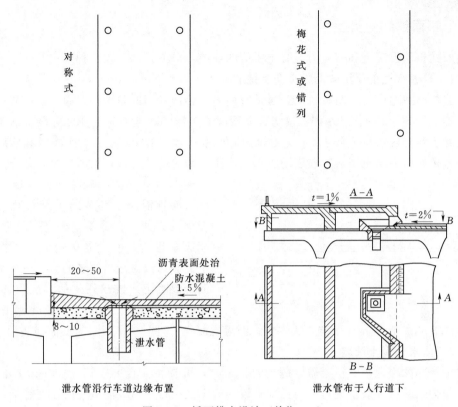

图 9-2 桥面排水设计（单位：m）

（1）对于板桥（矩形板或空心板）或就地浇筑的肋板式梁桥，为节省铺装材料并减轻重力，可以将横坡直接设在墩台顶部而做成倾斜的桥面板，此时铺装层在整个桥宽上就可做成等厚的，而不需设置混凝土三角垫层。

（2）对于装配式肋梁桥，为使主梁结构简单、架设和拼装方便，通常横坡不设置在墩台顶部，而是通过在行车道上铺设不等厚的铺装层（包括混凝土三角垫层和等厚的混凝土铺装层）以构成桥面横坡。

（3）在较宽的桥梁（如城市桥梁）中，用三角垫层设置横坡将使混凝土用量与恒载重力增大过多。为此，也可直接将行车道板做成倾斜面而形成横坡，但这样会使主梁的构造和施工稍趋复杂。

桥面铺装的表面通常采用抛物线或直线形横坡，而人行道表面设 1% 的向内的直线形横坡，如图 9-3 所示。

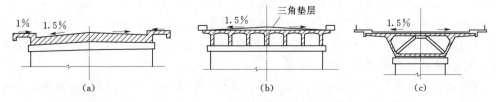

图 9-3 桥面横坡施工示意图
（a）板桥或就地浇筑肋梁桥；（b）装配式肋梁桥；（c）较宽桥（或城市桥）

9.2.2　桥面铺装的类型

装配式钢筋混凝土和预应力混凝土桥梁的铺装，目前采用下列几种形式。

9.2.2.1　普通水泥混凝土或沥青混凝土铺装

在非常严寒地区的小跨径桥上，通常桥面内可不做专门的防水层，而直接在桥面上铺筑厚度不小于 80cm 的普通水泥混凝土或沥青混凝土铺装。其混凝土强度等级不低于行车道板混凝土强度等级且不低于 C40，在铺筑时要求有较好的密实度。为了防滑和减弱光线的反射，最好将混凝土做成粗糙表面。水泥混凝土铺装的造价低，耐磨性好，适合于重载交通，但其养护期较长，日后修补较麻烦。沥青混凝土铺装的重量较轻，维修养护较方便，在铺筑后只等几个小时就能通车运营，但易老化变形。沥青混凝土铺装可以做成单层式的（50mm 中粒式沥青混凝土）或双层式的（底层 40mm、50mm、60mm、70mm 中粒式沥青混凝

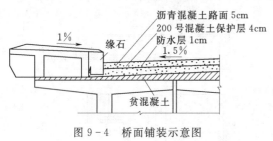

图 9-4　桥面铺装示意图

土，面层 30mm 或 40mm 细粒式或中粒式沥青混凝土）。图 9-4 所示为桥面铺装示意图。

9.2.2.2　防水混凝土铺装

对位于非冰冻地区的桥梁需做适当的防水时，可在桥面板上铺筑 8～10cm 厚的防水混凝土作为铺装层。防水混凝土的强度等级一般不低于行车道板混凝土的强度等级，其上一般可不另设面层，但为延长桥面的使用年限，宜在上面铺筑 2cm 厚的沥青表面处治作为可修补的磨耗层。

9.2.2.3　具有贴式防水层的水泥混凝土或沥青混凝土铺装

在防水要求高，或桥面板位于结构受拉区而可能出现裂纹的桥梁上往往采用柔性贴式防水层。贴式防水层设在低强度混凝土三角垫层上面，其做法是：先在垫层上用水泥砂浆抹平，待硬化后在其上涂一层热沥青底层，随即贴上一层油毛毡（或麻袋布、玻璃纤维织物等），上面再涂上一层沥青胶砂，贴一层油毛毡，最后再涂一层沥青胶砂。通常将这种做法的防水层称为"三油二毡"防水层，其厚度约为 1～2cm。桥面伸缩缝处应连续铺设，不可切断。桥面纵向应铺过桥台背，横向应伸过缘石底部从人行道与缘石砌缝里向上叠起10cm。为了保护贴式防水层不致因铺筑翻修路面而受到损坏，在防水层上需用厚约 4cm、强度等级不低于 C20 的细集料混凝土作为保护层。等达到足够强度后再铺筑沥青混凝土或水泥混凝土路面铺装。由于这种防水层的造价高，施工也麻烦，故应根据建桥地区的气候条件、桥梁的重要性等，在技术和经济上经充分考虑后再决定是否采用。

此外，国外也曾使用环氧树脂涂层来达到抗磨耗、防水和减小桥梁恒载的目的。这种铺装层的厚度通常为 0.3～1.0cm。为保证其与桥面板牢固结合，涂抹前应将混凝土板面清涮干净。显然，这种铺装的费用昂贵。

桥面铺装一般不进行受力计算，考虑到在施工中要确保铺装层与桥面板紧密结合成整体，则铺装层的混凝土（扣除作为车轮磨耗的部分，约为 1～2cm 厚）也可合计在行车道板内一起参与受力，以充分发挥这部分材料的作用。为使铺装层具有足够的强度和良好的

整体性并防止开裂，一般宜在水泥混凝土铺装中铺设直径不小于 8mm、间距不大于 100mm 的钢筋网。

9.2.3 钢筋混凝土桥面铺装层施工

9.2.3.1 梁顶标高的测定和调整

预应力混凝土空心板或大梁在预制后存梁期间由于预应力的作用，往往会产生反拱，如果反拱过大就会影响到桥面铺装层的施工，因此设计中对存梁时间、存梁方法都作了一定要求。如果架梁前已发现反拱过大，则应采取降低墩顶标高、减少垫石厚度等方法，保证铺装层厚度。架梁后对梁顶标高进行测量，测定各跨中线、边线的跨中和墩顶处的标高，分析评价其是否满足规范要求，若偏差过大，则应采取调整桥面标高、改变引线纵坡等方法，以保证铺装层厚度，使桥梁上部结构形成整体。

9.2.3.2 梁顶处理

为了使现浇混凝土铺装层与梁、板结合成整体，预制梁板时对其顶面进行拉毛处理，有些设计中要求梁顶每隔 50cm 设一条 1～1.5cm 深齿槽。浇筑前要用清水冲洗梁顶，不能留有灰尘、油渍、污渍等，并使板顶充分湿润。

9.2.3.3 绑扎布设桥面钢筋网

按设计文件要求，下料制作钢筋网，用混凝土垫块将钢筋网垫起。满足钢筋设计位置及混凝土净保护层的要求，若为低等级公路桥梁，用铺装层厚度调整桥面横坡，横向分布钢筋要做相应弯折，与桥面横坡一致。在两跨连接处，若为桥面连续，应同时布设桥面连续的构造钢筋，若为伸缩缝，要注意做好伸缩缝的预埋钢筋。

9.2.3.4 混凝土浇筑

对板顶处理情况、钢筋网布设进行检查，满足设计和规范要求后，即可浇筑混凝土，若设计为防水混凝土，其配合比及施工工艺应满足规范要求。浇筑时由桥一端向另一端推进，连续施工，防止产生施工缝，用平板式振捣器振捣，确保振捣密实。施工结束后注意养护，高温季节应采用草帘覆盖，并定时洒水养护，在桥两端设置隔离设施，防止施工或地方车辆通行，影响混凝土强度。待混凝土强度形成后，才能开放交通或铺筑上层沥青混凝土。

9.2.4 沥青混凝土面层施工

桥面沥青混凝土与同等级公路沥青混凝土路面的材料、工艺、施工方法相同，一般与路面同时施工。用拌和厂集中拌和，现场机械摊铺，沥青材料及混合料的各项指标应符合设计和施工规范要求。沥青混合料每日应做抽提试验（包括马歇尔稳定度试验），严格控制各种矿料和沥青用量及各种材料和沥青混合料的加热温度，用胶轮压路机进行碾压成形，碾压温度要符合要求。摊铺后进行质量检测，强度和压实度要达到合格，厚度允许偏差 $+10$ 至 -5mm，平整度对于高等级公路桥梁 IRI(m/km) 不超过 2.5，均方差 σ 不超过 1.5mm²，其他公路桥梁 IRI 值不超过 4.2m/km，均方差 σ 不超过 2.5mm²，最大偏差值不超过 5mm，横坡不超过 $\pm 0.3\%$。

注意，铺装后桥面的泄水孔的进水口应略低于桥面面层，保证排水顺畅。

9.3　伸缩缝装置及其安装

　　桥面系包括桥面铺装层、伸缩缝装置、桥面连续、泄水管、支座、桥面防水、桥面防护设施（防撞护栏或人行道栏杆、灯柱等）、桥头搭板等，是桥梁服务车辆、行人实现其功能的最直接部分，其施工质量不仅影响桥梁的外形美观而且关系到桥梁的使用寿命、行车安全及舒适性，因而必须引起足够的重视。

9.3.1　伸缩缝的基本概念及其分类

　　为适应材料胀缩变形对结构的影响，而在桥梁结构的两端设置的间隙称为伸缩缝；为了使车辆平稳通过桥面并满足桥面变形的需要，在桥面伸缩接缝处设置的各种装置统称为伸缩缝装置，如图9-5所示。

　　在我国各地使用的伸缩缝种类繁多，按其传力方式及构造特点可以分为对接式、钢质支承式、橡胶组合剪切式、模数支承式、无缝式，其形式、型号、结构，见表9-1。

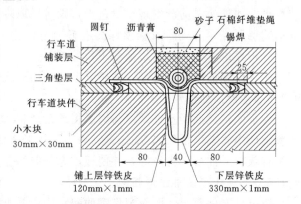

图9-5　桥面伸缩缝示意图

表9-1　　　　　　　　　桥梁伸缩缝装置分类表

类　别	形　式	种　类	说　明
1. 对接式	填塞对接式	沥青、木板填塞	以沥青、木板、麻絮、橡胶等材料填塞缝隙的构造（在任何状态下，都处于压缩状态）
		U 型镀锌铁皮	
		矩形橡胶条	
		组合式橡胶条	
		管形橡胶条	
	嵌固对接式	W 型	采用不同形状的钢构件将不同形状橡胶条（带）嵌固，以橡胶条（带）的拉压变形吸收梁变位的构造
		SW 型	
		M 型	
		SDII 型	
		PG 型	
		FV 型	
		GNB 型	
		GQF—C 型	
2. 钢质支承式	钢质式	钢梳齿板	采用面层钢板或梳齿钢板的构造
		钢板叠合	

续表

类　别	形　式	种　类	说　明
3. 橡胶组合剪切式	板式橡胶型	BF、JB、JH、SD、SC、SB、SG、SEG 型	将橡胶材料与钢件组合，以橡胶的剪切变形吸收梁的伸缩变位，桥面板缝隙支承车轮荷载的构造
		SKI 型	
		UG 型	
		BSL 型	
		CD 型	
4. 模数支承式	模数式	TS 型	采用异型钢材或钢组焊接与橡胶密封带组合的支承式构造
		J—75 型	
		SSF 型	
		SG 型	
		XF 斜向型	
		GQF—MZL 型	
5. 无缝式	暗缝式	GP 型（桥面连续）	路面施工前安装的伸缩构造
		TST 弹塑体	以路面等变形吸收梁变位的构造
		EPBC 弹塑体	

9.3.2　伸缩缝装置的施工程序

在《公路工程质量检验评定标准》（JTG F80/1－2004）中，桥面的平整度是一个很重要的指标，而影响桥面平整度的重要部分之一则是桥梁的伸缩装置。如果由于施工程序不合理或施工不慎，在 3m 长度范围内，其标高与桥面铺装的标高有正负误差，将造成行车的不舒适，严重的则会造成跳车，这种现象在高等级公路上更为严重。在车辆跳跃的反复冲击下，将很快的导致桥梁伸缩装置的破坏。因此，遵照伸缩装置的施工程序并谨慎施工是桥梁伸缩装置成功的重要保证。

前面已将桥梁伸缩装置分成了五大类，而前四类的组成部分可简化为如图 9-6、图 9-7 所示，第五类的组成可简化为如图 9-8 所示。

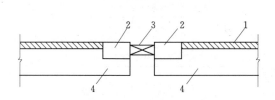

图 9-6　第 1～4 类伸缩缝结构示意图
1—桥面铺装；2—伸缩装置的锚固系统；
3—伸缩装置的伸缩体；4—梁（板）体

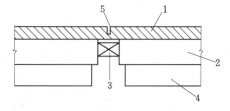

图 9-7　第 5 类伸缩缝结构示意图
1—桥面铺装；2—桥面整体化混凝土；3—伸缩体；
4—梁（板）体；5—锯缝

图 9-7 所示形式的伸缩装置与伸缩装置施工程序是不同的，可分别用框图表示如下：

（1）桥梁伸缩装置的施工框图如图 9-8 所示。

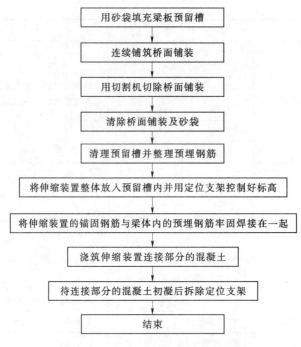

图 9-8　第 1～4 类伸缩缝施工框图

（2）伸缩装置一般用于伸缩量较小的小桥，其上部结构多为板式结构，在板上面还设有约 10cm 厚的整体化桥面混凝土。根据这一特点，其伸缩装置的施工流程框图如图 9-9 所示。

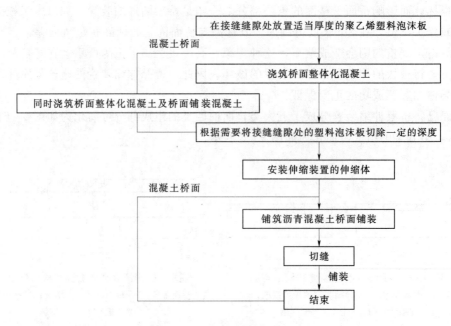

图 9-9　第 5 类伸缩缝施工流程框图

9.3.3 伸缩装置的锚固

根据调查，桥梁伸缩缝装置破坏的原因多数与锚固系统有关，锚固系统薄弱，本身就容易破坏，锚固系统范围内的标高控制不严，容易造成跳车，车辆的反复冲击，会导致伸缩装置过早破坏，因此，伸缩缝的锚固系统相当重要，下面就常用伸缩缝的锚固系统的基本要求作简要介绍。

9.3.3.1 无缝式（暗缝式）伸缩装置

此类伸缩装置的特点是桥面铺装为整体型，它适用于伸缩量小于 5mm 的桥梁，只能用于桥面是沥青混凝土的情况，其构造如图 9-10 所示。

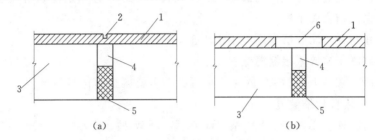

图 9-10 无缝式构造示意图

（a）切割式接缝；（b）暗缝式接缝

1—沥青混凝土桥面铺装；2—锯缝，正常宽度 5mm 左右，深度 30~50mm，
在锯缝内浇灌 5~7mm 左右的接缝材料；3—桥面板；4—防水接缝材料；
5—塞入物；6—浇筑的沥青混合料

此类装置施工要求如下：

（1）防水接缝材料应具有较好的抗老化性能，能与壁面强力粘结，适应伸缩变形，恢复性能好，并具有一定强度以抵抗砂石材料的刺破力。

（2）塞入物用于防止未固化的接缝材料往下流动，需要有足够的可压缩性能，如泡沫橡胶或聚乙烯泡沫塑料板等，在施工桥面板的现浇层时就把它当作接缝处的模板。

9.3.3.2 填塞对接型伸缩装置

该类伸缩缝的伸缩体所用材料主要有矩形橡胶条、组合式橡胶条、管形橡胶条、M形橡胶条，也要采用泡沫塑料板或合成树脂材料等。要求具有适度的压缩性，恢复性和抗老化性，在气温发生变化时不发生硬化和脆化。

填塞对接型桥梁伸缩装置，适用伸缩量小于 10~20mm 的桥梁结构。在安装过程中应注意如下的几个问题：

（1）所采用的伸缩体产品质量要符合有关规定。

（2）安装伸缩装置一定要遵循第 1~4 类伸缩缝施工框图的施工程序，这样才能保证其安装质量。

（3）在第 1~4 类伸缩缝结构示意图 9-6 中 2 部分为现浇 C50 混凝土，在混凝土内适当的布置一些钢筋或钢筋网，此钢筋要与梁（板）体钢筋焊接在一起。C50 混凝土的厚度不能小于 12cm，顺桥方向的宽度不小于 30cm。

（4）安装时一定要保证伸缩体在设计的最低温度时，仍处于压缩状态。

（5）安装时一定要保证伸缩体与混凝土的可靠粘结——采用胶粘剂。

（6）伸缩体一定要低于桥面标高，安装时应保证伸缩体在最大压缩状态下，也不会高出桥面标高。

伸缩装置中伸缩体与混凝土之间使用胶粘剂粘结，常用 PG—308 聚氨酯胶粘剂，具有可控制固化时间、粘结牢固的特点，与混凝土相粘结的强度大于 2MPa。使用方法如下：

（1）配胶：本胶粘剂为双组分，Ⅰ型 A、B 两组分比为 100：10（重量比），AB 组分混合，搅拌均匀即可使用。

（2）操作：将接缝处混凝土表面泥土、杂质清除干净，并用钢丝刷刷一遍，用吹灰机将浮土吹尽，保证结合面干燥。

（3）涂胶和贴合：涂胶层厚度以不小于 1mm 为宜。

（4）将伸缩体压缩放入接缝缝隙内。

（5）固化：在常温下，24h 内固化（也可根据需要调整固化时间）。

9.3.3.3 嵌固对接型伸缩装置

此类型伸缩装置有 RG 型、FV 型、GNB 型、SW 型、SD 型、GQF—C 型等，它的特点是将不同形状的橡胶条用不同形状的钢构件嵌固起来，然后通过锚固系统将它们与接缝处的梁体锚固成整体，如图 9-11 所示。此类伸缩装置适用于伸缩量小于 60mm 的桥梁结构，即接缝宽度为 20~80mm。

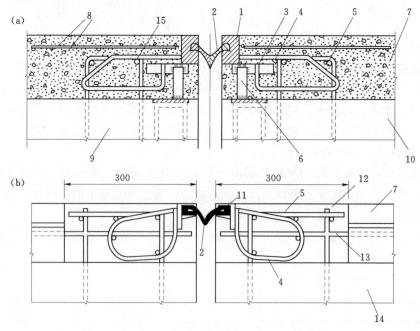

图 9-11 嵌固对接型锚固系统示意图（单位：m）

（a）RG 型；（b）FV 型

1—异型钢；2—密封橡胶带；3—锚板；4—锚筋；5—预埋筋；6—连接钢板；

7—桥面铺装；8—钢筋网；9—梁（墩台）；10—梁；11—下形钢件；

12—填料；13—梁主筋；14—行车道板；15—横向水平筋

（1）首先要处理好伸缩装置接缝处的梁端，因为梁预制时的长度有一定误差，再加上吊装就位时的误差，使伸缩接缝处的梁端参差不齐，故首先要处理好梁端，以利于伸缩装置的安装。

（2）切除桥梁伸缩装置处的桥面铺装，并彻底清理梁端预留槽及预留埋钢筋，槽深不得小于 12cm。

（3）用 4～5 根角铁做定位角铁，将钢构件点焊或用螺栓固定在定位角铁上，一起放入清理好的预留槽内，立好端模（用聚乙烯泡沫塑料片材作端模，可以不拆除），并检查有无漏浆可能。

（4）将连接钢筋与梁体预埋牢固焊接，并布置两层钢筋网的钢筋直径为 $\phi 8$，网孔为 10cm×10cm，然后浇筑 C50 混凝土，或 C50 环氧树脂混凝土；浇捣密实并严格养护；当混凝土初凝后，应立即拆除定位角铁，以防止气温变化梁体伸缩引起锚固系统的松动。

（5）安装密封胶条。

9.3.3.4 钢质支承式伸缩装置

钢形桥梁伸缩装置的构造是由梳形板、连接件及锚固系统组成，有的钢梳齿形桥梁伸缩装置在梳齿之间填塞有合成橡胶，起防水作用。

（1）施工安装程序。钢形桥梁伸缩装置的施工安装程序框图，如图 9-12 所示。

（2）施工应注意的问题如下：

1）定位角铁的拆除一定要及时，以保证伸缩装置因温度变化而自由伸缩，也可采用其他方法，把相对的梳齿板固定在两个不同的定位角铁上，让它们连同相应的角铁自由伸缩。

2）安装施工应仔细进行，防止产生梳齿不平、扭曲及其他的变形，安装时一定将构件固定在定位角铁上，以保证安装精度，要严格控制好梳齿间的槽向间隙，由于伸缩方向性的误差及横向伸缩等原因，在最高温度时，梳齿横向间隙不得小于 5mm。

3）当构件安装及位置固定好之后，就可进行锚固系统的树脂混凝土浇筑，为了锚固系统可靠牢固，必须配备较多的连接钢筋及钢筋网，这给树脂混凝土的浇筑带来不便。因此，浇筑混凝土一定要认真细心，尤其角隅周围的混凝土，一定要捣固密实，不可有空洞。在钢梳齿根部可适当钻些 $\phi 20mm$ 的小孔，以利于浇筑混凝土时空气的排除。

4）对于小规模的伸缩装置，由于清扫和维修非常困难，故一般都不作接缝内的排水设施，但此时必须考虑支座的防水、台座排水及时清扫等，所以它也只能用于跨河流或不怕漏水场地的桥跨结构。这种伸缩装置，在营运中须加养护，及时清除掉梳齿之间灰尘及石子之类的杂物，以保证它的正常使用。

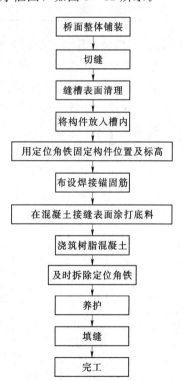

图 9-12 钢制支承式伸缩缝装置
施工安装工序框图

桥面整体铺装 → 切缝 → 缝槽表面清理 → 将构件放入槽内 → 用定位角铁固定构件位置及标高 → 布设焊接锚固筋 → 在混凝土接缝表面涂打底料 → 浇筑树脂混凝土 → 及时拆除定位角铁 → 养护 → 填缝 → 完工

5）对于焊接而成的梳齿型构件，焊缝一定要考虑汽车反复冲击下的疲劳强度。

（3）安装时的间隙 ΔL 控制。

$\Delta L=$ 总伸缩量－施工时伸缩量＋最小间隙（单位：mm，以下同）。也可用如下简化式计算。

1）钢梁时：

$$\Delta L=0.66L-[(t+10)\times0.012L]\times1.1+15$$

2）预应力混凝土梁时：

$$\Delta L=(0.44+0.6\beta)L-[(t+5)\times0.01L]\times1.1+15$$

3）钢筋混凝土梁时：

$$\Delta L=(0.44+0.2\beta)L-[(t-5)\times0.01L]\times1.1+15$$

上各式中　L——伸缩区段长，m；

　　　　　t——安装的温度，℃；

　　　　　β——徐变、干燥收缩的递减系数，取值如表 9-2。

表 9-2　　　　　　　　　　　　　β 系 数 取 值

混凝土的龄期（月）	0.25	0.5	1	3	6	12	24
徐变、干燥收缩的递减系数 β	0.8	0.7	0.6	0.4	0.3	0.2	0.1

9.3.3.5　组合剪切板式橡胶伸缩装置

组合剪切板式橡胶伸缩装置，在我国 20 世纪 60 年代后期就开始了应用，在全国的生产厂家比较多，名称各不相同，按其伸缩体的受力变形机理把它分成剪切型板式橡胶伸缩装置与对接组合型板式橡胶伸缩装置两类。

板式橡胶伸缩装置，具有构造简单、安装方便、经济适用等优点。主要适合于伸缩量 30～60mm 的二级以下的公路桥梁。

1. 剪切型板式橡胶伸缩装置

（1）构造与安装程序。剪切型板式橡胶伸缩装置，由橡胶伸缩体与锚固系统组成，如图 9-13 所示。

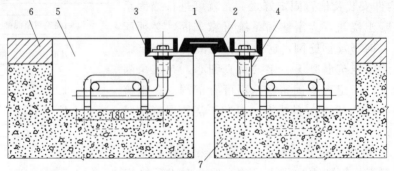

图 9-13　剪切型板式橡胶伸缩装置锚固系统（单位：mm）

1—支撑钢板；2—橡胶；3—地板角钢；4—L 型锚固螺栓；

5—现浇 C50 号树脂混凝土；6—铺装；7—梁体

安装的工艺流程如图9-14所示。

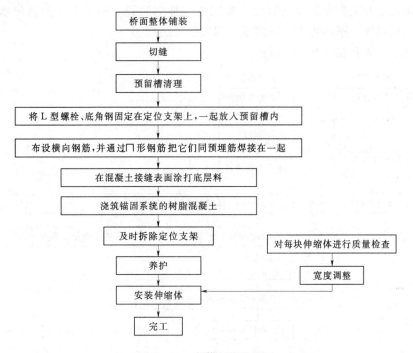

图9-14 安装工艺流程图

（2）施工注意事项：

1）桥面施工完成后方可进行伸缩装置的安装工作，以保证桥面与伸缩装置之间的平整度。

2）伸缩装置安装一定要按照安装程序进行，尤其要注意及时拆除定位支架顺桥向的联系角钢。

3）梁端加强角钢下的混凝土一定要饱满密实，不可有空洞、角钢要设排氧孔。

4）一定要将伸缩装置的锚固螺栓筋及其他钢筋与预埋筋和桥面钢筋焊为一体，锚固螺栓筋的直径不得小于18mm，如图9-15所示。

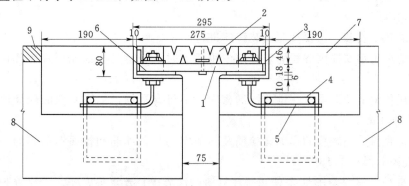

图9-15 对接组合型板式橡胶伸缩装置构造图（单位：mm）

1—支撑钢板；2—橡胶体；3—角钢；4—预埋钢筋；5—锚固螺栓；6—缓冲橡胶垫
铺装；7—现浇C50混凝土；8—行车道板；9—桥面铺装

2. 对接组合型板式橡胶伸缩装置

（1）构造与安装程序。对接组合型板式橡胶伸缩装置，由上下开槽的防水表层橡胶体、梳型承托钢板、槽体角钢及锚固系统四大部分组成。

安装的工艺流程如图 9-16 所示。

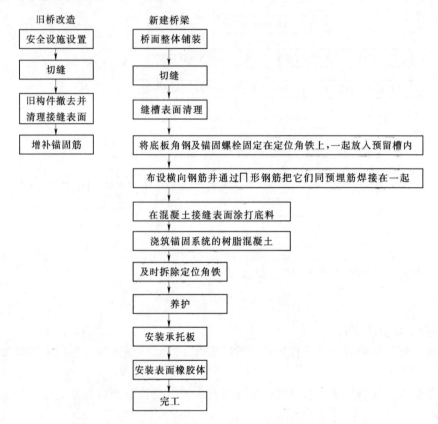

图 9-16 对接组合型板式橡胶伸缩装置安装工艺流程图

（2）施工注意事项：

1）桥面施工完成后方可进行伸缩装置的安装工作，以保证桥面与伸缩装置之间的平整度。

2）伸缩装置安装一定要按照安装程序进行。

3）将地板角钢及锚固螺栓固定在定位角铁上时，一定要仔细控制好各部位的尺寸与标高。

4）地板角钢下的混凝土一定要饱满密实，不可有空洞，锚固系统的现浇树脂混凝土厚度不得小于 15cm。

5）一定要将伸缩装置的锚固螺栓筋及其他钢筋与预埋筋和桥面钢筋焊为一体，锚固螺栓筋的直径不得小于 18mm。

6）浇筑 C50 号混凝土（或 C50 号环氧树脂混凝土）要浇捣密实，严格养护，当混凝土初凝之后，立即拆除定位角铁，以防气温变化造成梁体伸缩而使锚固松动。

7）在吊装大梁时，一定要严格掌握梁端的间隙。

9.3.3.6 无缝式 TST 弹塑体伸缩缝

无缝式 TST 弹塑体伸缩缝是将专用特制的弹塑体材料 TST，加热熔化后灌入经清洗加热的碎石中，形成"TST 碎石桥梁弹性接缝"，由碎石支持车辆荷载，用专用黏合剂保证界面强度，其构造如图 9 - 17 所示。

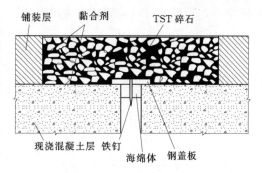

图 9 - 17　TST 碎石弹塑体伸缩缝构造

该伸缩缝的适用范围是 $-25 \sim +60℃$ 温度地区，伸缩量在 50mm 以下的公路桥梁、城市立交桥、高架桥的伸缩接缝。其特点是：

（1）TST 碎石直接平铺在桥梁接缝处，与前后的桥面和路面铺装形成连续体，桥面平整无缝，行车平稳、舒适、无噪声、振动小，且具有便于维护、清扫、除雪等优点。

（2）构造简单，不需装设专门的伸缩构件和在梁端预埋锚固钢筋，施工方便快速，铺装冷却后，即可开放交通。

（3）能吸收各方面的变形和振动，且阻尼系数高，对桥梁减振有利，可满足弯桥、坡桥、斜桥、宽桥的纵、横、竖三个方向的伸缩与变形。

（4）用于旧桥更换伸缩缝时，可半边施工，不中断交通。

（5）接缝与桥面装连成一体，密封防水性好，耐酸碱腐蚀。

施工步骤为：①切割槽口或拆除旧装置；②设置膨胀螺栓和钢筋；③清洗烘干；④涂黏合剂；⑤放置海绵、钢盖板；⑥主层施工；⑦表层施工；⑧振碾；⑨修整。

外观要求：表面 TST 不高于石料面 2mm，表面间断凹陷应小于 35mm，不深于 3mm。一般情况下施工后 1～3h 即可开放交通。

9.4　梁间铰接缝施工

装配式简支梁桥的梁间接缝，是保证桥梁上部形成整体结构、满足设计受力模式、实现荷载横向分布的重要构造；施工要按设计及规范要求进行，保证工程质量。

9.4.1　简支板桥铰接缝施工

简支板桥纵向铰接缝如图 9 - 18 所示，企口铰接形状由空心板预制时形成，相邻两块板底部紧密接触，形成铰缝混凝土底模，铰缝钢筋 N10 和 N11 在梁板预制时紧贴着模板向上竖起，浇筑混凝土前将其扳子，焊接或绑扎牢固。用水将缝内冲洗干净并使其充分湿润。

拌制混凝土时应严格控制集料粒径和拌和物的和易性，浇筑中用人工插捣器捣实。此项混凝土施工一般与桥面铺混凝土装层同时进行。

9.4.2　简支梁桥梁间接缝施工

常用简支梁桥有 T 形梁和箱形梁，T 形梁的梁间接缝按梁体设计不同有干接缝和湿接缝两种，箱形梁梁间接缝通常采用混凝土现浇湿接缝。

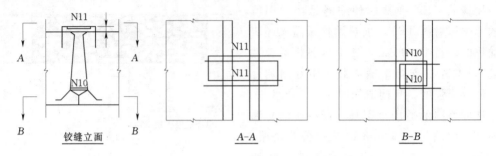

图 9-18　简支板桥纵向铰接缝构造图

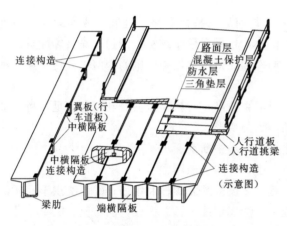

图 9-19　T 形梁的连结构造示意图

9.4.2.1　干接缝

用钢板或螺栓将相邻两片梁翼板和横隔板焊接起来形成横向联系的方法称为干接缝。该方法的优点是施工方便、连接速度快、焊接后能立即承受荷载。但耗费钢材较多、需要有现场焊接设备，且有时需在桥下进行仰焊，有一定困难，整体性效果稍差一些。T 形梁的连接构造示意图如图 9-19 所示。

在 T 形梁翼缘板及横隔梁相应位置预埋钢板，梁架设安置好后，把相对应位置的钢板焊接相连，使其形成整体。

施工方法如图 9-20 所示，在横隔梁靠近下部边缘的两侧和顶部的翼板内均埋有焊接钢板 A 和 B，焊接钢板则预先与横隔梁的受力钢筋焊接在一起做成安装骨架。当 T 形梁安装就位后即在横隔梁的预埋钢板上在加焊盖接钢板使其连成整体。端横隔梁的焊接钢板接头构造与中横隔梁相同，但由于其外侧（近墩台一侧）不好施焊，故焊接接头只设于内侧。相邻横隔梁之间的缝隙最好用水泥砂浆填满，所有外露钢板也应用水泥浆封盖。

为了简化接头的现场施工，也可采用螺栓接头，此种接头方法基本上与焊接钢板接头相同，不同之处是盖接钢板不用电焊，而是用螺栓与预埋钢板连接，为此钢板上要预留螺栓孔，这种接头由于不用特殊机具而拼装迅速的优点，但在运营过程中螺栓易于松动，需要定期进行检查维修。

9.4.2.2　湿接缝

湿接缝系主梁预制时，将翼板端部预留出一部分，钢筋外伸。梁架设就位后，将相邻两翼板的钢筋焊接相连，然后支撑板现浇接缝混凝土，使各片梁横向连结形成整体。该方法的优点是，节省钢板用量、整体性好；缺点是施工较复杂、接缝混凝土养护达到初期后方能承受荷载。

接缝构造如图 9-21 所示。无论是 T 形梁还是箱梁其构造相同，都是把翼梁板和横隔板用现浇相连。图中阴影部分即为现浇混凝土。除了梁翼缘钢筋外伸相互对接外，还要

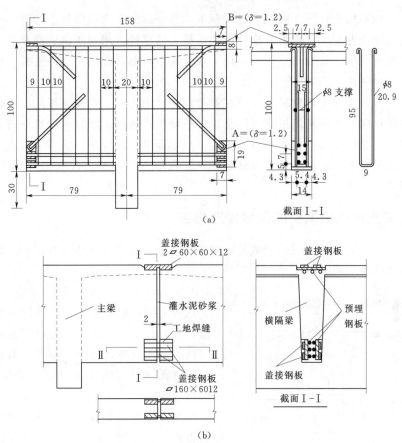

图 9-20 施工方法（单位：cm）

(a) 中主梁的横隔板构造；(b) 端横隔梁的接头构造

加设扣环钢筋。横隔梁在预制时在接缝处伸出钢筋和扣环 A，安装时在相邻构件的扣环两侧在安上腰圆形接头扣环月，在形成的圆环内插入短分布筋后就现浇混凝土封闭接缝，接缝宽度约为 0.20~0.50m。

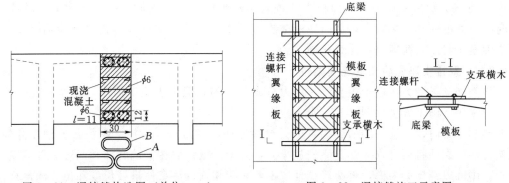

图 9-21 湿接缝构造图（单位：cm）   图 9-22 湿接缝施工示意图

翼板接缝混凝土施工的方法为先分段安吊装模板，如图 9-22 所示。由底梁支撑着模板，其重量靠连结螺杆传递给支承横木，而横木支承在两边的翼缘板上。施工时先用螺杆把底梁与支承横木相连，再在底梁上钉设模板，钉好后上紧连接螺杆上的螺栓，使模板固定牢靠，然后现浇混凝土。拆模时松开连接螺杆上的螺栓，用绳子将底梁和模板徐徐放至桥下，以便回收利用。若为高空作业，桥下水流湍急，也可使用一次性模板，松开螺杆后掉至河中，不再使用。

横隔板的湿接缝施工难度较大，应在翼板接缝之前施工，端横隔板的施工较简单，工人可以站在墩台帽上立模浇筑接缝混凝土。中横隔板接缝施工则较为困难，若条件允许可在桥下设临时支架或用高空作业车将工人送至预定高度立模浇筑。若桥下有水，则应设法从桥面向下悬吊施工，不仅横板要有悬吊设施，人员也要系安全带从桥面悬吊下去施工，要特别注意施工安全。

9.4.3　先简支后连续梁桥的梁端接缝施工

先简支后连续的连续梁桥，在墩顶处的连续有单支座和双支座两种方法，施工工艺和体系转换方法有所不同。

9.4.3.1　单排支座先简支后连续桥梁

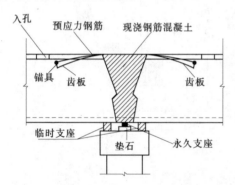

图 9-23　单支座先简支后连续施工示意图

这种连续梁桥建成后在墩顶连续处只有一排支座，内力分配效果好，负弯矩峰值较高，能大幅削减跨中正弯矩，使内力分布均衡，但施工方法较为麻烦，且连续处要设置顶部预应力钢筋，施工过程如图 9-23 所示。

预制顶梁时在梁端顶板上预留预应力孔道，并预设齿板，预留工作人洞，凡做连续一端均不做封锚端，将顶板、底板、腹板普通钢筋伸出梁端，架梁时先设置两排临时支座，使梁呈简支状态。临时支座用硫磺和电热丝制作，既要保证强度，又能在通电加热后融化。梁架好后，在墩顶设计位置安放永久性支座及垫石，布置模板，将设计要求的普通钢筋焊接相连，并布设箍筋。在顶部布设与原梁体预留孔道相对应的预应力筋孔道，现浇连接混凝土养护至强度达到 90% 后拆除模板，自顶板入孔进入穿丝张拉预应力钢筋，并予以锚固。然后给临时支座通电使其受热软化，从而使永久支座发挥作用，实现体系转化。拆除临时支座，现浇混凝土封闭入孔即完成连续化施工。

9.4.3.2　双排支座先简支后连续梁桥

该类连续梁受力接近于简支梁，内力分布不均匀，但由于施工简单，体系转化方便，被广泛采用。施工方法如图 9-24 所示。

预制大梁时，连续一端的梁端不进行封端处理，将顶板、腹板、底板普通钢筋外伸，梁架设前一次性将两排永久性支座安放牢固，梁架设就位后在梁端底部和两边梁外侧安放模板，中间以端模梁为模，将两梁端外留钢筋焊接相连，注意使搭接长度和位置满足规范要求，然后现浇与梁体相同标号的混凝土，养护达到要求后即实现体系转化，完成连续化施工。

这种方法不用更换支座，也不在梁顶施加预应力，故简单实用。注意由于连接处墩顶有负弯矩，而又没有施加预应力，必然会产生正常裂缝，为防止桥面水从缝中渗入，锈蚀钢筋，需在梁顶前后各 4m 范围内设置防水层。

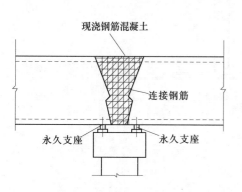

图 9-24 双支座先简支后连续施工示意图

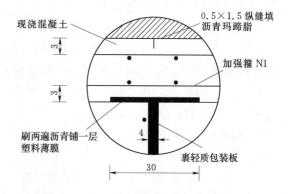

图 9-25 桥面连续大样示意图（单位：cm）

9.4.4 桥面连续施工

为了减少桥面伸缩缝数量，保证行车安全平顺，目前简支梁桥均采用桥面连续。桥面连续的道数及联跨长度根据当地气温和桥梁跨径由设计部门计算确定，桥面连续的构造如图 9-25 所示。

桥面连续与桥面铺装层混凝土同时施工，桥面钢筋网应采用 ϕ12mm 钢筋，间距 15cm×15cm 靠顶层布设，至混凝土顶面净保护层 1.5cm。桥面连续处为保证梁体伸缩应力能通过连续部位传递，在桥面铺装层顶层部位增加一层纵向联结钢筋，一般选用 ϕ8mm 钢筋，间距 5cm，在底层还要增设分布钢筋和连接筋，同样为 ϕ8mm 钢筋，间距 5cm。浇筑混凝土之前用轻质包装板将梁端缝隙填塞密实，既保证上部现浇混凝土不致落下，又能使梁自由伸缩。混凝土强度形成后在连续顶部梁间接缝正中心位置锯以 1.5cm 深的假缝，用沥青玛琋脂填实，保证桥面在温度下降时不产生任意裂缝。

9.5 其 他 附 属 工 程 施 工

桥面其他附属工程包括人行道、桥面防护（栏杆、防撞护栏）、泄水管、灯柱支座、桥面防水、桥头搭板等。高等级公路以及位于二、三级公路上的桥梁通常采用防撞护栏，而城市立交桥，城镇公路桥及低等级公路桥往往要考虑人群通行，设人行道。灯柱一般只在城镇内桥梁上设置。

9.5.1 防撞护栏施工

边板（梁）预制时应在翼板上按设计位置预埋防撞护栏锚固钢筋，支设护栏模板时应先进行测量放样，确保位置准确。特别是位于曲线上的桥梁，应首先计算出护栏各控制点坐标，用全站仪逐点放样控制，使其满足曲线线形要求。绑扎钢筋时注意预埋防护钢管支撑钢板的固定螺栓，保证其牢固可靠。在有伸缩缝处，防撞护栏应断开，依据选用的伸缩缝形式，安装相应的伸缩装置。混凝土浇筑及养护与其他构件相同。

9.5.2　人行道、栏杆施工

　　人行道、栏杆通常采用预制块件安装施工方法，有些桥的人行道采用整块预制，分中块和端块两种，若为斜交桥其端块还要做特殊设计。预制时要严格按照设计尺寸制模成形，保证强度。大部分桥梁人行道采用分构件预制法，一般分为 A 挑梁、B 挑梁、路缘石、支撑梁、人行道板五部分，如图 9 - 26 所示。A、B 挑梁，人行道板为预制构件，路缘石和支撑梁采用现浇施工。注意 A 挑梁上要留有槽口，保证立柱的安装固定。栏杆的造型多种多样，一般由立柱、扶手、栅栏等几部分组成，均为预制拼装。施工时应注意以下几点：

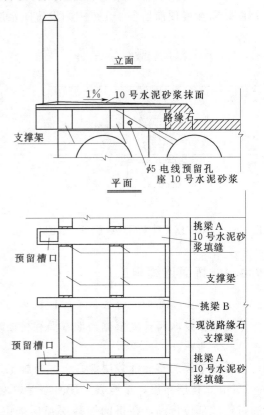

图 9 - 26　分构件预制人行道构造图

　　（1）悬臂式安全带和悬臂式人行道构件必须与主梁横向连结或拱上建筑完成后才可安装。

　　（2）安全带梁及人行道梁必须安放在未凝固的 20 号稠水泥砂浆上，并以此来形成人行道顶面设计的横向排水坡。

　　（3）人行道板必须在人行道梁锚固后才可铺设，对设计无锚固的人行道梁，人行道板的铺设应按照由里向外的次序。

　　（4）栏杆块件必须在人行道板铺设完毕后才可安装，安装栏杆柱时，必须全桥对直、校平（弯桥、坡桥要求平顺）、竖直后用水泥砂浆填缝固定。

　　（5）在安装有锚固的人行道梁时，应对焊接认真检查，注意施工安全。

　　（6）为减少路缘石与桥面铺装层中渗水，缘石宜采用现浇混凝土，使其与桥面铺装的底层混凝土结为整体。

9.5.3　灯柱安装

　　灯柱通常只在城镇设有人行道的桥梁上设置，灯柱的设置位置有两种：一种是设在人行道上；另一种是设在在栏杆立柱上。

　　第一种布设较为简单，在人行道下布埋管线，按设计位置预设灯柱基座，在基座上安装灯柱、灯饰，连接好线路即可。这种布设方法大方、美观、灯光效果好，适合于人行道较宽（大于 1m）的情况。但灯柱会减小人行道的宽度，影响行人通过，且要求灯柱布置稍高一些，不能影响行车净孔。

　　第二种布设稍麻烦一些，电线在人行道下预埋后，还要在立柱内布设线管通至顶部，

因立柱既要承受栏杆上传来的荷载，又要承受灯柱的重量，因此带灯柱的立柱要特殊设计和制作。在立柱顶部还要预设灯柱基座，保证其连接牢固。这种情况一般只适用于安置单火灯柱，灯柱顶部可向桥面内侧弯曲延伸一部分，以保证照明效果。该布置法的优点是灯柱不占人行道空间，桥面开阔，但施工、维修较为困难。

规范要求桥上灯柱应按设计位置安装，必须牢固，线条顺直，整齐美观，灯柱电路必须安全可靠。

大型桥梁须配置照明控制配电箱，固定在桥头附近安全场所。

检查验收标准：灯柱顺桥向位置偏差不能超过 100mm，横桥方向偏差不能超过 20mm，竖直度：顺桥向、横桥向均不能超过 10mm。

复 习 思 考 题

1. 叙述无缝式 TST 弹塑体伸缩缝的施工特点。
2. 简述钢筋混凝土桥面铺装层的施工工艺。
3. 简述湿接缝施工工艺。
4. 人行道、栏杆施工时应注意哪些事项？
5. 桥面铺装的作用是什么？

参 考 文 献

［1］ JTG/T F50—2011 公路桥涵施工技术规范．北京：人民交通出版社，2011.

［2］ JTJ041—2000 公路桥涵施工技术规范．北京：人民交通出版社，2000.

［3］ GB 50025—2004 湿陷性黄土地区建筑规范．北京：中国建筑工业出版社，2004.

［4］ GBJ 112－87 膨胀土地区建筑技术规范．北京：中国建筑工业出版社，1988.

［5］ 徐伟．桥梁施工［M］．北京：人民交通出版社，2009.

［6］ 高兴元．桥梁工程［M］．天津：天津大学出版社，2010.

［7］ 姜福香．桥梁工程［M］．北京：机械工业出版社，2010.

［8］ 盛可鉴，崔旭光．公路与桥梁施工技术［M］．人民交通出版社，2007.

［9］ 范立础．桥梁工程［M］．北京：人民交通出版社，2001.

［10］ 汪莲．桥梁工程［M］．安徽：合肥工业大学出版社，2006.

［11］ 交通部公路规划设计院．城镇道路桥梁施工规范．北京：中国建筑工业出版社，2001.

［12］ 涂兵．桥梁工程施工［M］．北京：高等教育出版社，2005.

［13］ 蒋红．道路与桥梁工程施工［M］．北京：中国水利水电出版社，2010.

［14］ 刘世忠．桥梁施工［M］．北京：中国铁道出版社，2010.

［15］ 许克宾．桥梁施工［M］．北京：中国建筑工业出版社，2009.

［16］ 郑机．图解桥梁施工技术［M］．北京：中国铁道出版社，2009.

［17］ 王常才．桥涵施工技术［M］．北京：人民交通出版社，2007.

［18］ 贾亚军．土力学与地基基础［M］．四川：西南交通大学出版社，2011.

［19］ 孙元桃．桥涵工程施工技术［M］．北京：人民交通出版社，2009.